# 回转窑直接还原工艺技术

陶江善　庞建明　赵庆杰　闫炳宽　著

北　京
冶金工业出版社
2024

# 内 容 提 要

本书系统介绍了回转窑直接还原生产工艺技术涉及的工艺原理、原燃料要求及准备、回转窑调控原理、操作方法、故障及其处理、回转窑设备及其维护、产品处理、烟气处理系统和余热利用等。

本书具有较强的实用性，可作为直接还原工厂技术人员和工人培训教材，也可作为钢铁冶金领域的科研和工程技术人员、冶金专业的有关师生等了解和掌握回转窑直接还原工艺技术的参考用书。

## 图书在版编目(CIP)数据

回转窑直接还原工艺技术/陶江善等著. —北京:冶金工业出版社，2022.5（2024.3 重印）

ISBN 978-7-5024-9080-5

Ⅰ.①回… Ⅱ.①陶… Ⅲ.①回转窑—直接还原—研究 Ⅳ.①TF111.13

中国版本图书馆 CIP 数据核字（2022）第 037962 号

**回转窑直接还原工艺技术**

| | | | |
|---|---|---|---|
| 出版发行 | 冶金工业出版社 | 电　话 | (010)64027926 |
| 地　址 | 北京市东城区嵩祝院北巷 39 号 | 邮　编 | 100009 |
| 网　址 | www.mip1953.com | 电子信箱 | service@ mip1953.com |

责任编辑　卢　敏　姜恺宁　美术编辑　彭子赫　版式设计　禹　蕊
责任校对　郑　娟　责任印制　禹　蕊

北京捷迅佳彩印刷有限公司印刷

2022 年 5 月第 1 版，2024 年 3 月第 2 次印刷

710mm×1000mm 1/16；16.5 印张；320 千字；252 页

定价 **89.00** 元

投稿电话　(010)64027932　投稿信箱　tougao@cnmip.com.cn
营销中心电话　(010)64044283
冶金工业出版社天猫旗舰店　yjgycbs.tmall.com
（本书如有印装质量问题，本社营销中心负责退换）

# 前　　言

　　回转窑是现代工业化生产中常用的生产装备，广泛用于化工、建材、有色冶金、黑色冶金等行业。在冶金行业，回转窑直接还原法是原料在回转窑内，在不熔化、不造渣的条件下，将铁的氧化物还原为金属铁，产品基本保持原料形态，包含原料所有杂质、以金属铁为主要组成的"直接还原铁（DRI）"，因其结构呈"海绵"状，俗称"海绵铁"。

　　回转窑是"非高炉炼铁"技术中重要的反应器之一，在现代直接还原技术中，全球共有数百条直接还原回转窑运行，回转窑直接还原铁的产能约占世界直接还原铁（DRI）总产能的25%。回转窑也是传统的处理难选矿、不可选铁矿的主要还原反应器之一。近年来，我国很多企业使用回转窑处理红土镍矿和钛铁矿，以及钢铁冶金生产企业中含锌粉尘固废综合利用，都取得了很好的效果。

　　中国废钢铁应用协会直接还原铁工作委员会、非高炉冶炼技术产业联盟作为国内非高炉冶炼技术及应用推广的重要部门，一直关注国内非高炉冶炼技术的进步和新技术的推广应用。回转窑直接还原技术作为近年来发展较快、应用较多的技术，却面临着几乎没有专用参考资料的窘境，为此，我们组织编写了这本书。

　　本书以讨论回转窑直接还原工艺主体——回转窑为主线，对工艺基本原理、原燃料要求及准备、回转窑调控原理及操作方法、回转窑设备及其维护、设备故障及其处理作了详细的论述，力求有良好的实用性。

　　本书由天津奥沃冶金技术咨询有限公司陶江善、钢研工程设计有限公司庞建明、东北大学冶金学院赵庆杰、邯郸市鼎正重型机械有限公司闫炳宽共同编著。由于作者水平所限，书中不妥之处，敬请读者批评指正。

作　者

2021 年 9 月

# 目　　录

# 1 回转窑直接还原法的发展历程

## 1.1 国外回转窑直接还原法的发展历程

1907 年琼斯（J. T. Jones）最早提出回转窑直接还原法。铁矿石和还原煤从回转窑加料端加入，被高温废气干燥、预热、氧化去硫，随窑体转动铁矿石向卸料端前移，同时被热煤气和还原煤还原，然后从卸料端排出。在回转窑卸料端设煤气发生炉，热煤气从卸料端入窑，在距窑加料端 1/3 窑长处导入空气，与热煤气燃烧形成氧化加热带。后来改进为两台窑作业，一台氧化加热，另一台窑内铁矿石被油或煤粉不完全燃烧产生的还原气所还原，但因这样作业不经济，1912 年作废。

1926 年鲍肯德（Bourcond）、斯奈德（Snyder）在实验室成功进行了用发生炉煤气的回转窑直接还原实验；同年，还出现了用回转窑进行还原、增碳，得到熔融铁水的巴塞特（Basset）法。

1930 年克虏伯（krupp）公司开发了粒铁法（krupp-Renn）法，处理低品位高硅脉石铁矿，磁选分离获得粒铁，既是一种还原工艺，又是一种选矿法。到 20 世纪 50 年代，全世界生产能力达 200 万吨，后因自身缺陷相继停产，目前仅朝鲜仍有数十座粒铁回转窑在生产。

1960 年克虏伯公司在此基础上开发了以煤作还原剂的固相还原生产直接还原铁的 krupp-CODIR 法。1970 年在南非邓斯沃特（Dunswart）建设了年产 15 万吨的生产装置，1974 年投产。1920~1930 年美国共和钢铁公司（Republic steel）和国际铝公司（National lead）开发了用回转窑从低品位铁矿石中还原富集铁的 RN 法；1960 年加拿大钢铁公司和德国鲁奇（Lurgi）公司开发了生产高品位海绵铁的 SL 法，取长补短，1969 年合并为 SL-RN 法。该法现已成为回转窑直接还原法的主导工艺。

1976 年美国阿瑟·G. 麦基直接还原铁公司引入澳大利亚西方钛公司用回转窑还原钛铁矿生产金红石的方法，在美国田纳西州罗克伍德（Roekwood）建成年产 50000 吨的示范装置，完成了多种煤和铁矿石的试验，1981 年取得 DRC 法技术许可证。后该公司与英国戴维公司合并为戴维-麦基（Davy-Mckee）公司，并为南非斯考金属公司（Scaw Metal Ltd.）建设了年产 75000 吨的生产装置，该装置 1983 年投产，8 天后全面达到设计指标。

1960 年美国阿里斯-恰尔默斯公司（Allis-chalmos）开发了双层结构窑的 AC-CAR 法，1965 年发展成可控气氛回转窑直接还原法，可用煤与油或天然气为燃料。1969 年建成中间试验装置，通过用不同燃料和铁矿石进行生产试验得出了生产指标和设计参数。同时，进行了改造 φ3.5m×50m 的 SL/RN 窑的生产试运行，证明该工艺可使用多种燃料，有效控制窑内温度和气氛，产品的金属化和含碳量可控，生产率高。1983 年为印度奥里萨（Oressa）海绵铁公司建设的年产直接还原铁的 ACCAR 窑投产，采用全煤作业。

20 世纪 80 年代后，南非、印度、中国等国家或地区建设了一批生产直接还原铁回转窑工业化生产线，成为煤基直接还原的主导工艺。进入 21 世纪，印度建设了年产 1 万~3 万吨的直接还原铁回转窑 300 多条，总产能超过 2000 万吨。2019 年全世界年产超过 5 万吨的直接还原铁回转窑有 40 多条在运行，2019 年世界回转窑直接还原铁的产量达 2598 万吨，占世界直接还原铁总产量的 24%，回转窑直接还原法生产炼钢用直接还原铁（DRI）的能力和产量均占煤基直接还原炼铁法的 95% 以上。

回转窑直接还原工艺不仅用于生产直接还原铁，由于它具有作业温度较低、料层薄、物料连续翻滚运动、料层内气体易于排出等特性，还被广泛用于多金属共生矿和含铁粉尘、尾矿等的综合利用。

1963 年日本川崎公司（Kawasaki）根据 krupp-Renn 法建设了处理高炉和转炉粉尘的 φ1.3m×25m 回转窑；1968~1977 年分别在千叶厂和水岛厂建设了年产 4 万吨和 18 万吨还原铁的工业装置 3 套，以焦粉作还原剂，称为川崎法。

1971 年日本住友金属公司（Sumitomo metal Co.）开发了用钢铁厂粉尘生产低品位海绵块用作高炉精料和同时回收锌的住友粉尘法（Sumitomo dust reduction），1975 年在和歌山厂建成年产 16 万吨的工业装置，后与久保田公司合作开发了 SPM 法，在鹿岛厂建成月产 1.8 万吨的工业装置。

此外，krupp 公司也开发了 Recyc 法处理粉尘，一方面可脱除多种易挥发元素，另一方面为高炉提供优质炉料。

1969 年南非海维尔德钢钒公司（Highveld steel & vanadium Co.）采用回转窑直接还原-矿热电炉炼铁工艺，实现了钒钛磁铁矿同时回收铁和钒的综合利用，年产热还原料 260 万吨。1981 年新西兰也采用此工艺建成年产 90 万吨还原料生产厂。

希腊拉尔科公司用 Krupp 法处理贫镍矿（红土矿）生产含镍 7%~25% 的镍铁。日本金属公司用 Krupp-Renn 法处理贫镍矿（红土矿）生产含镍 7%~25% 的镍铁作为生产不锈钢的原料，按金属镍计算年生产能力达 1.5 万~1.8 万吨。

## 1.2 我国回转窑直接还原的发展历程及现状

1970 年东北大学在辽阳灯塔市建成了 $\phi2.30m \times 33.8m$ 粒铁回转窑一座，并进行了长达 3 年的生产。1972 年在广东梅县钢铁厂建成了 $\phi3.60m \times 60.0m$ 粒铁回转窑一座，并进行了长期生产，产品用于电弧炉炼钢。1973 年浙江萧山将水泥窑改造为生铁水泥法（巴塞特（Basset）法）回转窑并进行了工业化试验和生产，产品为低硫生铁和高碱度炉渣，炉渣细磨后可替代部分水泥熟料用于矿渣水泥生产。1973 年东北大学在沈阳建成 $\phi1.50m \times 18.0m$ 粒铁回转窑处理鼓风炉炼铜的铜渣，回收铜渣中的铁。试验表明：采用铜渣为原料，以无烟煤为还原剂可以有效回收铜渣中的铁，铁的回收率约 90%，但因铜渣中有残留的铜，粒铁含铜，产品用于炼钢影响钢材质量等原因未继续进行生产。

随着选矿技术、钢铁生产技术的进步以及钢铁生产发展的需要，我国的粒铁法回转窑、生铁水泥法回转窑在 1976 年后全部停产、转产，转入回转窑直接还原铁（DRI）生产的试验和开发。

从 1975 年开始，我国分别在北京、浙江、福建、四川、云南等地建成了多个直接还原铁（DRI）回转窑试验装置，开展回转窑法生产炼钢用直接还原铁（DRI）的试验研究，以及以回转窑为反应器对钒钛磁铁矿进行还原实施钒钛磁铁矿综合利用的研究。

20 世纪 80 年代在四川西昌建成年产万吨的链算机—回转窑工业化试验装置，进行钒钛磁铁矿还原，实施钒钛磁铁矿综合利用的研究。在福州建成 $\phi2.5m \times 40.0m$ 回转窑并进行了以块矿为原料生产炼钢用直接还原铁的试验研究。

1989 年福州 $\phi2.5m \times 40.0m$ 回转窑以块矿为原料生产炼钢用直接还原铁的工业化试验成功，为我国直接还原铁的发展奠定了基础，被列为当年冶金工业十大科技成果之一。

1990 年四川西昌链算机—回转窑完成了钒钛磁铁矿预还原的试验研究及工业化试验，打通了回转窑预还原—电炉深度还原的钒钛磁铁矿铁、钒、钛综合利用流程，为我国钒钛磁铁矿资源利用开辟了新的途径。

1991 年天津钢管公司引进 DRC 法建成 $\phi5.0m \times 80.0m$ 以块矿/球团为原料的回转窑两条，设计生产能力年 30 万吨炼钢用直接还原铁（DRI），实现了我国直接还原铁生产的零突破。此后，辽宁喀左建成年产 2.5 万吨的链算机—回转窑生产线，北京密云建成年产 6.2 万吨的链算机—回转窑生产线，山东莱芜建成年产 5.0 万吨的冷固结球团—回转窑生产线（后改造为链算机—回转窑）。2009 年在新疆富蕴建成年产 15 万吨链算机—回转窑生产线。

经过几十年的生产试验、研究，大量实践经验为我国回转窑直接还原技术的发展奠定了基础。

近年来，我国很多企业采用回转窑直接还原法进行钒钛磁铁矿、钛铁矿、铬铁矿、含锌粉尘及红土镍矿等的处理，已实现了规模化生产，取得了可观的经济效益。

## 1.3 回转窑及其直接还原法概述

### 1.3.1 回转窑的分类

#### 1.3.1.1 按反应类型分

依据回转窑内的被加工、处理物料发生的物理、化学反应，回转窑可分为氧化窑和还原窑两大类。

（1）氧化窑：待处理物料在回转窑内在氧化气氛中进行物理、化学反应，如：加热、脱水干燥；氧化、矿物的分解或合成等物理、化学反应。回转窑内自由空间和料层内均呈氧化气氛。

（2）还原窑：待处理物料在回转窑内被加热的同时，在窑内进行还原反应（如铁矿物、镍矿物的还原），以及依据工艺要求进行造渣、金属颗粒的聚合长大，甚至熔化等物理、化学反应。还原窑内的自由空间（没有物料的空间）燃料烧嘴喷入燃料和空气进行燃烧，向回转窑供热，呈氧化气氛。回转窑内料层内部呈还原性气氛，并能保证完成要求的还原、聚合等反应。

#### 1.3.1.2 按处理物料分

按回转窑处理物料的不同，可以分为冶金回转窑、水泥回转窑、石灰回转窑、陶粒砂回转窑、高岭土回转窑、氧化铝回转窑、垃圾焚烧回转窑、金属镁回转窑、稀土回转窑等。

（1）水泥窑：主要用于煅烧水泥熟料，分干法生产水泥窑和湿法生产水泥窑两大类。

（2）冶金回转窑：主要用于冶金行业钢铁厂含铁物料的富集焙烧、贫铁矿磁化焙烧、直接还原铁生产以及铬、镍铁矿氧化焙烧等。

（3）高岭土回转窑：主要用于耐火材料厂焙烧高铝钒土矿和铝厂焙烧熟料、氢氧化铝。

（4）石灰窑：即活性石灰窑，用于焙烧钢铁厂、铁合金厂用的活性石灰和轻烧白云石。

#### 1.3.1.3 按内径有无变化分

按照回转窑的内径有无变化，回转窑可分为长筒窑（直筒窑）和变径窑两类。

（1）变径回转窑：前后直径有变化的回转窑，一般前后直径变化约 30cm。较传统的通径回转窑有节能、高产的优点，但是变径回转窑加工难度大，比传统通径回转窑更难加工，对设备要求更严格。

（2）通径回转窑：前后直径一样的回转窑，是常见的回转窑类型，1883 年由德国狄茨世发明。经过一百多年的演变，回转窑已经成为通用设备。这种回转窑比传统立窑有更好的效果和更高的产量，加工简单，但是比变径回转窑更加耗能。

### 1.3.1.4 按长径比分

依据回转窑的长径比，回转窑可分为长径比大于 15 的长窑和长径比小于 15 的短窑两类。

另外，按照供能效果不同又分为燃气回转窑、燃煤回转窑、混合燃料回转窑；按照烧结温度可以分为低温回转窑、中温回转窑、高温回转窑；按照用途可以分为试验（实验）回转窑、生产回转窑；按规格大小可以分为小型回转窑、中型回转窑、大型回转窑。

### 1.3.2 还原性回转窑的分类

还原性回转窑的分类如图 1-1 所示。

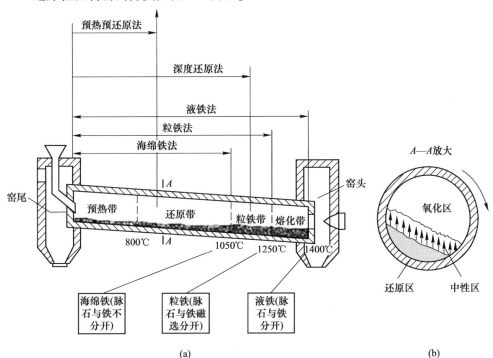

(a)                                                      (b)

图 1-1 还原性回转窑分类（a）和局部剖面（b）示意图

　　还原性回转窑依据窑内物料的形态差异，可分为预热预还原回转窑、直接还原回转窑、深度还原窑、粒铁回转窑、熔态回转窑。

　　(1) 预热预还原回转窑：回转窑内物料进行预热、干燥、脱除结晶水、碳酸盐分解、铁矿物的部分还原。窑内最高温度通常不高于1000℃。通常预热预还原回转窑是整个工艺中的一个环节，如预热预还原回转窑—矿热炉法生产镍铁。

　　(2) 直接还原回转窑：窑内炉料最高温度低于"开始软化温度"最低的物料的开始软化温度值100~150℃。窑内物料呈完全固体状态，在不熔化、不造渣的条件下完成还原过程，产品呈基本保留入炉形状的固态，以金属铁为主要成分，包含原料脉石成分的"直接还原铁"。

　　(3) 深度还原窑：窑内炉料最高温度略高于软化开始温度（在荷重还原条件下收缩3%时的温度）最低的物料的软化开始温度值，但低于炉料软化温度（在荷重还原条件下收缩30%时的温度）。窑内物料在进行还原反应的同时产生固相造渣反应，但不熔化，物料呈烧结块状，类似水泥熟料生产回转窑窑内的物料形态。排出回转窑的物料中铁呈大于0.10mm的金属颗粒分布在物料团块中。回转窑产品——还原团块经水淬、磁选获得细颗粒状金属铁产品。

　　(4) 粒铁回转窑：粒铁法是20世纪30年代德国开发的以酸性脉石的矿石为原料，以低阶煤为还原剂和燃料，生产颗粒状金属铁的工艺方法，还原反应器为回转窑。炉料入窑后，经干燥、预热、铁矿物还原、炉料的造渣，最终铁矿物还原为金属铁，并以1.2~30mm铁颗粒的形态均匀地悬浮在半熔态的炉渣中。包裹着颗粒状金属铁的半熔态"团块"，连续地从卸料端排出回转窑，然后，经水淬、选择性破碎、磁选获得颗粒状金属铁产品。

　　朝鲜以劣质煤为还原剂，酸性脉石铁矿为原料，采用"回转窑粒铁法"，炉渣碱度（（CaO)/(SiO$_2$)质量比）0.10~0.30，生产含铁95%~97%颗粒状金属铁是朝鲜钢铁生产中炼铁的主要方法。

　　日本金属公司大江山厂采用以煤为还原剂，以红土镍矿为原料，生产含镍13%~15%的颗粒状镍铁的"大江山法"。镍、铁矿物在固态下还原成金属，并聚合成0.10~30.0mm颗粒。镍铁金属颗粒均匀地悬浮在半熔状态炉渣中。渣铁混合物以团块形态排出回转窑，经水淬、选择性破碎、磁选获得颗粒状金属镍铁。该工艺以低阶煤为还原剂和燃料，电力消耗低，生产成本低，成为红土镍矿生产镍铁最经济的方法之一。

　　(5) 熔态回转窑（生铁水泥法回转窑）：以高碱度碱性含铁物料为原料，以煤为还原剂，原料在窑内进行物料的干燥、预热、铁矿物的还原，炉料在回转窑内最终形成铁水和液态炉渣。铁水从回转窑最低点的出铁口定期放出，液态渣从回转窑出料端排出。因炉渣冷却后可作为水泥熟料原料，故该法称为生铁水泥法（Baseet法）。该法适合处理碱性矿石，所生产的铁水中含S、P量极低，可用于铸造。但该法因单机生产能力过小、耐火材料消耗高、操作困难等原因已被淘汰。我国20世纪70年代在浙江萧山进行过试验性生产。

### 1.3.3 还原性回转窑的特征

还原性回转窑通常以低阶煤为还原剂、燃料，进入回转窑的待处理物料通常由矿石、煤和熔剂组成。还原性回转窑最重要的任务是炉料的还原，通过操作控制回转窑，创造和保证还原性回转窑内有良好的还原气氛和足够的还原能力。由于还原反应是强吸热反应，因此回转窑还必须具有足够的供热能力。回转窑内燃料的燃烧需要强氧化性气氛，以保证足够的燃烧强度和能力。

在回转窑内同一横截面上，创造自由空间的强氧化气氛和料层内的强还原性气氛并存，并相互促进强化，保持一个稳定的动态平衡是还原性回转窑正常运行的最基本条件。

从图1-1（b）中可以看出，料层表面的CO气膜是保证回转窑自由空间的强氧化气氛和料层内的强还原性气氛并存的最基础条件。

回转窑内待处理的物料在加热后，料层内由还原煤受热放出的挥发分（$H_2$+CO+$C_nH_m$）和物料进行还原反应放出的还原反应产物（CO），这些还原性气体不断从料层表面放出，在料层表面形成一个还原性气体膜。如果这个由还原性气体组成的气膜能稳定存在，即可实现将回转窑自由空间的氧化性气氛与料层内的还原气氛完全隔离，实现还原性回转窑自由空间进行燃烧为回转窑供热，料层内进行还原反应。

控制还原性气膜的稳定存在是还原性回转窑生产控制的最重要任务。因还原性气膜的外层接触回转窑自由空间的氧化性气氛必然产生氧化燃烧，燃烧产生的热量成为回转窑的重要热源之一。还原性气膜因外层的氧化燃烧消耗与料层放出的还原性气体量达到动态平衡时，回转窑即可实现加热和还原同时进行，达到还原性回转窑的还原目的。

由此，造成还原性回转窑的结构、控制、操作与氧化性回转窑有重大差异。

（1）回转窑的燃料燃烧火焰应远离料面，绝对不得冲击料面的还原性气体保护膜。

（2）因回转窑内待处理物料中的煤从400℃开始大量放出挥发分，铁的还原从570℃开始进行，回转窑后部还原煤放出的挥发分和还原产生的CO难以从窑头烧嘴供给燃烧所需要的氧气，通常还原性回转窑必须设置独立的向回转窑中、后部供氧的高风速二次供风管，在窑身设置窑身风机。

（3）还原窑内状况与氧化窑不同，氧化窑内呈清晰、明亮状，从窑头可以清晰地看到窑内物料状态。而还原窑内呈浑暗状，不透亮，难以看到远处的料面。

　　还原性回转窑内炉料表面有一层炉料内放出的可燃性气体构成的气膜，这层气膜将回转窑内自由空间的氧化气氛与料层内的还原气氛分割开来。气膜的表层与自由空间的氧化气氛产生燃烧反应形成一层火焰，这层火焰的形态、厚度影响炉料内的还原气氛，影响炉料的还原。料面火焰直立向上，略向窑尾倾斜属正常炉况；料面火焰倾向料面或窑的燃烧火焰扑向料面，炉料会产生再氧化；料面没有火焰且窑的燃烧火焰直接接触料面，料面发亮，炉料产生再氧化，由于新还原出来的金属铁活性极大，已还原了的炉料被氧化，将使炉料表面温度急剧上升，造成炉料熔化，继而产生黏结，严重时产生"结圈"。

　　(4) 为了保证单位料面有足够的还原气体溢出，需要有足够的料层厚度。因此，还原性回转窑的填充率远大于氧化性回转窑，通常还原性回转窑填充率应达到 20.0% ~ 25.0%，而氧化性回转窑填充率为 8.0% ~ 10.0%。直接还原窑出料端的出口直径仅为窑内径的 50% 以下。粒铁法回转窑的出料端直径仅为窑内径的 45% ~ 50%。

　　(5) 因待还原的铁矿物的还原是通过还原剂 CO、还原产物 $CO_2$ 的扩散过程完成，回转窑内的还原反应是扩散控制过程，还原过程需要较长的时间。因此，还原窑内炉料在窑内的停留时间远大于氧化窑物料在窑内的停留时间。

　　氧化球团回转窑内物料的停留时间仅仅 30min，生产水泥熟料的回转窑炉料在窑内停留时间 2.0 ~ 3.0h；而生产直接还原铁的回转窑炉料在窑内的停留时间需要 8.0 ~ 10.0h，天津钢管 $\phi$5.0m×80m 的直接还原窑炉料在窑内停留时间约 10.0h；$\phi$3.60m×60m 粒铁回转窑物料在窑内停留时间为 8.0 ~ 10.0h。

　　因此，还原性回转窑的斜度远小于氧化窑，通常还原性回转窑的斜度不大于 2.50%。还原性回转窑的转速也远低于氧化窑，通常还原性回转窑的转速不小于 1.0r/min。

　　(6) 为保证炉料充分还原，单纯依靠加大窑长，降低回转窑转速、增大填充率是无法满足还原反应的需要，改善窑内温度的分布，延长适宜还原的温度区间长度更为有效，还原性回转窑内温度分布曲线与氧化性回转窑有重大差异。因此，还原性回转窑的窑头烧嘴的型式与氧化性回转窑差异巨大。还原性回转窑必须使用长焰层流烧嘴，以保证窑内有较长的还原所需要的高温区。大型还原性回转窑通常不使用细颗粒煤粉、气体燃料为燃料这种回转窑使用粒煤（粒度 3.0 ~ 17.0mm）烧嘴进行加热，不仅大幅度降低了煤粉加工成本，而且大幅度加长了烧嘴燃烧火焰，使窑内的温度分布更加合理。

　　(7) 为保证炉料充分还原，改善窑内温度的分布，延长适宜还原的高温区间长度，直接还原回转窑通常装设若干窑身风机。窑身风机通过供风管将空气导入回转窑中心，为还原反应生成的 CO、还原剂放出的挥发分的燃烧供氧。$\phi$5.0m×80m 直接还原回转窑配备 9 台窑身风机。"粒铁法" 回转窑通常采用高压二次风向窑的后部供风，提高后部的温度，拉长还原带的长度。二次风管的出口速度超过 80m/s。现代粒铁回转窑在窑的后端也采用窑身风机提高回转窑后部温度，拉长还原带的长度。

### 1.3.4 回转窑直接还原法

回转窑法是煤基直接还原的主导工艺，回转窑直接还原（海绵铁）法是用倾斜放置可旋转的回转窑作反应器，用非焦煤作还原剂和燃料，在铁矿石出现软熔温度以下，将铁氧化物还原成金属铁，脉石仍保存在还原产品里。铁矿石、还原煤及少量脱硫剂从窑尾加料端（高端）连续加入，随窑体旋转固体物料不断翻滚地移向排料端，窑头排料端增设燃烧嘴和还原煤喷入装置。为改善窑内供热和调节温度分布，沿窑身长度装设若干窑中供风管送入空气，燃烧煤释放的挥发分，还原产物 CO 和碳；物料在逆向热气流的作用下被干燥、预热、分解、铁氧化物的还原和铁的渗碳反应，从窑内排出的高温还原料冷却后经筛分磁选得到高金属化率的直接还原铁。

生产炼钢用高品位直接还原铁的方法有 SL-RN 法、Krupp-CODIR 法、DRC 法、TDR 法、ACCAR 法和 DAV 法等，它们的工艺过程、设备结构大同小异（除 ACCAR 法外）。

#### 1.3.4.1 SL-RN 法

由 20 世纪 20~30 年代美国共和钢铁公司（Republic Steel）和国际公司（National lead）开发的 RN 法与德国鲁奇公司（Lurgi Chemie）和加拿大钢铁公司（Stelco）合作发展的 SL 法合并形成了 SL-RN 法。1964~1975 年期间，先后建成 5 套装置，由于技术上遇到一系列困难，发展停滞，70 年代后期经过技术改造和采用新技术，到 1979 年又有 7 套装置投入运营，分布在巴西、加拿大、秘鲁、新西兰等国，之后，印度、南非等国积极发展煤基直接还原。1968~1993 年期间全世界有 13 个 SL-RN 法的工业生产工厂，35 座回转窑，设计生产能力达 561.1 万吨/a。

SL-RN 法是煤基回转窑工艺的代表，其生产能力和产量分别占回转窑法的 62.7% 和 55% 以上。其炉料由块矿或球团、煤、返炭和脱硫剂组成，在 SL-RN 工艺开发初期，全部炉料（包括全部煤）都从回转窑的进料端（高端）加入，随着窑体转动，物料逐渐被带起和向前推移，在逆向热气流的作用下，炉料被干燥、预热，当炉温达到 900℃后，发生碳的气化反应，铁矿石开始还原。为了保持还原带温度均匀和扩大还原带长度，沿回转窑窑长方向装设有若干个窑中供风管，由安装在窑壳上的风机向窑内供风，燃烧煤中释放的挥发分、还原反应产生的 CO 和煤中的碳，以供工艺所需热量和调节窑内温度分布，为补充窑头热量不足，窑头排料端设置燃料（煤粉、煤气或油）烧嘴。

入窑物料被加热到 950~1100℃，经过占窑长 60% 的高温区，铁矿石中铁氧化物的 90% 以上被还原后，从卸料端落入外冷式水冷冷却筒冷却到 100℃ 以下，再经筛分和磁选，分离出直接还原铁、返炭和残渣。

SL-RN 工艺的技术优势表现在：

（1）选用反应性好的还原煤，可以允许较低的作业温度，明显促进窑内还原反应，提高回转窑生产率。

（2）为有效地使用高挥发分和反应性好的还原煤，将部分还原煤改从窑头喷入，不仅能减少挥发分从窑尾逸出损失和防止给烟气系统造成障碍，还因为煤粒从窑头喷入落入料层，受到高温快速加热、释放出大量碳氢化合物，能有效地促进还原，强化还原进程，提供可燃物，扩大高温区长度，大幅度降低还原煤消耗。

（3）合理的设置窑身二次供风，调节供风量，促成均匀地高温区分布，消除局部过热；还采用了窑尾端设置埋入式喷嘴技术，向窑尾料层供风、燃烧层内供可燃物，提高入窑物料加热速度，压缩预热带长度。

（4）回转窑直接还原的缺点之一是废气热损失大，占总热量支出的 30% ~ 50%。南非依斯柯（Iscor）公司的 SL-RN 回转窑安装了废气余热回收设备，每生产 1t 海绵铁可产生 2.4t 压力为 1.6MPa、温度为 260℃ 的蒸气，生产产品的净煤能耗降到 13.4GJ/t；印度海绵铁公司 SL-RN 回转窑增设了余热锅炉和发电机组，预计每生产 1t DRI 可发电 600kW·h。

南非依斯柯公司 Vanderbijlpark 厂的四座 SL-RN 回转窑 1985 年投产，设计生产能力为 0.6Mt/a，该厂使用粒度 5~15mm 锡兴（Sishen）矿为原料，用特兰萨尔煤田的高挥发分烟煤作还原煤，连续三年的作业中，日历作业率近 90%、平均年产量为 0.65Mt、单位产品煤耗 800 kg/t，产品质量好且稳定，为该公司提供了优质电炉炼钢原料，其工艺流程如图 1-2 所示。

SL-RN 直接还原法除用作炼钢直接还原铁生产外，还广泛用于多元素复合矿、含铁粉尘的综合利用等。例如，南非海维尔德钢和钒公司（Highveld Steel Vanadium Corp）建有 13 座回转窑，用于处理钒钛磁铁矿，每年可生产 2.6Mt 炼铁电炉热装直接还原炉料。

### 1.3.4.2  Krupp-CODIR 法

克虏伯（Krupp）公司于 1957 年在粒铁法（Krupp-Renn）基础上发展的直接还原法称为 Krupp-CODIR 法。在充分试验的基础上，设计了大型生产装置，1973 年在南非邓斯沃特（Dunswart）钢铁公司建成投产，生产能力为 0.15Mt/a，工艺流程如图 1-3 所示。回转窑直径 4.6m，长 74.5m。

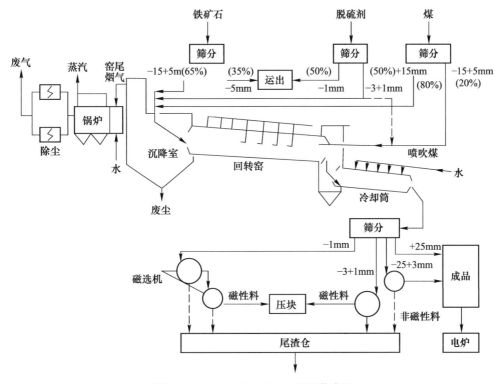

图 1-2　Iscor Vanderbijlpark 厂工艺流程

Krupp-CODIR 法的一个特点是采用喷煤技术调节回转窑内的温度分布。把细粒煤加到回转窑头部的 1/3 处，煤中挥发分的放出，强化铁矿石的还原；同时使回转窑内有结圈危险的关键部位温度降低到约 950℃，避开了炉料的黏结。喷吹粒煤技术的采用，使单位能耗明显下降，目前能耗水平为 14.63GJ/t。

另一个特点是回转窑排出的高温炉料采用直接喷水与间接喷水相结合的冷却方法。海绵铁表面形成 $Fe_3O_4$ 保护层，具有强抗氧化性；冷却强度大，冷却时间短，既可缩小冷却筒长度，又能减轻海绵铁的破损和粉化。

Krupp-CODIR 法可使用各种煤，但最好用高反应性、挥发分 27% 以上的烟煤和次烟煤，含硫最好不超过 1.5%；对原料有较强的适应性，从电炉炼钢效果出发，要选用铁品位高、脉石含量低的矿石。

该厂运行正常，年运行约 320 天。产品金属化率大于 92%，质量稳定，设备作业率达 97%。

1988 年和 1992 年克虏伯公司又承建了印度太阳旗公司（Sunflag Co.）和金星公司（Goldstar Co.）的 0.15Mt/a 窑一座和 0.11Mt/a 窑两座。

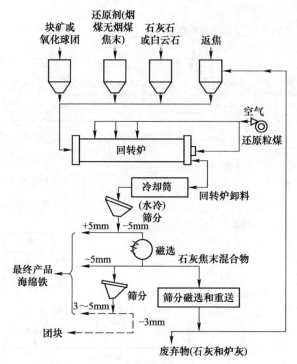

图 1-3　克虏伯工业规模海绵铁工厂生产流程

### 1.3.4.3　DRC 法

　　DRC 法起源于澳大利亚西方钛公司，用煤还原钛铁矿中的氧化铁，滤除金属铁，生产金红石的方法，后改作生产直接还原铁，称为 AZCON 法。1978 年美国直接还原公司在田纳西州的罗克伍德（Rockwood）建设的试验示范装置投产，改称为 DRC 法。1978 年直接还原公司所属的美国阿瑟·G. 麦基公司与英国戴维公司合并称为戴维-麦基（Davy-Mckee）公司。1983 年戴维-麦基公司为南非斯考（SCAW）金属公司建设的 7.5 万吨/年 $\phi4.5m\times60m$ 直接还原回转窑投产，工艺流程如图 1-4 所示。该装置投产 8 天后达到设计生产能力，第一个运转期连续 18 个月，未遇任何困难和事故，全面达到设计要求的各项指标，产品金属化率 92%~95%，含硫量 $w(S)<0.015\%$，作业率 96%，直接还原铁固定碳耗为 0.42t/t。

　　DRC 法工艺将还原煤分别从窑加料端与矿石一起加入和从窑头喷入，为减少细炭粒损失，回收的残炭也从窑头喷入，并采用空气分级设备从窑废气中回收干净的细炭粒，使整个作业系统维持恒定的残炭平衡，以保证稳定生产和降低煤耗。

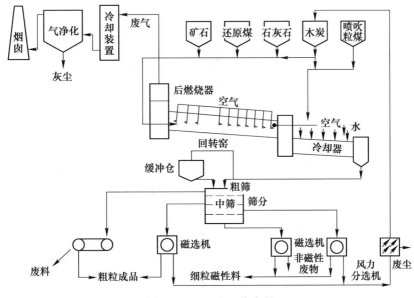

图 1-4 DRC 法工艺流程

该回转窑两端采用了双层气密装置，保证窑内合理气氛和压力，窑内设有挡料圈，延长物料在窑内滞留的时间和调节气体流动分布。另外，在冷却筒内淋水段也设有挡料环和"V"形挡料圈，增加物料停留时间和改善冷却。

戴维-麦基公司 1989 年又为斯考金属公司承建了同等规模的二期工程。1994年戴维-麦基公司与天津钢管公司签约承建 0.3Mt/a 直接还原厂（两座 0.15Mt 的回转窑），1996 年 10 月建成投产。

#### 1.3.4.4 阿卡尔（ACCAR）法

由美国阿利斯-恰默斯公司（Allis-charmers Co.）开发，是一种用多种燃料，即煤、油和天然气的直接还原法。1973 年将加拿大尼罗加拉瀑布城（Ningara Falls）的一座旧回转窑改造成年产能力为 35 万吨的示范装置；1976 年又将一座 $\phi$5m×50m 的 SL-RN 回转窑改造成 ACCAR 窑，以天然气和燃料油作主燃料，设计生产能力 0.23Mt/a，在 6 个月试运转期内生产了 65 万吨海绵铁，产品金属化率 95%，设备运转率平均为 94%，工艺总能耗为 14.65GJ/t，电耗为 35~40kW·h/t，水耗为 4~5m$^3$/t。1983 年阿利斯-恰默斯（Allis-Chalmers）公司为印度奥里萨（Orissa）海绵铁厂建设的 0.15Mt ACCAR 窑投入生产，该装置使用 80%~90%煤和 10%~20%轻柴油，生产指标良好，DRI 产品金属化率为 87%~92%，含碳 0.2%，煤耗 0.9t/t，高速柴油 75~79kg/t，折合能耗为 16.75GJ/t，其工艺流程如图 1-5 所示。

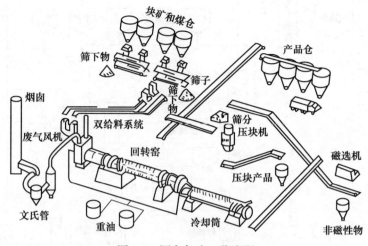

图 1-5 阿卡尔法工艺流程

阿卡尔窑的特点是在窑长 70% 部位的高温区段内设有喷嘴，如图 1-6 所示。气体或液体燃料经过径向喷嘴从料层下方喷入料层，在高温热料作用下被裂解成氢气和一氧化碳，去置换矿石中的氧，完成还原过程和形成对高金属化产物的保护；当喷嘴转到料层上方时，喷入空气，燃烧逸出料层的还原气，为还原过程提供所需温度，向料层内喷入碳化氢燃料，会有效地提高料层内还原能力，加速还原速度。由于不需要过量煤保护，减少了煤所占体积，因此该工艺具有较高产率；同时，由于煤用量减少，可减少窑内径向耐火衬的峰值温度。实践证明喷油作业下，窑衬和燃气温度能降低 100~200℃，大大增加了作业的安全性和降低煤带入总硫量，促进硫的脱除；另外，喷入碳化氢燃料，可以在任何温度区间造成还原气氛，有效地控制产品含碳量在 0.01%~2.0% 之间。

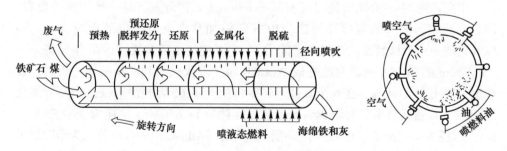

图 1-6 阿卡尔窑的窑体结构

由于燃料油价格上涨和供应困难，印度奥里萨厂 ACCAR 回转窑从 1988 年起停止用油，已改用 100% 烟煤作燃料还原剂取得成功。

# 参 考 文 献

［1］中国冶金百科全书总编辑委员会《钢铁冶金》卷编辑委员会，冶金工业出版社《中国冶金百科全书》编辑部. 中国冶金百科全书·钢铁冶金［M］. 北京：冶金工业出版社，2001.

［2］陶江善. 2021 中国非高炉炼铁行业现状及发展展望［C］. 非高炉高峰论坛会刊，中国废钢铁应用协会直接还原铁工作委员会，2021：1-7.

［3］赵庆杰，陶江善. 回转窑炼铁法的分类及现状［C］. 煤基直接还原工艺技术交流会会刊，中国废钢铁应用协会直接还原铁工作委员会，2017：75-82.

［3］方觉，等. 非高炉炼铁工艺与理论［M］. 北京：冶金工业出版社，2002.

［4］赵庆杰，史占彪，王治卿，等. 我国直接还原铁生产及其发展中的几个问题［C］. 中国金属学会全国直接还原铁生产及应用学术交流会论文集，冶金部直接还原开发中心，1999，31-34.

# 2 回转窑直接还原用原料及燃料

回转窑直接还原法可处理的原料包括高品位铁矿石、球团，低品位铁矿石、球团，含锌粉尘、红土镍矿等，本章对炼钢海绵铁直接还原用原料、燃料进行阐述。

## 2.1 直接还原用铁矿石

### 2.1.1 铁矿石

了解铁矿石前，介绍下面几个名词。

（1）矿物：是在地壳中由于自然的物理化学作用或生物作用，生成的自然元素（如金、石墨、硫黄等）和自然或人工合成的化合物质（如磁铁矿、石英等）。矿物具有一定的物理和化学性质，矿物的性质取决于其结晶构造及化学成分。矿物的化学组成可用化学式表示，如石英（$SiO_2$）、赤铁矿（$Fe_2O_3$）。

（2）岩石：多种矿物的集合体。矿石在现有技术经济条件下，能从中提取金属、金属化合物或有用矿物的岩石，这一概念是相对的、发展的。例如，铁元素广泛地分布在地壳的岩石和土壤中，有的比较集中，形成天然富矿；有的比较分散，形成贫铁矿。富铁矿可以直接用来炼铁，堪称矿石，贫铁矿则不然。随着选矿和冶炼技术的发展，含铁 $w(Fe)$ 低于40%，30%甚至20%的矿也变成钢铁工业的原料。

（3）脉石：组成矿床（或矿石）的矿物中不含金属元素的岩石，如铁矿石中的 $SiO_2$、$Al_2O_3$ 等矿物均为脉石。

铁矿石种类：铁都是以化合物的状态存在于自然界中，尤其是以氧化铁的状态存在的量特别多，常见铁矿石有赤铁矿、磁铁矿、褐铁矿和菱铁矿。

（1）赤铁矿：化学成分为 $Fe_2O_3$，含铁量 $w(Fe)$ = 69.94%，含氧量 $w(O_2)$ = 30.06%；颜色为金属灰白到暗红或鲜红，质地为土质或结晶体，是最主要的铁矿石；密度为 5.26t/m³，如图 2-1 所示。赤铁矿有各种类型，分别称为假象赤铁矿、

图 2-1　赤铁矿

镜铁矿、磁赤铁矿（磁性三氧化二铁），等等。赤铁矿是一种很重要的含铁矿物，广泛产于各种类型的岩石中并有各种成因，赤铁矿产于脉岩、火成岩、变质岩和沉积岩中，有时是磁铁矿风化产物。某些矿床的低品位侵集晶体赤铁矿可以用重力法和浮选法选别出高质量的精矿。

（2）磁铁矿：化学成分为 $Fe_3O_4$，是 $Fe_2O_3$ 和 FeO 的复合物，含铁量 $w(Fe) = 72.4\%$，含氧量 $w(O_2) = 27.6\%$；颜色为深灰到黑；密度为 $5.16 \sim 5.18 t/m^3$，如图 2-2 所示。磁铁矿有强磁性，有时因其磁性较强，可作为天然磁石使用。磁铁矿的磁性非常重要，可用磁选法从脉石中分离出磁铁矿，生产出高质量的精矿，磁铁矿产于火成岩、变质岩和沉积岩中。随着磁法选矿技术的不断改进和高品位炉料的使用日益扩大，磁铁矿作为炼铁原料的重要性也在增加。

图 2-2 磁铁矿

有时磁铁矿夹杂少量钛铁矿，因而含有少量钛，如果含钛量 $w(Ti) > 2\% \sim 5\%$，则这种铁矿称为钛磁铁矿。磁铁矿在经过长期风化作用后即变成赤铁矿。图 2-3 所示为钒钛磁铁矿照片。

（3）褐铁矿（铁的含水氧化物）：是指针铁矿和钎铁矿这两种含水氧化物不同含量混合物，如图 2-4 所示。针铁矿的化学分子式是 $Fe_2O_3 \cdot 3H_2O$，钎铁矿为 FeO（HO），纯针铁矿成分 $w(Fe) = 62.85\%$，$w(O_2) = 27.01\%$，$w(H_2O) = 10.14\%$，密度为 $3.6 \sim 4.0 t/m^3$，结晶为菱形六面体；颜色一般为黄色或棕色直至黑色，质地近似泥土或赭石，泛指因吸附水或毛细水而潮湿的成分不明的氧化物，褐铁矿一般是由风化而形成的次生矿物，与其他铁的氧化物共生于沉积岩中。从世界范围来讲，褐铁矿也是一种重要的炼铁原料。

图 2-3 钒钛磁铁矿

图 2-4 褐铁矿

（4）菱铁矿：化学成分为 $FeCO_3$，含铁量 $w(Fe) = 48.20\%$，密度为 $3.83 \sim 3.88$ $t/m^3$，颜色一般为白色到淡绿色和棕色，如图 2-5 所示。菱铁矿往往含有不同分量的钙、镁和锰。不同的菱铁矿质地不同，可以是致密的、颗粒状的或近似晶体的。菱铁矿有时称为黑泥铁矿，铁的碳酸盐类矿石入炉前一般要经过焙烧，这类原料往往含有相当数量的石灰石和白云石而形成自熔性原料。

图 2-5 菱铁矿

## 2.1.2 铁矿石质量要求

直接还原工艺十分重视对铁矿原料的选择，下面主要从化学成分、物理性质及冶金性质三方面讨论。对于炼钢海绵铁生产来说，铁矿石品位要尽可能高，以降低后续冶炼成本，而对于其他低品位矿石及一些粉尘等回收料的回转窑直接还原处理，可以根据回转窑直接还原生产需要及经济效益情况，结合实际予以采用。

### 2.1.2.1 化学成分

A 铁矿石品位

铁矿石品位是指铁矿石的含铁量（质量分数）。直接还原工艺十分重视选用高品位矿石，并非是由于直接还原工艺本身的原因，原料含铁量对直接还原工艺操作和消耗指标并无重大影响，主要是影响产品的应用价值。铁矿石含铁量越高，脉石含量就越少，在直接还原过程中脉石将全部保留在直接还原产品里，电炉炼钢时，酸性脉石成分 $SiO_2$、$Al_2O_3$，将会导致炼钢电耗剧增，生产率下降，造渣和各种材料消耗增加，炉衬寿命缩短。矿石含铁量（或酸性脉石量）对直接还原电炉流程和高炉—转炉流程影响的对比，可以从图 2-6 中看到，只有铁矿石中 $w(Fe)>66\%$、酸性脉石 $w(SiO_2+Al_2O_3)<5.5\%$ 时，直接还原—电炉流程的生产成本才会低于高炉—转炉流程。进一步提高原料含铁量有利于降低直接还原—电炉炼钢生产成本和炼钢电耗，如图 2-7 所示。尤其是电价高的条件下，更应严格控制原料的酸性脉石量。

B 脉石成分

脉石有碱性脉石（$CaO+MgO$）和酸性脉石（$SiO_2+Al_2O_3$），通常铁矿石含酸性脉石居多，（$SiO_2+Al_2O_3$）含量高，电炉炼钢时为配制适宜碱度的炉渣，须加入更多的石灰，使渣量增加，能耗剧增，生产率大幅度下降，炉衬侵蚀加剧。一

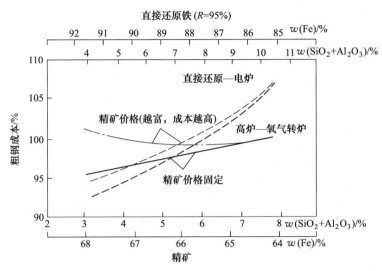

图 2-6 矿石及海绵铁中酸性脉石含量对炼钢生产成本的影响

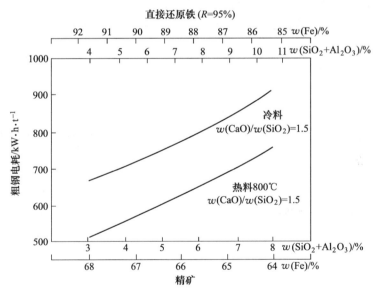

图 2-7 矿石及海绵铁中酸性脉石含量对电炉炼钢电耗的影响

般要求酸性脉石 $w(SiO_2+Al_2O_3)$ 不超过5%。矿石中 CaO 和 MgO 是炼钢造渣的有益成分，通常矿石内含量不多，对含碱性脉石中矿石的含铁量要求可适当放宽。一般原料中 $w(CaO)<2.5\%$，$w(MgO)<1.5\%$，CaO+MgO 含量高，对球团矿还原性产生不利影响。

另外，矿石含 $SiO_2$ 过低，特别是球团矿会在还原过程中出现膨胀粉化，含

$SiO_2$ 很低的直接还原铁也容易在转运过程中产生破碎。

C 有害和夹杂元素含量

有害杂质是指 S、P、As；夹杂元素是指 Pb、Zn、Sn、Cu、Cr、Ni 等。

在铁矿石里，除常指的有害杂质 S、P、As 外，还经常共生一些对钢质有改善作用或者可以提取的有用元素，如锰（Mn）、铬（Cr）、钴（Co）、镍（Ni）、钒（V）、钛（Ti）、钨（W）、钼（Mo）、铌（Nb）、铅（Pb）、锌（Zn）、锡（Sn）等。如果这些元素含量达到一定数量，如 $w(Mn)>5\%$、$w(Ni) \geqslant 0.2\%$、$w(Cr) \geqslant 0.06\%$、$w(V) \geqslant 0.1\% \sim 0.15\%$、$w(Co) \geqslant 0.03\%$、$w(Cu) \geqslant 0.3\%$、$w(Pb) \geqslant 0.5\%$、$w(Zn) \geqslant 0.7\%$、$w(Sn) \geqslant 0.2\%$、$w(Mo) \geqslant 0.3\%$，都应作为有经济价值的复合矿石，大力开展综合利用。然而，作为提供电炉炼钢原料的直接还原铁产品，则不希望含有这些元素或对其有严格的含量限制，这些元素的带入会影响到钢质的纯净和性质，直接关系到直接还原铁的应用价值，所以在直接还原的原料选择中必须十分重视对非铁元素含量的要求。

（1）硫（S）：是钢铁的大敌，使钢铁产生"热脆"。在回转窑直接还原过程中可以脱硫，电炉炼钢过程也有较好的脱硫效果。但是，为了得到低硫优质产品，需要采取必要的脱硫措施，使得工艺过程中材料消耗增加，电耗增加。通常，铁矿石含硫量小于 1%。

回转窑直接还原生产时，铁矿石带入硫，还原煤会带进更多的硫。

原料和燃料中呈黄铁矿形态（$FeS_2$）带入的硫，在回转窑还原工艺中部分以单质硫或硫化氢挥发进入气相；硫酸盐类会还原成 CaS，进入非磁性废渣；有机硫和 FeS 的硫大部分被加入的脱硫剂吸收进入废渣，能有效地控制直接还原铁的硫含量 $w(S)<0.03\%$。回转窑直接还原时可以加入白云石或石灰石脱硫剂。

（2）磷（P）：在钢冷凝过程中析出 $Fe_3P$，使钢材脆性增加，且难以用热处理方法消除。铁矿石中的磷呈磷酸盐形式存在。在直接还原过程中，由原料带入的磷除少部分挥发脱除外，大部分保留在直接还原铁里。用高磷矿直接还原铁产品炼钢，则要求提高渣碱度，增加渣量将磷脱除，由此影响电炉炼钢能耗和生产率。为使用回转窑直接还原工艺生产出低磷直接还原铁，希望所用铁矿原料的含磷量 $w(P)<0.05\%$。

（3）铜、铅、锌、砷含量：铜、铅、锌、砷等都是优质钢中的受控成分，直接还原铁内这些元素的含量，决定了它的使用价值。

铜、铅、锌都易于还原。在回转窑直接还原条件下，铅、锌易被碳还原，且在不高的温度下呈金属蒸汽逸入气相，进入低温区后重新被氧化，以氧化物形态沉积或被窑废气带出窑外。在回转窑作业中，有 90% ~ 95% 的铅被挥发脱除；锌脱除率与碳气化反应和铁氧化物还原程度密切相关，随还原产品的金属化率的升高，脱除率增加，最高可达 90% ~ 95%；砷化物在还原气氛不稳定，易转变成氧化物, 可与 CaO 结合形成稳定化合物 CaO·As$_2$O$_3$, 促进砷的脱除。新生成的海绵铁易吸附砷化物, 阻碍砷的脱除, 在回转窑条件下, 砷的脱除率为 60% ~ 80%。

许多铁矿石不含铅、锌、砷等元素, 可生产纯净的直接还原铁。对某些含有上述元素的铁矿石, 经过回转窑还原可部分或大部分脱除, 直接还原铁产品可根据其含量和适宜的配料方案用于生产优质钢种。

(4) 碱金属 (K、Na): K、Na 均属有害元素。某些矿石中含有少量钾、钠, 以硫酸盐、氧化物形态存在, 在进入回转窑高温区后极易被碳还原, 呈蒸汽进入气相, 进入低温区后重新凝结, 形成碱金属在窑内的迁移现象。

碱金属氧化物腐蚀性很强, 易与窑衬反应生成低熔点硅酸盐, 构成窑衬黏结的初始物, 以致影响回转窑的正常作业。另外, 铁矿石中含有碱金属, 会促使其在还原过程中产生膨胀、粉化, 增加炉尘损失, 促成窑衬黏结。虽然回转窑直接还原挥发脱除条件较好, 但在选用原料时碱金属含量也应尽量少, 一般控制在0.02% 以下。

(5) 镍 (Ni)、铬 (Cr)、钒 (V)、钛 (Ti) 含量: 这些元素都是生产合金钢的重要元素, 但由于直接还原铁带入影响到纯净钢的生产。

镍在铁矿石中多呈氧化物形态, 性质与铁相近, 比铁容易还原。矿石含镍在回转窑还原, 以金属形态存在直接还原铁中, 所以直接还原铁原料最好不含镍。

铬、钒、钛都是难还原元素。直接还原条件下, 铬、钒、钛的氧化物均不被还原, 铁矿石带入的上述成分将在直接还原铁炼钢时进入炉渣。通常铁矿石中不含钒、铬; 钛含量多, 则对铁矿石还原产生有害影响, 一般不应超过 0.15%。

### 2.1.2.2 物理性能

原料物理性能是影响回转窑直接还原的重要因素, 包括粒度和强度两个方面。

#### A 粒度

回转窑直接还原不像竖炉直接还原有料柱形成, 也不像流化床呈物料流化, 因此对原料粒度和粒度范围的要求比较宽松。

入窑矿石粒度主要取决于铁矿石的还原性。粒度上限随矿石还原性改变, 以保证还原产物从窑头排出时, 其核心能被还原为准。过大不利于还原, 影响还原铁质量和窑生产率; 过细则增加矿石损耗和吹损。另外, 最佳粒度选择还应考虑矿石的爆裂性, 对易爆裂矿石的粒度上限可相应放大, 以减少爆裂产生的细粉量, -5mm 粉末量应当少, 特别是-0.5mm 的细粉。过多的细粉易于黏附窑衬或造成炉尘损失, 也会影响窑内物料的均匀混合。实际生产中, 矿块的适宜粒度范围为 5~20mm, 其中-5mm 和+20mm 的量, 分别要求小于 5% 和 10%; 对粒度为

6~22mm 球团料，其中 10~16mm 量应不小于 95% 。

某些回转窑直接还原生产中，也成功地使用了细粉料，如新西兰使用钒钛磁铁矿砂矿、澳大利亚使用钛铁砂矿，都取得了较好作业指标。所用砂矿的粒度组成分别列于表 2-1。

表 2-1　矿砂粒度组成

| 粒度/μm | +300 | 212 | 150 | 106 | 75 | 53 | −53 |
|---|---|---|---|---|---|---|---|
| 钒钛磷铁矿砂/% | 1 | 2 | 20 | 49 | 25 | 2 | 1 |
| 钛铁矿砂/% | 0.5 | 5.5 | 40.5 | 49.0 | 4.5 | | |

**B　强度**

原料强度可表示矿石在冲击力和摩擦力作用下不被破坏的能力。通常原料强度用抗压强度和耐磨指数表示。

回转窑内没有高料柱，矿石因受压引起碎裂的可能性较少。然而，在旋转的回转窑内，要长时间的经受冲击和摩擦作用。粉末的产生容易导致 $FeO$-$SiO_2$-$Al_2O_3$-$CaO$ 系低熔点化合物的产生，引起结圈；也会增加吹损和后续处理工作，影响冶炼经济效果。回转窑工艺对所用块矿和球团强度要求的调查结果，可归纳于表 2-2。

表 2-2　回转窑用炉料强度要求

| 炉料 | 强　度 | | 要求值 | 实测值 |
|---|---|---|---|---|
| 块矿 | ASTM 转鼓指数 | +6mm/% | ≥80 | 95 |
| | | −595μm/% | ≤10 | 5 |
| 球团矿 | ASTM 转鼓指数 | +6mm/% | ≥93 | 78~93 |
| | | <600μm/% | ≤5 | 3~5 |
| | 抗压强度/N·球$^{-1}$ | | ≥1000 | 2180~3130 |

### 2.1.2.3　冶金性能

铁矿石的冶金性能与回转窑直接还原工艺有密切关系，一定程度上决定了回转窑直接还原在技术经济上的可行与否，主要冶金性能是矿石的还原性、爆裂性和软化温度等。

**A　还原性**

铁矿石还原反应是直接还原过程的基本反应，特别是直接还原工艺是在较低的温度下进行，因此矿石还原性是决定直接还原工艺生产率的最重要因素。矿石还原性较好，在窑内停留时间越短，窑的产率就越高，还原性好的铁矿允许确定较低的作业温度，提高回转窑的作业安全性；另外，可放宽窑料粒度上限，提高矿石收率和产品利用，取得好的经济效益。

天然铁矿石中褐铁矿还原性最好，赤铁矿次之，磁铁矿差。目前，采用块矿生产的回转窑直接还原厂多选用赤铁矿。采用充分氧化固结的氧化球团作原料，由于球团内呈均匀分布的微气孔结构，还原性明显优于块矿，使用效果表明，其回转窑生产率高于使用块矿。

B 爆裂性

回转窑生产过程中，铁矿石的爆裂现象反映了矿石受热爆裂和还原引起爆裂的综合效应。爆裂严重的矿石，回转窑作业铁损高、产量下降，还引起窑内故障。

有些矿石对加热敏感，从室温状态进入高温时就产生严重爆裂，即使在逐渐加热时，粉化率也达到 8% ~ 10%，通常用热爆裂指数表示这一性质。因此，热爆裂指数高的矿石在使用上将受到限制。

还原爆裂是矿石在还原过程中晶格转变引起体积膨胀所造成的，以还原粉化率表示其程度。矿石粉化率差异较大，有些矿石还原时稳定，不呈现明显膨胀，粉化率为 2% ~ 3%；有些矿石粉化率高达 50% ~ 60%。为保证回转窑长期稳定作业，希望入窑矿石因爆裂生产的粉化率为 10% ~ 15%。

对球团矿另一个冶金性能指标是还原膨胀指数，过度的膨胀会使球团完全失去强度，以致粉化。为保证回转窑操作正常，还原膨胀指数应在 18% 以下。

C 软化温度

矿石软化温度多数是在一定载荷和中性气氛下，测出的矿石开始软化的温度。在还原气氛下矿石软化温度下降，当还原度到某一特定范围，软化温度下降到最低值；还原度继续升高，则软化温度回升。

软化温度影响着回转窑作业温度。为保证回转窑长期稳定运行，避免物料间、物料与窑衬发生黏结，作业温度应低于矿石软化温度 100℃，选用原料时必须掌握这一冶金性能。

## 2.1.3 国内外回转窑用原料

### 2.1.3.1 国外回转窑用原料

国外煤基回转窑直接还原生产中，根据工厂原料供应情况不同也不尽一致。例如，巴西皮拉蒂尼直接还原厂、秘鲁黑色冶金直接还原厂和加拿大钢铁公司直接还原厂使用氧化球团生产海绵铁外，也有不少工厂选用价格低廉的高品位天然块矿为原料。表 2-3 列出了部分有代表性的直接还原用铁矿原料。

表 2-3　有代表性的直接还原用含铁原料的化学成分及产地

| 国名 | 公司和矿山 | 矿种 | 主要化学成分（质量分数）/% | | | | | $\dfrac{w(SiO_2+Al_2O_3)}{w(TFe)}$ /% | 备注 |
| | | | TFe | SiO₂ | Al₂O₃ | P | S | | |
|---|---|---|---|---|---|---|---|---|---|
| 澳大利亚 | BHP 公司 Koolan 矿 | 块矿 | 69 | 0.4 | 0.2 | 0.02 | | 0.9 | — |
| | Cockatoo 矿 | 块矿 | 67 | 1.5 | 1.2 | 0.02 | | 4 | |
| | 塞维奇何矿山公司 塞维奇河矿 | 球团矿 | 67.5 | 1.3 | 0.35 | 0.015 | | 2.4 | — |
| | BHP 公司 Iron Monarch- Iron Princo 矿 | 块矿 | 63.5 | 3 | 2 | 0.045 | | 7.9 | — |
| | 怀阿拉矿 | 球团矿 | 65.5 | 3.34 | 2.01 | 0.027 | | 8.3 | — |
| | 芒特纽曼矿山公司 Whaleback 矿 | 块矿 | 65.1 | 4.37 | 1.34 | 0.032 | | 8.8 | — |
| | Mount Mount Golds- worthy Mining 公司 Mount Golds-worthy 矿 | 块矿 | 64.7 | 4.39 | 1.1 | 0.038 | | 8.5 | — |
| | 哈默斯利铁矿公司 Tom Priceparaburdoo 矿 | 块矿 | 67.5 | 2.74 | 1.55 | 0.038 | | 6.5 | — |
| 秘鲁 | 马科纳矿山公司 | 球团矿 | 66.3 | 3.04 | 0.53 | 0.025 | 0.009 | 5.4 | 强度 3000N /球 |
| 南非 | 南非钢铁工业公司 | 块矿 | 67 | 2.34 | 0.89 | 0.038 | 0.013 | 4.8 | — |
| | Sishan 矿 | 块矿 | 66.6 | 2.97 | 1.02 | 0.04 | 0.013 | 6 | |
| | Thabzimbi 矿 | 块矿 | 66.65 | 2.45 | 1.13 | 0.036 | — | 5.4 | |
| 印度 | 韦尔杜尔蒂矿 | 块矿 | 66 | 4 | | — | | 6.1 | 印度海绵铁公司用这三种矿的配比为 2：1：1 |
| | 查盖耶贝达矿 | 块矿 | 63 | 7 | | — | | 11.1 | |
| | 巴亚拉姆矿 | 块矿 | 62 | 8 | | — | | 12.9 | |
| 瑞典 | LKAB 公司 | | | | | | | | |
| | 马尔姆贝里耶矿 | 球团矿 MPR | 67.8 | 1.15 | 0.46 | 0.015 | | 2.81 | |
| | 马尔姆贝里耶矿 | 球团矿 MPS | 68.1 | 1.12 | 0.38 | 0.022 | — | 2.20 | |
| | 马尔姆贝里耶矿 | 球团矿 | 65.54 | 4.88 | 0.90 | 0.039 | — | 8.80 | |
| | 马尔姆贝里耶矿 | 球团矿 MPB | 66.08 | 3.96 | 0.58 | 0.014 | | 6.90 | |

| 国名 | 公司和矿山 | 矿种 | 主要化学成分（质量分数）/% | | | | | $\dfrac{w(SiO_2+Al_2O_3)}{w(TFe)}$ /% | 备注 |
|---|---|---|---|---|---|---|---|---|---|
| | | | TFe | SiO$_2$ | Al$_2$O$_3$ | P | S | | |
| 瑞典 | 基律纳矿 | 球团矿 | 65.96 | 3.99 | 0.55 | 0.043 | — | 6.90 | — |
| | 斯瓦帕瓦拉矿 | 球团矿 | 65.6 | 4.17 | 0.70 | 0.023 | — | 7.40 | — |
| | 格兰斯 AB 公司 Strassa 矿 | 球团矿 | 66.12 | 3.80 | 0.56 | 0.003 | | 6.6 | — |
| 加拿大 | 加拿大铁矿公司 卡罗尔湖矿 | 球团矿 | 65.19 | 5.47 | 0.40 | 0.009 | — | 9.0 | — |
| | 亚当斯矿山公司 柯克兰莱克矿 | 球团矿 | 65.71 | 4.39 | 0.12 | 0.018 | — | 7.6 | — |
| | 格里菲斯矿山公司 布鲁莱克矿 | 球团矿 | 67.19 | 3.11 | 0.39 | 0.020 | — | 5.2 | — |
| | 马莫拉顿采矿公司 马莫拉矿 | 球团矿 | 65.4 | 3.61 | 0.67 | 0.007 | — | 6.5 | — |
| | 谢尔曼矿山公司 特马盖米矿 | 球团矿 | 65.55 | 5.54 | 0.25 | 0.018 | — | 8.8 | — |
| | 沃布什矿山公司 潘特努瓦矿 | 球团矿 | 65.9 | 2.83 | 0.29 | 0.008 | — | 4.7 | — |
| | 希尔顿矿山公司 肖维尔矿 | 球团矿 | 67.2 | 2.02 | 0.28 | 0.007 | — | 3.4 | — |
| | 格里菲斯矿山公司 格里菲斯矿 | 球团矿 | 67 | 3.4 | — | — | — | — | — |
| 巴西 | 多西河谷铁矿公司 （CVRD） | 块矿 | 67.5 | 1.5 | 1.00 | 0.050 | — | 3.7 | — |
| | | 块矿 | 67.5 | 1.2 | 1.00 | 0.050 | — | 3.3 | — |
| | | 球团矿 | 67.2 | 1.7 | 0.7 | 0.020 | — | 3.6 | — |
| | | 球团矿 | 68.18 | 1.09 | 0.60 | 0.02 | 0.006 | 2.5 | 强度 3250N/球 |
| | | 球团矿 | 67.77 | 0.94 | 0.51 | 0.02 | 0.004 | 2.1 | 强度 3240N/球 |
| | 伊塔比拉矿 | 球团矿 | 66.5 | 2.8 | 0.5 | 0.02 | 0.01 | 5.0 | 强度 3000N/球 |
| | 奥里萨矿 | 块矿 | 67.60 | 1.76 | 0.62 | 0.022 | 0.002 | 3.52 | — |
| | MBR 公司 | 块矿 | 68.6 | 0.33 | 0.67 | 0.048 | — | 1.4 | — |
| | | 块矿 | 68.4 | 0.37 | 0.73 | 0.048 | — | 1.6 | — |

### 2.1.3.2 我国回转窑用原料

我国地大物博，铁矿资源比较丰富，至 2019 年已查明的铁矿资源储量 857.49 亿吨。据相关统计数据，我国大型铁矿矿区有 10 个，主要集中在鞍山本溪地区、冀东密云、攀西地区，合计储量有 249 亿吨。但更多的铁矿资源是中、小型矿，遍布全国各地，除上海市、香港特别行政区、澳门特别行政区外，铁矿在全国各地均有分布，以东北、华北地区资源最为丰富，西南、中南地区次之。就省（区）而言，探明储量辽宁位居榜首，河北、四川、山西、安徽、云南、内蒙古次之。另外，我国铁矿以贫矿为主，富铁矿较少，富矿石保有储量在总储量中占 2.53%。但是，我国铁矿中小型矿多，大型、超大型矿床少，矿山规模偏小，大型矿床仅占矿产地的 5%，大型矿山不足矿山数的 1%，含铁量 $w(Fe)$ = 30% ~ 35% 的贫铁矿占全国铁矿总储量的 80%；再者多元素共生矿多。

按我国铁矿资源来看，适合于直接还原用的高品位铁矿很少，然而国内许多地区能生产含铁品位 66% 以上的铁精矿。表 2-4 列出国内部分铁精矿质量指标的化学成分。1979 年欧盟提出了用于直接还原的铁矿标准。按照磷和脉石含量对国际上现有商品矿进行分类，见表 2-5。

**表 2-4　国内铁精矿质量指标**

| 矿石 | 化学成分 （质量分数）/% | | | | | | | | | | | | $\dfrac{w(SiO_2+Al_2O_3)}{w(TFe)}$ /% |
| --- | --- | --- | --- | --- | --- | --- | --- | --- | --- | --- | --- | --- | --- |
| | TFe | FeO | SiO$_2$ | Al$_2$O$_3$ | CaO | MgO | S | P | Cu | Pb | Zn | As | |
| 南芬精矿 | 70.93 | 28.66 | 1.32 | 0.08 | 0.066 | 0.066 | 0.027 | 0.005 | — | — | — | <0.00014 | 2 |
| 歪头山精矿 | 67.14 | — | — | — | — | — | — | — | — | — | — | — | |
| 辽阳棉花堡子精矿 | 68.93 | 30.43 | 2.94 | 0.21 | 0.15 | 0.23 | 0.013 | 0.0018 | 0.03 | 0.014 | — | — | 4.57 |
| 大孤山精矿 | 66.26 | — | — | — | — | — | — | — | — | — | — | — | |
| 弓长岭精矿 | 65.73 | — | — | — | — | — | — | — | — | — | — | — | |
| 保国精矿 | 66.73 | — | — | — | — | — | — | — | — | — | — | — | |
| 杨树沟老金厂精矿 | 68.45 | 27.45 | 3.54 | 0.21 | 0.063 | 0.18 | 0.005 | 0.01 | 0.0017 | <0.005 | <0.005 | <0.005 | 5.5 |
| 迁安精矿 | 67.72 | — | 3.72 | 0.85 | 0.10 | 0.10 | 0.037 | 0.01 | — | — | — | — | 6.75 |

| 矿石 | 化学成分（质量分数）/% | | | | | | | | | | | | $\dfrac{w(SiO_2+Al_2O_3)}{w(TFe)}$/% |
|---|---|---|---|---|---|---|---|---|---|---|---|---|---|
| | TFe | FeO | SiO₂ | Al₂O₃ | CaO | MgO | S | P | Cu | Pb | Zn | As | |
| 河北玉泉岭精矿 | 66.57 | — | 3.29 | 1.05 | 1.29 | 1.66 | 0.06 | 0.009 | — | — | — | — | 6.67 |
| 鲁中张家洼精矿 | 66.69 | 19.25 | 1.64 | 0.98 | 0.48 | 2.98 | 0.007 | 0.14 | 0.022 | — | — | — | 3.93 |
| 金岭精矿 | 68.52 | 27.9 | 2.15 | 0.48 | 1.32 | 0.98 | 0.066 | 0.026 | — | — | — | — | 3.84 |
| 山西尖山精矿 | 67.11 | — | 5.36 | 0.38 | 0.28 | 0.17 | 0.008 | 0.014 | — | — | — | — | 8.55 |
| 海南再选精矿 | 67.70 | 0.77 | 2.54 | 0.25 | 0.14 | 0.052 | 0.014 | 0.0084 | — | — | — | — | 4.12 |
| 河南尖山河砂精矿 | 70.29 | — | 0.84 | 0.55 | 0.34 | 0.06 | 0.015 | 0.012 | — | — | — | — | 1.98 |
| 潜山河砂精矿 | 67.35 | — | 3.40 | — | 0.79 | — | 0.012 | 0.016 | TiO₂ 1.01 | V₂O₅ 0.27 | — | — | — |
| 霍邱河砂精矿 | 70.74 | — | 0.46 | — | — | — | 0.006 | 0.023 | TiO₂ 1.03 | V₂O₅ 0.34 | — | — | — |

表 2-5　直接还原铁用铁矿分类

| 指类标别 | $w(P)$/% | $\dfrac{w(SiO_2+Al_2O_3)}{w(TFe)}$/% | 直接还原铁占电炉配料比/% |
|---|---|---|---|
| 直接还原矿 | ≤0.05 | ≤5 | 100 |
| 直接还原矿 | ≤0.05 | 5~9 | 50 |
| 高炉矿 | >0.05 | >9 | — |

对比看出，国内许多精矿已达到直接还原用矿标准，特别是某些精矿夹杂元素和有害元素含量极低，用它生产的直接还原铁是生产优质钢和特殊钢的极优原料。国外直接还原铁的生产和实验研究证明，作为回转窑直接还原用原料，球团矿粒度均匀，成分稳定，还原性优于块矿；生产的还原铁产品成分稳定，合格率高、窑作业率和利用系数均比块矿高，煤耗低。

### 2.1.4 矿石冶金性能测定方法

常用的矿石冶金性能测定方法，包括矿石的相对还原性、冷强度、块矿热稳定性、矿石低温还原粉化、铁矿球团膨胀指数和矿石荷重软化温度测定等。

#### 2.1.4.1 铁矿石（球团矿）相对还原性测定

铁矿石（球团矿）还原性表示用还原气体从矿石中夺取与铁结合的氧的难易程度的一种量度，按国家标准GB/T 13241—2017《铁矿石还原性的测定方法》测定。

A 测定方法要点

将粒度10.0~12.5mm，质量500g±1粒的试样（铁矿石或球团矿），放入内径 $\phi75mm$ 的双层耐热钢管内的多孔板上，封闭还原管的顶部，将惰性气体以 5L/min 通入还原管（图2-8）中，还原实验工艺流程图如图2-9所示。然后将还原管放入还原炉（图2-10）内。悬挂在称量装置的中心（不碰炉膛壁），此时炉温不高于200℃。然后以10℃/min温升加热到900℃，增大惰性气体标态流量到15L/min，恒温30min，称量试样和还原管总质量，精确到0.1g，记录为 $m_1$，温度波动在（900±10）℃，以标态流量为（15±0.5）L/min 的还原气体（$\rho(CO) = 30\% \pm 0.5\%$，$\varphi(N_2) = 70\% \pm 0.5\%$）替代惰性气体。连续还原3h，用热重天平记录还原过程中试样与还原管总质量，精确至0.1g，记录时间以"min"为时间单位，记录为 $m_t$。3h后，切段电源，关闭还原气，通入氮气流量15L/min，排除试验设备管路与反应管内还原气体后关闭氮气，将还原管连同试样提出炉外冷却。气体体积测量和流量取标态（0℃和101.325kPa）。

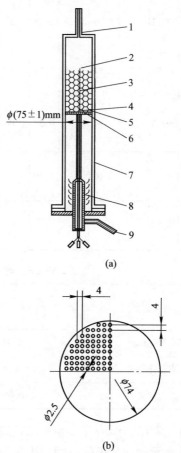

(a)

(b)

图2-8 还原管（a）与筛板（b）结构示意图
1—气体出口；2—上部控温点；3—中部控温点；
4—下部控温点；5—铁矿石试料；6—筛板；
7—底装反应管；8—气体均配管；9—气体入口

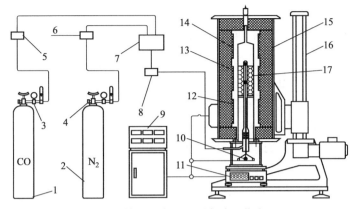

图 2-9　铁矿石中温还原实验工艺流程

1—CO 钢瓶；2—$N_2$ 钢瓶；3—CO 减压阀；4—$N_2$ 减压阀；5—CO 质量流量控制器；
6—$N_2$ 质量流量控制器；7—还原气稳压室；8—流量计；9—系统控制柜；10—三点控温热电偶；11—热重天平；
12—下加热段；13—中加热段；14—上加热段；15—还原炉体；16—电动升降机构；17—反应管

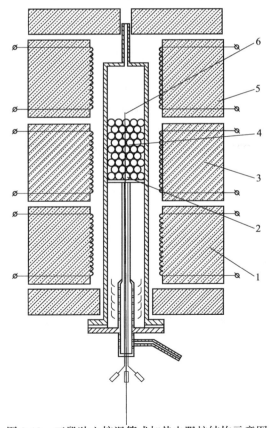

图 2-10　三段独立控温管式加热电阻炉结构示意图

1—下端内嵌锆纤维加热套；2—试料底部监控热电偶；3—中断内嵌锆纤维加热套；
4—试料中部监控热点偶；5—上端内嵌锆纤维加热套；6—试料上部监控热电偶

B  试验结果

（1）还原度。计算时间 $t$ 后的还原度 $R_t$ 时，$t=3h$，以三价铁状态为基准，用质量分数表示。

$$R_t = \left( \frac{0.111w_1}{0.430w_2} + \frac{m_1 - m_t}{m_0 \times 0.430w_2} \times 100 \right) \times 100\% \tag{2-1}$$

式中　$m_0$——试样的质量，g；

　　　$m_1$——还原开始前试样和还原管总质量，g；

　　　$m_t$——还原 $t$ min 后试样和还原管总质量，g；

　　　$w_1$——实验前试样中用 GB/T 6730.8 测得的 FeO 的质量分数，%；

　　　$w_2$——实验前试样中用 GB/T 6730.8 测得的 Fe 的质量分数，%。

画出还原度 $R_t$ 质量分数（%）对时间 $t$（min）的还原度曲线。

（2）还原速率指数。从还原度曲线读出还原度 30% 和 60% 时相对应的时间（min）。还原速率指数（$RVI$）用 O/Fe 原子比为 0.9 时的还原速率表示，单位为质量分数每分钟，由以下公式计算：

$$RVI = \frac{dR_t}{dt}\left( \frac{O}{Fe} = 0.9 \right) = \frac{33.6}{t_{60} - t_{30}} \tag{2-2}$$

式中　$t_{30}$——还原度达到 30% 时的时间，min；

　　　$t_{60}$——还原度达到 60% 时的时间，min；

33.6——常数。

在某种情况下试验还原度达不到 60%，此时按下式计算较低的还原度：

$$RVI = \frac{dR_t}{dt} = \frac{K}{t_y - t_{30}} \tag{2-3}$$

式中　$t_y$——还原度达 $y$（%）时的时间，min；

　　　$K$——取决于 $y$（%）的常数，当 $y = 50\%$ 时 $K = 20.0$，当 $y = 55\%$ 时 $K = 26.5$。

### 2.1.4.2  冷强度测定

冷强度是用作回转窑直接还原原料的球团矿、块矿的重要冶金性能之一，即在常温条件下抵抗冲击和耐磨能力的大小，通常用转鼓强度、耐磨指数及抗压强度表示。转鼓强度和耐磨指数测定按照 GB/T 24531—2009《高炉和直接还原用铁矿石转鼓和耐磨指数的测定》的方法进行；球团矿抗压强度测定按照 GB/T 14201—2018《高炉和直接还原用铁球团矿抗压强度的测定》方法进行。

A  转鼓和耐磨指数测定

标准转鼓试验机的结构如图 2-11 所示。

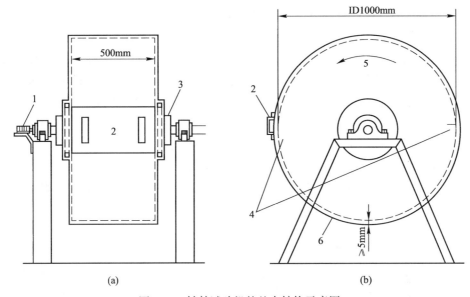

图 2-11 转鼓试验机的基本结构示意图

（a）主视图；（b）侧视图（ID 内部直径）

1—转数计数器；2—门把手；3—短轴（不穿过鼓腔）；

4—两个提料板（50×50×5）；5—旋转方向；6—鼓壁

（1）方法要点：取有代表性粒度 6.3~40mm 球团矿试样 60kg（或 10~40mm 块矿试样 15kg），装入内径 1000mm、宽 500mm，内有对称 $L$ 形提料板两片（用 50mm×50mm×5mm，长 500mm 的等边角钢焊成）标准转鼓里。盖好装料口盖板，然后以 25r/min 的转速旋转 200r 后取出料样，用 6.3mm 和 0.5mm 的方孔筛将试样筛分分级，称出各级（+6.3mm，-6.3~+0.5mm，-0.5mm）的质量 $m_1$, $m_2$, $m_3$。

（2）检验结果分析包括转鼓指数和抗磨指数两个参数。

1）转鼓指数（$T$）：以+6mm 的试样质量与原料样总质量之比的百分数作为原料抗冲击和抗摩擦能力的相对量度，表示为：

$$T = \frac{m_1}{m_0} \times 100\% \tag{2-4}$$

2）抗磨指数（$A$）：以-0.5mm 的试样质量百分数表示原料抗摩擦能力的相对度量，表示为：

$$A = \frac{m_0 - (m_1 + m_2)}{m_0} \times 100\% \tag{2-5}$$

式中　$m_0$——入鼓试样质量，kg；

　　　$m_1$——转鼓后+6.3mm 部分的质量，kg；

$m_2$——转鼓后-6.3~+0.5mm部分的质量，kg。

B　抗压强度测定

抗压强度测定方法要点：按规定方法制取颗粒完整的干态球团矿试样至少1kg，球团矿的粒度范围10~12.5mm（或由供需双方商定，需在试验报告中注明）。从试样中随机取出球团矿至少60个（大于60个可由供需双方商定）。逐个将球团矿放在球团压力试验机的压板中心处，以10~20mm/min的恒定速度，施加负荷，当负荷降至记录最大负荷值的50%，或又出现高于记录最大负荷或压板间距降至试样最初平均粒度的50%时试验结束，取试验中的最大负荷为试验结果（去除球团矿抗压强度低于100N的结果），取所有球团矿测量值的算术平均值为最终试验结果。

### 2.1.4.3　矿石热稳定性测定

矿石热稳定性反映铁矿石突然进入高温的受热过程中，因热应力产生热爆裂的趋向。回转窑直接还原工艺允许入窑炉料有较宽的粒度范围，通常是入炉块矿为5~20mm，球团矿为6~22mm。在生产过程中不希望矿石因受热爆裂，产生大量粉末，这是保证回转窑直接还原生产长期稳定和产品质量的重要条件。

参照GB/T 10322.6—2004《铁矿石热裂指数的测定方法》对直接还原用铁矿石和球团矿进行热稳定性测定。

矿石热稳定性方法要点：准备试样盒，制取粒度20~25mm，质量为500g±1粒的块矿（球团矿可取14~18mm）。先把试样盒装入电热炉内加热，当温度达到700℃时，再保持20min，然后将试样放入试样盒，盖上盖子，30min以后，从加热炉中取出试样盒并使其冷却到室温，称其质量$m_1$，用6.3mm、3.15mm、0.5mm筛子筛分分级，称量，-6.3mm的试样质量为$m_2$；取其与总质量之比作为相对指标，按式（2-6）计算热裂指数（$DI_{-6.3}$），即

$$DI_{-6.3} = \frac{m_2}{m_1} \times 100\% \tag{2-6}$$

同时，计算通过3.15mm、0.5mm筛的质量百分数。

### 2.1.4.4　铁矿石（球团矿）动态低温还原粉化

低温还原粉化是铁矿石重要冶金性能，表现低温下铁矿石由赤铁矿还原为磁铁矿的过程中出现的粉化现象，粉末的产生影响窑内作业状态，降低成品收率，严重时可能会引起窑衬黏结。

模拟回转窑生产工艺条件，按照国家标准GB/T 24235—2009《直接还原炉料用铁矿石低温还原粉化率和金属化率的测定》作为铁矿石低温动态还原粉化测定方法，测试装置如图2-12所示。

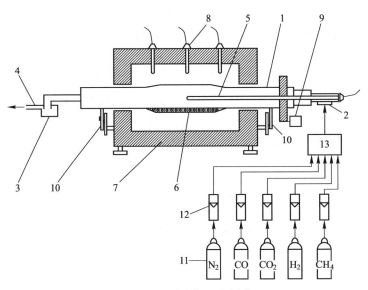

图 2-12 测试装置示意图

1—还原反应管；2—进气口；3—灰尘收集器；4—出气口；5—测量还原温度用热电偶；

6—试验样；7—电炉；8—调节炉温用热电偶；9—旋转装置（电动马达）；

10—反应管支撑轮；11—气瓶；12—气体流量计；13—混气箱

方法要点：将准备好粒度为 10.0~20.0mm、质量为 500g±1 粒的粒状块矿或球团矿（球团矿粒度组成为 10.0~12.5mm 的占 50%，12.5~16.0mm 的占 50%；块矿粒度组成为 10.0~16.0mm 的占 50%，16.0~20.0mm 的占 50%），装入还原反应管中。还原反应管无提升装置，由不起皮能承受 760℃ 且耐变形的耐热金属制成，内径（130±1）mm，内部长度 200mm。还原反应管应连接粉尘捕集器，以捕集试验过程中反应管气体流所带出的任何微小颗粒。然后将反应管封闭，插入电炉通电加热，连接热电偶和供气系统。通过旋转装置转动还原反应管，转速（10±1）r/min。向还原反应管通 $N_2$ 气，流量 10L/min，并立即开始加热，保证在 90min 内使试样达到 760℃。当试样温度接近 760℃ 试验温度时，将 $N_2$ 流量增加到标态流量 13L/min，（760±5）℃ 下恒温 30min，更换通入（13±0.5）L/min 还原气体替代 $N_2$，进行 300min 还原。还原气体成分为：$\varphi(CO) = 36\% \pm 1.0\%$，$\varphi(CO_2) = 5.0\% \pm 1.0\%$，$\varphi(H_2) = 55.0\% \pm 1.0\%$，$\varphi(CH_4) = 4.0\% \pm 1.0\%$，还原 300min 后，停止旋转，停还原气，改换流量 10L/min 的 $N_2$ 气保护，冷却还原后的试样，气体体积测量和流量取标态（0℃ 和 101.325kPa）。待试样冷至室温，从反应管中取出试样，用磁铁分离出沉淀的游离碳，称量还原后试样质量 $m$，然后用 10.0mm、3.15mm 的筛子小心进行手筛，称量并记录 10.0mm、3.15mm 筛的筛上质量（$m_1$、$m_2$），称量集尘器收集的物料质量（$m_3$），集尘器收集的灰尘和筛分中所失去的物料质量算作-3.15mm 部分。

动态还原粉化率用-3.15mm 的试样质量分数表示。

$$RDI_{DR} = \frac{m - (m_1 + m_2)}{m} \times 100\% \tag{2-7}$$

式中　$m$——试样还原后质量，包括集尘器中收集的灰尘质量 $m_3$，g；

　　　$m_1$——留在 10.0mm 筛上的试样质量，g；

　　　$m_2$——留在 3.15mm 筛上的试样质量，g。

其中，试验数据取到小数点后一位。

### 2.1.4.5　铁矿、球团矿的膨胀指数测定

某些铁矿、球团矿的高温强度和热稳定性都好，但在还原条件下出现膨胀、异常膨胀，以致完全失去强度而粉化，造成回转窑作业的破坏，因此必须十分重视这一冶金性能。

参照 GB/T 13240—2018《高炉用铁球团矿自由膨胀指数的测定》，还原膨胀试验装置如图 2-13 所示。

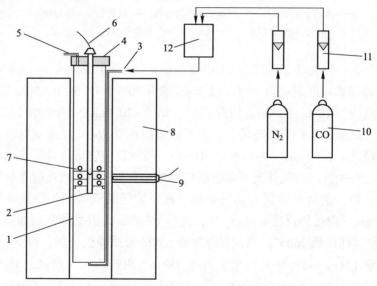

图 2-13　还原膨胀试验装置示意图

1—还原管壁；2—试验样盒；3—进气口；4—密封盖；5—出气口；6—测量还原温度热电偶；7—试验样；
8—电炉；9—测量电炉温度热电偶；10—气瓶；11—气体流量计；12—混气箱

### A　方法要点

从粒度 10.0~12.5mm 的球团矿中取 18 个球，测定出总体积，在 105℃烘干至恒重，并冷却至室温。然后将球团矿放入试样盒内（每层 6 个），再将试样盒

放入内径 75mm 的还原管中，密封还原管的顶部。连接热电偶，确保其末端位于试样中部。将还原管放入电炉中，炉内温度不大于 200℃，将氮气通入还原管，流量为 10L/min，然后以 10℃/min 的温升升温，温度接近 900℃ 时，增大氮气流量达到 15L/min。到 900℃ 恒温 15min，温度恒定在（900±10）℃ 之间。然后以流量 15L/min 的还原气体（$\varphi(CO) = 30\% \pm 0.5\%$，$\varphi(N_2) = 70\% \pm 0.5\%$）替代氮气，连续还原 1h。1h 后关闭加热炉电源，通入标态流量 5L/min 的惰性气体，将还原管提出炉外，在氮气保护下冷却至低于 50℃。从还原管中取出冷却后试样，并测定试样的总体积。气体体积测量和流量取标态（0℃ 和 101.325kPa）。

B　试验结果

还原膨胀指数（RIS）以体积分数表示：

$$RIS = \frac{V_1 - V_0}{V_0} \times 100\% \qquad (2-8)$$

式中　$V_0$——还原前试样体积，mL；

　　　$V_1$——还原后试样体积，mL。

其中，还原膨胀指数精确到小数点后一位数。

### 2.1.4.6　铁矿石（球团矿）荷重软化温度测定

铁矿石软化温度是指料层在一定荷重下加热，料层收缩到某一收缩量时所对应的温度。按照 GB/T 34211—2017《铁矿石高温荷重还原软熔滴落性能测定方法》通常以高度下降 10% 的温度为软化开始温度。荷重软化测定试验装置如图2-14 所示。

A　试验要点

称取烘干的 10.0~12.5mm 铁矿石试验样 500g±1 粒，称取烘干的 10.0~12.5mm 焦炭试验样（160±2）g。石墨坩埚底部先平整摆放底层焦炭 80g，再将坩埚置入试样压平测厚器上（见图 2-15），启动荷重施压对焦炭施加（2±0.02）kg/cm² 压力，用游标卡尺测取高度 $H_1$mm（精确到 0.1mm）。然后在底层焦炭上面摆放铁矿石试样 500g±1 粒，再次启动压平测厚器对铁矿石试样施加（2±0.02）kg/cm² 压力，用游标卡尺测取高度 $H_2$mm（精确到 0.1mm）。铁矿石试样原始高度 $H = H_1 - H_2$。铁矿石试样上面再摆放焦炭 40g，启动压平测厚器将整体试样压平。

将石墨坩埚上口密封，放入高温炉内。升温前向高温密封系统通入 5L/min 的 $N_2$（70%±1%），测量压差显示值不小于 20kPa 时合格，开始升温：由室温至 900℃，升温速率 10℃/min，炉温 500℃ 前通入 $N_2$，流量 5L/min，到 500℃ 切换为 CO 还原气体（30%±0.5%），流量（5±0.1）L/min；900~1100℃ 升温速率 2℃/min；1100~1600℃，升温速率 5℃/min；当试样温度达到 1580℃ 后 30min 试

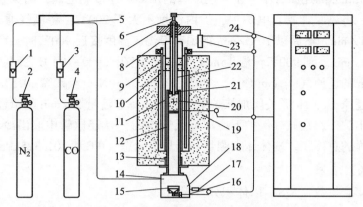

图 2-14    荷重软化测定装置示意图

1—$N_2$ 质量流量控制器；2—$N_2$ 钢瓶；3—CO 质量流量控制器；4—CO 钢瓶；5—混气气瓶；
6—测温热电偶；7—荷重砣；8—气体出口；9—U 形硅钼棒；10—隔热套环；11—刚玉护管；12—石墨支管；
13—密封套；14—气体入口；15—承滴坩埚；16—电子天平；17—差压变送器；18—密封箱；19—控温热电偶；
20—石墨坩埚；21—石墨压头；22—石墨压杆；23—位移变送器；24—主控系统

验结束，通入 $N_2$ 流量 2L/min，料层温度低于 200℃后，停止通入 $N_2$。实际温度与应达到的炉温温度差不应超过 5℃。气体体积测量和流量取标态（0℃和 101.325kPa）。

升温同时记录炉温 600℃的位移 $H_{600}$，记录软化开始温度（$T_{10}$）、软化终了温度（$T_{40}$）、熔化开始温度（$T_S$）、滴落温度（$T_d$）（没有滴落时记录滴落温度高于 1580℃），计算软化区间（$\Delta T_2$）、融滴区间（$\Delta T_3$）。

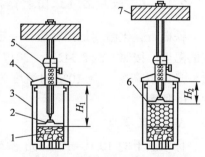

图 2-15    压平测厚器示意图

1—焦炭试样；2—摆动压板；3—石墨坩埚；
4—双爪游标；5—测探卡尺；
6—铁矿石试样；7—荷重砣

B    实验结果

按下式计算试样收缩率（位移高度分数），以 "%" 表示，精确到个位。

$$\Delta t = \frac{H_{600} - H_t}{H} \tag{2-9}$$

式中    $\Delta t$ ——某一温度下的试样收缩率；

$H_{600}$ ——位移传感器炉温 600℃时的位移，mm；

$H_t$ ——位移传感器在某一温度下的位移，mm；

$H$ ——试样层的原始高度，mm。

根据实验记录整理画出矿石软化温度曲线，得到 $T_{10}$，$T_s$ 及软化区间，如图2-16 所示。

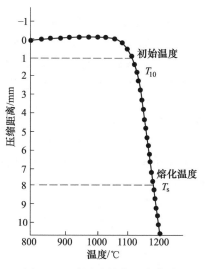

图 2-16 球团矿软化温度曲线

## 2.2 回转窑直接还原用还原剂及燃料

回转窑直接还原工艺中，能源消耗有两个方面：一是夺取铁矿石内氧的还原剂；二是为工艺过程提供热量的燃料。这两种功能所用的能源可以是分开的，供热燃料可以用煤气、燃料油或非焦煤；还原剂则是各类非焦煤，也可以都用非焦煤，既是燃料，又是还原剂。国外直接还原回转窑生产基本上用单一非焦煤；个别回转窑工艺（ACCAR 法）可用单一非焦煤，也可以是煤与天然气或燃料油共用。由此看到，回转窑直接还原工艺的基本能源仍是非焦煤。

### 2.2.1 煤的形成与分类

煤在现代工业文明的进程中起着重要作用，煤为钢铁工业的发展提供了巨大的、必不可少的能量，具有极重要的历史地位。

煤是在地下长时间物理化学过程作用下，植物体受到不同程度改变的复杂混合物。一般来说，植物死后由于微生物的作用会完全分解，但在一定条件下，尤其是在那些与覆盖着森林并且有新鲜水的沼泽地相联系的环境中，微生物的作用被这种环境中普遍存在的抗菌溶液所阻止，结果是植物体内聚积速度超过了其分解和逸散速度，一种褐色干纤维状的泥炭矿床便逐渐形成了。这种矿床由于地壳的垂直运动而沉没，被水成岩所覆盖，后来地壳运动又再次把矿床抬到海平面以上，此期间泥炭由于微生物、压力和热的作用会逐渐向褐煤过渡，当这一条件持续足够长的时间后，泥炭就转变成了褐煤。从褐煤开始，依次经过次烟煤、烟煤、半无烟煤和无烟煤阶段。与此同时，复杂混合物中的各单一成分逐渐变化，如碳逐渐集中和氧逐渐丧失的过程。

泥炭的外观相差很大，从轻质褐色多纤维质到深黑色致密的稠腐殖土状沉渣；褐煤通常是褐色，一般呈木质结构，含水很高，当暴露在空气中干燥时，通常会松散或裂成很小的碎块；次烟煤的颜色从深褐色到黑色不等，破裂时成不规则状；烟煤为黑色，层状结构，由厚度不同的无光泽煤层、玻璃状煤层交替成，高挥发分烟煤燃烧时冒出浓烟，黄色火焰；无烟煤呈黑色，质硬而脆，有较高光泽，比烟煤难点燃，燃烧时发出较短的略带黄色的蓝火苗，少烟或不冒烟；半次烟煤介于烟煤和无烟煤之间。所有的炼焦煤都属于烟煤，所有这些煤都含有可燃和不可燃物质。可燃物质主要是碳、氢和少量硫；不可燃物质的成分有水、氮和氧，以及各种矿物质，称为灰分。

煤可以根据化学、物理或岩相分析划分为不同类型、等级和煤型。根据煤炭变质的不同程度，可把煤分成从褐煤到无烟煤系列，见表2-6。

表 2-6　煤的分类及特性

| 煤　种 | 地质年代 | $w(C^*)/\%$ | 挥发分/% | 结焦性 | 低发热值/kJ·g$^{-1}$ | $w(H_2O)/\%$ |
|---|---|---|---|---|---|---|
| 泥炭 | 短 | 60~70 | 30~50 | 弱 | 18~23 | 20~50 |
| 褐煤 | 较短 | 70~80 | 35~45 | 弱 | 23~31.4 | 6~20 |
| 烟煤 | 较长 | 80~90 | 15~40 | 强 | 31.4~35.5 | 2~6 |
| 半无烟煤 | 长 | 90~95 | 8~12 | 弱 | 35.5~36.8 | 1~2 |
| 无烟煤 | 长 | 95~98 | 2~8 | 无 | 34.3~35.5 | 0.5~1 |

注：*可燃基含碳量。

高炉—转炉传统钢铁生产使用的焦炭是用烟煤中的主焦煤、肥煤和配加适量的瘦煤与气煤炼制成的。其他褐煤、烟煤、无烟煤等非炼焦煤则可用于直接还原，这些煤资源丰富、分布广、价格低，是发展煤基直接还原的有利条件。

## 2.2.2　还原煤要求

### 2.2.2.1　化学成分

A　固定碳（FC）和灰分（A）

煤基直接还原工艺中，固定碳是还原煤中参与还原反应的基本成分，工艺中还原煤用量的计算也是以固定碳含量为基数的。作为还原剂用煤，希望固定碳含量高，灰分量低，如果固定碳含量低、灰分高，则要求生产中配加更多的还原煤，在窑反应容积一定的条件下，会减少窑的有效生产容积，降低设备生产能力，灰分的加热需要消耗更多热量；另外，从煤质检验中看到某些煤的灰分软化温度与灰分的化学成分有密切关系，由图 2-17 和图 2-18 看出，煤的灰分软化温度随灰分中 $w(Al_2O_3)/w(SiO_2)$ 比值的增大而升高，随灰分中 $w(CaO+MgO)/w(SiO_2+Al_2O_3)$ 或 $w(Fe_2O_3+CaO+MgO)/w(SiO_2+Al_2O_3)$ 比值的增大而降低，同时还原煤中灰分的化学成分也影响到窑内低熔点化合物的形成。

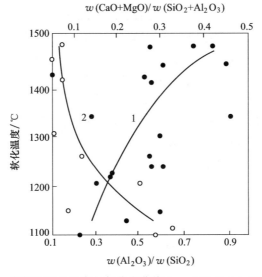

图 2-17　煤灰分软化温度与灰分中曲线 1—$w(Al_2O_3)/w(SiO_2)$ 和曲线 2—$w(CaO+MgO)/w(SiO_2+Al_2O_3)$ 的关系

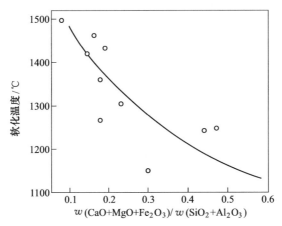

图 2-18　煤灰分软化温度与灰分中 $w(Fe_2O_3+CaO+MgO)/w(SiO_2+Al_2O_3)$ 的关系

实践证明，回转窑直接还原工艺最好选用固定碳含量 $w(C)>50\%$，灰分 $A<20\%$ 的煤。对灰分高的煤最好预先洗选。然而，在实际生产中，由于地区资源条

件，某些回转窑生产中使用了灰分高达 35% 的次烟煤，也取得了好的技术经济效果。

　　B　挥发分（V）

　　挥发分是指在加热过程中释放出的挥发性物质，其主要成分是 $CO_2$、$H_2O$、$C_mH_n$、$CH_4$、$CO$、$H_2$、焦油等。挥发分的放出能促进还原反应，也为窑内提供还原反应所需热量的可燃物，促成窑内形成合理的温度分布。

　　挥发分过少影响窑内高温区长度，降低窑的生产力；挥发分过多，又能造成窑内局部高温，引起窑村黏结，破坏窑的正常作业，废气量增多，热损失增加，能耗上升。实际作业表明，煤中的挥发分含量以 20% ~ 30% 为宜。

　　煤的挥发分放出规律随煤种而变化，图 2-19 表示了试验测出的不同煤的挥发分放出特性，褐煤挥发分在 250 ~ 300℃ 开始放出，350 ~ 550℃ 激烈放出，超过这一区间挥发分放出锐减。烟煤根据生成年代不同，挥发分放出规律差异很大，通常在 400 ~ 450℃ 开始，550 ~ 700℃ 激烈放出；无烟煤在 550 ~ 600℃ 才开始放出挥发分，800 ~ 900℃ 才有明显的放出速度。

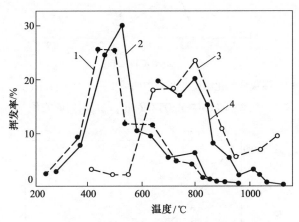

图 2-19　褐煤与无烟煤的挥发特性比较

1—吕合；2—霍林河；3—红泥；4—阳泉

　　挥发分量、组成及挥发分放出规律对窑内过程有直接影响。煤的入窑点和加入方式与煤挥发分密切相关，烟煤、褐煤从窑尾加入，大部分挥发分进入废气得不到利用；无烟煤从窑头喷入，会因挥发少，着火温度高，窑内不可能形成连续稳定的火焰，易造成局部高温。

　　煤的挥发分含量与反应性有密切关系。一般来说，中、高挥发分含量的煤多属地质年代和变质程度轻的煤，反应性好。目前，大多数回转窑生产厂多选用挥发分高的褐煤、次烟煤和烟煤作还原煤，在实际生产中应该注意到挥发分的充分利用。因此当使用高挥发分煤时，多采用窑头喷煤技术，既可发挥挥发分对还原过程的促进作用，又利用了挥发分的可燃成分，有效地改善窑内温度分布和扩大高温区。

C　水分

还原煤带入水分会增加不必要的热量消耗，废气量增加，也影响到窑内温度制度的稳定，一般煤含水小于5%为好。但实际生产中，褐煤和次烟煤含水都偏高（>20%）。采用预脱水处理又会使工艺变得复杂，生产费用增加，所以许多作业窑也使用了含水为15%~25%的煤。

D　硫含量

回转窑作业中硫主要由还原煤带入，煤中硫主要为硫化物、硫酸盐和碳、氢生成的有机硫化物。在回转窑还原条件下，硫化物和硫酸盐在加热过程中将发生分解，部分呈单质硫形式进入废气，大部分转变成 $H_2S$ 和 COS 形态进入气相，一部分被还原出铁相吸收。另外，$CaSO_4$ 还能被碳还原成 CaS，成为灰渣的一种组分，煤中有机硫被固定在碳的组织内，只有碳在高温气化时，硫才能被释放出来。当料层内有足够的 CaO 存在时，硫将吸收生成 CaS；若石灰石量不足，则会与 FeO 或铁反应，是海绵铁增硫的主要反应。

为了生产低硫海绵铁，要选用含硫量低于1.5%的还原煤。为防止还原过程中铁相吸硫，在作业中需配加适量粒度的0.5~3mm白云石或石灰石脱硫。

### 2.2.2.2　冶金性能

A　反应性

反应性是指在某一温度下煤中固定碳与 $CO_2$ 反应生成 CO 的能力，反应性随温度升高而增大，煤的反应性是评价回转窑还原用煤的重要指标。

回转窑内铁氧化物的还原，依靠与固定碳的直接接触，反应进行得很慢，主要通过 CO 媒介的反应表达式为：

$$FeO(s) + CO \longrightarrow CO_2 \tag{2-10}$$

$$CO_2 + C(s) \longrightarrow 2CO \tag{2-11}$$

$$FeO(s) + C(s) \longrightarrow Fe(s) + CO \tag{2-12}$$

可见窑内铁氧化物还原的决定因素是碳与 $CO_2$ 的反应能力，窑内温度越高反应性越好，还原反应进行得越快。反应性好的煤可以在较低作业温度下反应，空间维持较高的 CO 浓度，促进铁氧化物还原，实现窑的高生产率，有利于窑的安全运行，同时可以相应地降低对还原煤灰分软化温度的要求；反之，则必须采用较高的还原作业温度和配用较高的还原煤量。

实验测定与使用效果明显，褐煤反应性最好，烟煤次之，无烟煤更次，焦炭最差。究其根源，由碳料孔隙度和石墨化程度所决定，如图 2-20 所示。无烟煤

1100℃时气相 CO 浓度，远低于褐煤、烟煤在 950℃时气相 CO 浓度，也就是说无烟煤 1100℃条件下的还原能力不及烟煤和褐煤 950℃时的还原能力。由此可见，用低反应性的煤是不能单纯用提高温度取得强化还原的好效果，为保证还原和防止再氧化还原引起煤耗增大。

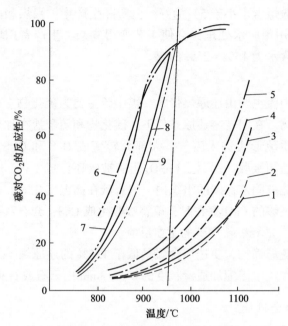

图 2-20 各种煤对 $CO_2$ 的反应性

1—阳泉无烟煤；2—漳平无烟煤；3—永安无烟煤；4—雁岩烟煤；5—王村烟煤；
6—义马烟煤；7—伊犁烟煤；8—霍林河褐煤；9—吕禾褐煤

**B 灰分软化温度**

灰分软化温度是指煤的灰分在还原气氛下开始变形的温度。回转窑结圈机理研究表明，回转窑形成窑衬黏结是窑内温度波动，引起物料生成低熔点硅酸盐所致，煤灰的加入能大幅度降低矿石软化温度，灰分软化温度越低，下降程度就越大。实践证明，选用还原煤的灰分软化温度必须高于回转窑作业温度 100~150℃。

应该指出，灰分软化温度还只能作还原煤选择的初步依据，在煤种初步选定后，还应将这种煤与含铁物料混合进行实验测定。煤的灰分软化温度可变化在 1150~1500℃以上，差异很大，应选用软化温度高的煤作还原煤。

**C 结焦和膨胀指标**

易结焦煤在使用过程中会焦结成块，引起窑内物料偏析，减少煤的反应表面积，降低煤的有效利用，导致煤耗增加，因此选用还原煤的结焦指数应低于 3。

自由膨胀指数是测定煤中挥发分挥发过程中产生自然膨胀的指标。自然膨胀指数高，表示煤在回转窑升温过程中出现低密度团块，可能导致膨胀破裂，产生大量细粉末。为避免过分粉化引起偏析，以及造成结块或黏结，还原煤的膨胀指数应不超过 1。

D　热稳定性

热稳定性是煤在加热过程中维持其原始粒度状态的性质。热稳定性差的煤在使用过程中会因受热粉碎，生成大量粉末，引起炉料偏析，影响正常作业；热稳定性好的煤，在升温过程中仅发生轻微适度粉碎，可以酌情做好用前处理。

不同煤种、不同工艺对煤的热稳定表现也不同。一般地，烟煤热稳定性较好，褐煤和无烟煤的热稳定性都不及烟煤。

E　粒度

回转窑直接还原作业料层薄，炉料始终不断地翻动，料层透气性对作业影响不大。煤的合适粒度是它在炉料中形成均匀混合，不出现偏析现象。炉料运动试验表明，煤的平均粒度应与矿石的平均粒度相近为好。对热稳定性差和有粉化趋向的煤，可适当放大粒度上限，国外多数生产窑的经验认为适宜粒度范围为 $6 \sim 20mm$。

## 2.2.3　燃料煤要求

回转窑直接还原用燃料煤应能满足长焰燃烧，实现回转窑长度方向的均匀加热要求。

回转窑实际生产多使用粉煤作为燃料。粒度很细的粉煤在悬浮燃烧时，能产生高亮度的高温火焰，燃烧所需的过剩空气量少，放热速度快，具有与气体或液体燃料同样的控制机动性。由此看出由无烟煤到褐煤，各类型煤都可以磨成粉煤燃烧供热。粉煤燃烧速度取决于煤的种类和磨碎细度，高挥发分煤比无烟煤烧得快，煤含灰分越低燃烧也越快。

生产实践证明，当使用挥发分 25% 的烟煤作燃料时，燃烧粉煤细度为 $-0.074mm$（$-200$ 目）占 40% 即可；如果配入无烟煤，混合煤的挥发分降到 20%，则粉煤细度应达到 $-0.074mm$（$-200$ 目）大于 60%。

燃料煤对灰分软化温度也有严格要求，软化温度低，易导致炉料间或炉料与窑衬间产生渣化黏结，以致造成生产故障。

## 2.2.4　国内外回转窑直接还原用煤

根据国内外研究，可用作回转窑还原剂的有褐煤、烟煤、次烟煤、无烟煤，它们占有煤炭的大比例，来源很广。

褐煤过去被认为是劣质煤，一般只用于发电。德国鲁奇公司长期研究证明，褐煤是回转窑直接还原的适宜还原剂，其主要特点是反应性好，挥发分高。由于反应性好，气化反应在850~950℃范围内就能充分进行，可以降低操作温度，有效提高生产率。褐煤挥发分中的 $H_2$ 和 CO 既是还原剂，也是可燃物质，有利于改善窑内温度分布，改善矿石还原。如果褐煤可燃物质在窑内得以充分利用，将能大幅度降低能耗。

初期回转窑直接还原是以无烟煤为主。长期实践证明，由于反应性差，为满足还原反应要求，必须采用较高的还原温度（1100~1150℃），而操作温度又受到煤灰软化特性的限制。另外，无烟煤挥发分通常少于10%，多在3%~5%之间，无法为还原反应需要的热量和造成合理温度分布提供足够的可燃物。为保证回转窑直接还原所必需的温度分布和热量需要，则必须向窑内提供补充能源，可以认为，无烟煤并非是理想的还原剂。

次烟煤挥发分较高，黏结性差，不适于炼焦，却是回转窑直接还原较适宜的还原剂。

现将国外回转窑实际使用和试验过的部分还原煤按主要成分固定碳、挥发分、灰分示于图2-21。

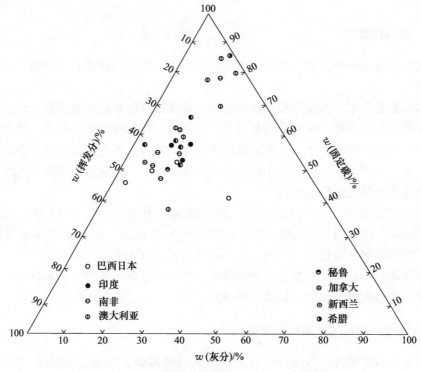

图 2-21 国外回转窑直接还原生产与试用煤的性质

表 2-7 列出了 Lurgi 直接还原铁厂用煤的成分。

表 2-7 **Lurgi** 直接还原铁厂用煤的成分（质量分数） （%）

| 公 司 | 煤 | H₂O | 干　　基 | | | |
|---|---|---|---|---|---|---|
| | | | 固定碳 | 挥发分 | 灰分 | S |
| 巴西皮拉提尼 | 巴西 Charqueadas | 9 | 40 | 25 | 35 | 0.4 |
| | *巴西 Leao | 15 | 51 | 34 | 15 | 0.6 |
| | *西德 Briqu 褐煤 | 17 | 45 | 51 | 4 | 0.3 |
| 加拿大钢公司 | 加拿大 Forestburg | 20 | 51 | 40 | 9 | 0.5 |
| 日本钢管 | 澳大利亚 Crose Valley | 8 | 58 | 26 | 16 | 0.5 |
| 南非海沃尔特 | 南非 Greenside | 3 | 54 | 31 | 15 | 0.6 |
| 新西兰钢公司 | 新西兰 Huntly | 16 | 49 | 42 | 9 | 0.3 |
| 秘鲁 Siderperu | 秘鲁碎焦 | 1 | 79 | 3 | 18 | 0.7 |
| 印度海绵铁公司 | 印度 Singarent | 8 | 44 | 31 | 25 | 0.3 |
| 那非 Iscor | 南非 Van Dyksdrift | 8 | 59 | 26 | 14 | 0.6 |

注：*工业试验

我国的煤炭资源十分丰富。现将国内研究和试验过的部分非焦煤的性能列于表 2-8 中，表中列出的煤种包括褐煤、次烟煤、烟煤和无烟煤。资料表明，我国东北、内蒙古、云南等地分布有丰富的褐煤资源。除少数煤含较高灰分外，多数褐煤反应性好、含硫低，有些煤的灰分呈碱性，灰分软化温度在 1100~1400℃ 间变化，为发展回转窑直接还原提供了丰富和较理想的还原煤。河南义马、山西神府煤矿烟煤，其性能近似褐煤，反应性好，950℃ 时反应性已达到 95% 左右，灰分不多，灰分软化温度大于 1150℃；含硫低，适合回转窑直接还原。山西大同矿区、安徽淮北矿区等地都有储量丰富的弱黏结性烟煤，灰分和硫含量都低，灰分软化温度在 1250℃ 以上，挥发分较高，但反应性稍差，也是较好的还原用煤，如图 2-22 和图 2-23 所示。另外，我国广大地区还有储量较丰富的瘦煤和无烟煤资源，它们固定碳高、水分低、灰分软化温度较高，但挥发分低、挥发反应性差，在正确选定作业温度和工艺参数情况下，也是发展回转窑直接还原的基本能源。

表 2-8 国内部分非焦煤的性能

| 产地（省、矿） | | $w(A_d)$ /% | $w(V_{daf})$ /% | $w(S_{t, ad})$ /% | $DT$/℃ | 焦渣特性 | 类型 |
|---|---|---|---|---|---|---|---|
| 吉林 | 珲春 | 27.18 | 35.79 | 0.32 | 1265 | 1 | 褐煤 |
| 内蒙古 | 舒兰 | 31.38 | 37.43 | 0.32 | 1425 | 1 | 褐煤 |
| | 梅河口 | 20.81 | 37.61 | 0.66 | 1150 | 1 | 褐煤 |
| | 霍林河 | 6.29 | 42.75 | 0.31 | 1100 | 1 | 褐煤 |
| | 扎兰诺尔 | 5.88 | 42.75 | 0.25 | 1130 | 1 | 褐煤 |

| 产地（省、矿） | | $w(Ad)$ /% | $w(V_{daf})$ /% | $w(S_{t.ad})$ /% | $DT$/℃ | 焦渣特性 | 类型 |
|---|---|---|---|---|---|---|---|
| 山西 | 大同王村 | 16.7 | 32.54 | 0.79 | 1250 | 2 | 长焰煤 |
| | 大同雁崖 | 5.74/10.13 | 27.65/32.59 | 0.58/0.96 | 1330/1390 | 3 | 长焰煤 |
| | 大同大斗沟 | 9.34 | 28.7 | 0.94 | 1288 | 2 | 长焰煤 |
| | 大同永定庄 | 7.41/18.79 | 29.81/33.15 | 0.53/1.60 | 1130/1330 | $\frac{2}{3}$ | 长焰煤 |
| | 阳泉 | 11.62 | 7.05 | 0.63 | >1500 | 1 | 无烟煤 |
| 北京 | 门头沟 | 20.45 | 8.35 | 0.24 | — | | 无烟煤 |
| | 大安山 | 13.12 | 7.69 | 0.31 | — | | 无烟煤 |
| 山东 | 洼里 | 27.39 | 44.08 | 0.90 | 1133 | 1~2 | 褐煤 |
| 河南 | 义马 | 15.17 | 38.19 | 0.24 | 1200 | 2 | 长焰煤 |
| 新疆 | 阿干镇 | 16.15 | 30.80 | 0.58 | 1140 | — | 烟煤 |
| 安徽 | 淮北朱仙庄 | 9.38 | 35.87 | 0.30 | 1340 | — | 长焰煤 |
| | 淮北塑里 | 27.66 | 19.49 | 0.43 | 1410 | — | 瘦煤 |
| 江西 | 萍乡 | 10.90/18.31 | 13.19/17.70 | 0.45/1.13 | >1500 | 2~4 | 瘦煤 |
| 福建 | 漳平 | 23.77 | 13.24 | 0.47 | 1410 | 1 | 瘦煤 |
| | 红炭山 | 12.62 | 2.90 | 0.63 | 1410 | 1 | 无烟煤 |
| | 永安 | 21.10 | 4.52 | 1.16 | 1230 | 1 | 无烟煤 |
| 广东 | 梅州 | 24.91 | 6.97 | 0.49 | 1290 | 1 | 无烟煤 |
| 四川 | 红泥 | 10.03 | 3.06 | 0.66 | 1310 | 1 | 无烟煤 |
| | 小宝鼎 | 10.81 | 13.06 | 0.72 | 1350 | 1 | 瘦煤 |
| | 沿江 | 37.80 | 12.05 | 2.84 | 1435 | 1 | 瘦煤 |
| 云南 | 吕合 | 16.55 | 41.4 | 0.94 | 1210 | 1 | 褐煤 |
| | 小龙潭 | 10.68 | 46.92 | 1.63 | 1264 | 1 | 褐煤 |

　　还原煤中挥发分的释放过程和特征也是选择还原煤时应注意的问题。实验测定结果为：褐煤250~300℃开始挥发，350~700℃区间激烈挥发；瘦煤多在450℃左右开始挥发，500~900℃大量挥发，到950℃以上时挥发完毕；阳泉、红泥和红炭山等无烟煤开始挥发温度比褐煤要高出300~350℃，从550~600℃开始挥发，600~900℃区间挥发量最大，直到1100℃恒温后才能挥发完毕。图2-24所示为不同类型煤的挥发过程曲线。

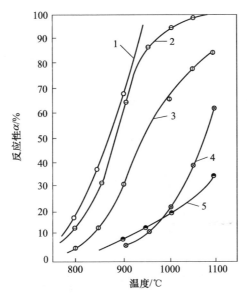

图 2-22　几种煤的反应性（北京煤炭研究院测定）
1—霍林河；2—小龙潭；3—吕合；4—永安；5—阳泉

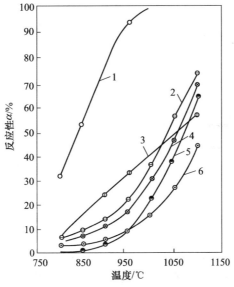

图 2-23　几种煤的反应性曲线（鞍山热能研究所测定）
1—义马；2—王村；3—朱仙庄；4—雁崖；5—塑里；6—漳平

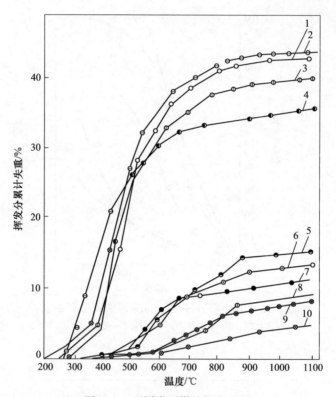

图 2-24 不同类型煤的挥发过程

1—霍林河褐煤；2—吕合褐煤；3—梅河口褐煤；4—珲春褐煤；5—小宝鼎瘦煤；6—沿江瘦煤；

7—漳平无烟煤；8—阳泉无烟煤；9—红泥无烟煤；10—红炭山无烟煤

## 2.2.5　回转窑还原用煤性能检测

还原煤的性能对回转窑直接还原过程和生产技术经济指标都有重大的影响，通过测定煤反应性、挥发分放出速度、煤灰熔融性温度及黏结指数等指标，用以指导生产操作。

### 2.2.5.1　碳对 $CO_2$ 的反应性测定

判断 $CO_2$ 的化学反应性是在一定温度下，煤中 C 与 $CO_2$ 进行还原反应的能力。不同类型煤的化学反应性有明显差异，同一类型煤，不同矿区也可能有较大变化。它直接关系到回转窑直接还原的操作温度，还原煤配加量、产品能耗以及回转窑的生产率，因此煤的反应性是评价还原煤的一个重要质量指标。测试方法用国标 GB 220—2018。

A 方法要点

将干馏好粒度 3~6mm 的煤样装入内径 20mm、长 800~1000mm 的石英或刚玉反应管内，取料层厚 100mm，料层上下充填碎刚玉片，热电偶插入料层中间，然后将反应管放入管式电炉，试样置于炉管的恒温段。连接好系统后，通入净化的 $CO_2$ 气体 2~3min 将系统中的空气赶净，同时检测密封，如图 2-25 所示。然后以 20~25℃/min 的升温速度，30min 左右将炉温升到 750℃ （褐煤）或 850℃ （烟煤、无烟煤或焦炭），保温 5min。观察气压计，记录气压值。当气压值在 $(1013\pm13)\times10^2Pa$、室温在 12~28℃ 时，以 0.5L/min 流量通入 $CO_2$ 气，待温度稳定 3min 后，取反应后气体样，同时记录温度和停止通入 $CO_2$，分析气样中 $CO_2$ 含量。然后继续以 20~25℃/min 的升温速度升高炉温，每隔 50℃ 取一个反应气样 （为减少误差均取双平行样），直到 1100℃ 为止。如有特殊需要，可延续到 1300℃ 止。

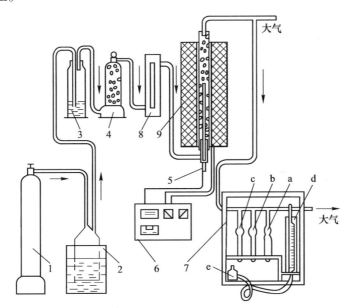

图 2-25 反应性测定装置

1—二氧化碳钢瓶；2—储气瓶；3—硫酸洗气瓶；4—氟化钙干燥塔；5—热电偶及套管；

6—可控硅控温装置；7—气体分析器；8—气体流量计；9—活性测定炉；

a，b—氢氧化钾（钠）吸收瓶；c—10%硫酸吸收瓶；d—气量管；e—水准瓶（10%硫酸）

B 结果计算及数据处理

$CO_2$ 还原率（反应性）按下式计算：

$$\alpha = \frac{100(100 - y - x)}{(x + 100)(100 - y)} \times 100\% \qquad (2-13)$$

式中　α——二氧化碳还原率（反应性），%；

　　　y——试验用二氧化碳气中杂质质量分数，%；

　　　x——反应后气体中二氧化碳体积分数，%。

为便于阅读国外资料，下面补充介绍德国鲁奇公司采用的测定方法（系欧盟推荐的煤的反应性测定方法）。

A　方法要点

先将炉子加热到预定的实验温度（1000±3）℃，恒温 1h 进行第 1 次测定，将粒度 1~3mm 干馏好的煤样（7.0~10.0）g±0.05g，装入内径为（20±2）mm 的石英反应管中，轻轻拍打反应管，使试样表面平整，插入测温热电偶，连通气体导管，$CO_2$ 流量调至（2.00±0.03）$cm^3/s$，先用 $CO_2$ 气吹扫反应管和气体导管，约 3min 将空气赶净，然后将反应管送入电炉中，使试样位于恒温区，作为试验开始时刻。反应管插入电炉中产生温降，调节电流使炉温在 8~10min 内恢复到（1000±3）℃，从实验开始的 15min、30min 或 60min 取第 1 个反应气样，并立即测定反应气中 $CO_2$ 含量（测定可用常规方法），取样后立即结束试验，从炉中取出反应管倒出残留试样称重，以计算平均反应速度。

B　结果计算

反应性指数即反应速度常数 $K_m$ 按下式计算：

$$K_m = -\frac{V_0}{m}\left(2\ln\frac{2C_L/C_0}{1+C_L+C_0} + \frac{1-C_L/C_0}{1+C_L/C_0}\right) \tag{2-14}$$

式中　$V_0$——$CO_2$ 气体体积流量（按实验温度 1000℃±3℃，压力 101325Pa），$cm^3/S$；

　　　$m$——干馏煤试样质量，g；

　　　$C_L$——取样时反应气体中 $CO_2$ 体积分数，%；

　　　$C_0$——使用的 $CO_2$ 气体体积分数（通常为 100%），%。

C　相对生产能力

图 2-26 是德国鲁奇公司根据大量试验资料整理的煤反应性对料层温度和窑相对生产能力关系，是具有指导意义的经典曲线。可根据此图按试验测出的反应性，选择适宜的回转窑作业温度。

2.2.5.2　煤热解挥发物放出速度测定

挥发分是在加热过程中释放出的 $H_2O$、$CO_2$、$CO$、$H_2$、$C_mH_n$、$CH_4$ 等挥发性物质。释放温度、组成、放出量与煤种、加热速度、温度等条件有关，影响窑作业过程中的还原反应，供热条件、窑内气氛和温度分布，也关系到煤的加入方式和地点的选定，因此了解和掌握挥发分析出规律十分重要。

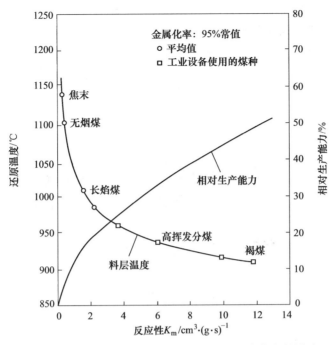

图 2-26 还原剂反应性对料层温度和相对生产能力的影响

褐煤属于高挥发分低阶煤。经大量研究发现，直接还原回转窑从窑头喷入的煤粒，在窑内自由空间运动时间不超过 1s，即落入温度高于 900℃ 区域的料层中，褐煤在高温环境中快速升温裂解，释放出水汽及 $CO_2$、$CO$、$H_2$、$C_mH_n$、$CH_4$ 等挥发分。600℃ 时 $CO$ 溢出量达到峰值，600℃ 前有少量 $H_2$ 溢出，600℃ 以后，$H_2$ 析出量迅速上升，且温度越高释放速率越大，到 900℃ （1173K） 以后煤热解析出气体基本全部为 $H_2$ 和少量 $N_2$。$H_2$ 的扩散系数大于 $CO$，且被氧化铁吸附能力强，还原速度高于 $CO$。在直接还原回转窑高温区域，主要是 $H_2$ 参与并加速氧化铁还原。因此，在高温区充分发挥 $H_2$ 参与还原，是改善直接还原回转窑还原过程的重要措施，也可作为在当前碳中和、碳达峰的背景下的重要研究课题。

对于挥发分含量测定按照 GB/T 212—2008 执行，但对于挥发分放出速度的测定目前尚无标准，现介绍长期研究中采用的方法供参考。

A 方法要点

测定原理是失重法。将粒度 4~6mm、质量 20g 处理好的煤样装入内径 20mm 的石英坩埚中，吊挂在热分析天平上，放入电炉中心恒温区内，通入 0.5L/min 的 $N_2$ 约 10min 赶走炉管内空气并称质量记录 $m_0$ （试样净质量为 $m_0-w$，$w$ 为石英坩埚质量）。开始通电以 5℃/min 升温到 160℃ 恒温，待天平恒定质量记录 $m_1$

($m_0 - m_1$ 之差为煤吸附水质量)。然后以 5℃/min 温升速度升温，挥发分随温度升高不断放出，每隔 2min 称质量一次，并记录此时的温度和该温度下的质量 $m_t$，直到 1100℃ 质量恒定为止，停电停气，测定装置系统如图 2-27 所示。

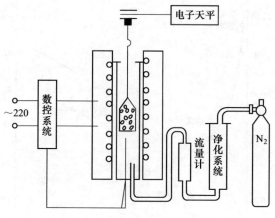

图 2-27 煤挥发分析测定系统

**B 实验结果**

根据测定数据可绘制出煤样热分解曲线（煤样失重积分曲线），以及表示挥发物析出速度的微分曲线，如图 2-28 所示。

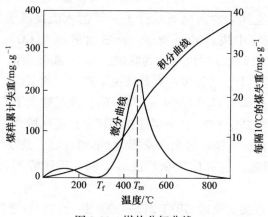

图 2-28 煤热分解曲线

由图 2-28 可以确定，煤样开始发生显著热分解温度 $T_f$，挥发物析出速度最大时温度 $T_m$。对任何一种煤来说，如果试验条件改变，如粒度、加热速度、测得 $T_f$、$T_m$ 的数据也可能改变。

$$\text{每隔 10℃ 时的煤样失重} = \frac{m_1 - m_2}{m_0 - w} \tag{2-15}$$

$$煤样累计失重 = \frac{m_1 - m_t}{m_0 - w} \qquad (2\text{-}16)$$

式中 $m_0$——试样+石英坩埚质量，g；

$\quad w$——石英坩埚质量，g；

$\quad m_1$——脱除吸附水后的试样质量+石英坩埚质量，g；

$m_2, \cdots, m_t$——每升高 10℃ 称出的质量（试样质量+石英坩埚质量）。

$$吸附水质量比 = \frac{m_0 - m_1}{m_0 - w} \qquad (2\text{-}17)$$

#### 2.2.5.3 煤灰熔融性温度测定

煤灰熔融性是在规定气温和温升速度下，得出的煤灰随加热温度升高出现变形、软化或呈流动性的特征等物理状态时的温度。通常情况下，煤灰熔性是决定回转窑最高作业温度的基准，是选择回转窑还原用煤的重要指标之一，按照 GB/T 219—2008 方法进行测定。

**A 方法要点**

将粒度小于 0.1mm 的煤灰制成高 20mm、底边为 7mm 的正三角锥形，排放在镁砂或氧化铝托板上，将托板固定在刚玉舟的缺口上，推入炉内。控制炉内为弱还原气氛，送入 $\varphi(H_2) = 50\% \pm 10\%$、$\varphi(CO_2) = 50\% \pm 10\%$ 气体，流量大于 0.1L/min，900℃ 以前升温速度为 15～20℃/min，900℃ 以后为（5±1）℃/min，在受热过程中随时观察灰锥的形态变化，测定它的三个熔融特征温度，如图 2-29 所示。

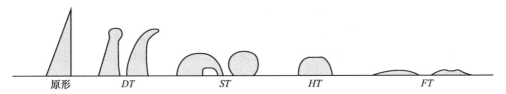

图 2-29 灰锥熔融特征示意图

（1）变形温度 $DT$，℃；

（2）软化温度 $ST$，℃；

（3）半球温度 $HT$，℃；

（4）流动温度 $FT$，℃。

待全部灰锥达到 $FT$ 或炉温升至 1500℃ 时断电，试验结束冷却后取出试样观测其表现。

B　试验记录

（1）记录灰锥的四个熔融特征温度 *DT*、*ST*、*HT*、*FT*；

（2）记录实验气氛性质及控制方法；

（3）记录灰锥板材料及试验后的熔融特征表现；

（4）记录实验的烧结、收缩、膨胀和鼓泡现象及其相应温度。

### 2.2.5.4　煤热稳定性测定

煤的热稳定性是指煤受热后保持规定粒度能力的量度。在规定条件下，一定粒度的煤样受热后，以粒度+6mm 的残焦质量之和的质量分数作为热稳定性指标；以 3~6mm 和-3mm 的残焦质量分别占各粒度级残焦质量之和的分数作为热稳定性辅助指标。

国家标准 GB/T 1573—2018 测定方法适用于褐煤、无烟煤及不黏结烟煤的热稳定性测定。

A　测定步骤

预先制备出粒度为 6~13mm 的空气干燥煤样约 2kg，仔细筛去粒度-6mm 的煤样，混合均匀后分成两份。用坩埚从两份煤样中各量取 500cm³ 煤样，称量（称准到 0.02g）并使两份煤样质量相差不超过 1g。将每份煤样分别装入 5 个坩埚，盖好坩埚盖，放在坩埚架上。迅速将装有坩埚的坩埚架送入已升温到 900℃ 的马弗炉恒温区内，关好炉门，再把炉温调到 850℃，使煤样在此温度下准确加热 30min。然后取出坩埚冷到室温，立即称量每份残焦总质量（称准到 0.02g）。将孔径 6mm 和 3mm 的筛子和筛底盘叠放在振筛机上，将称量后的一份残焦倒入 6mm 筛子内，筛分 10min；分别称量筛分后粒度+6mm、3~6mm 及粒度 -3mm 的各级残焦质量（称准到 0.02g）。各粒度级残焦质量之和，与筛分前的残焦总质量之差不大于 1g，否则试验作废。

注意：每个样品的重复测定不应同炉次加热。坩埚和坩埚架放入后，要求炉温在 8min 内恢复至（850±15）℃，此后保持在（850±15）℃，否则此次试验作废，加热时间包括温度恢复时间。

B　试验结果

煤的热稳定性指标和辅助指标计算公式如下：

$$\text{热稳定指标}\qquad TS_{+6} = \frac{m_{+6}}{m} \times 100\% \qquad (2\text{-}18)$$

$$\text{热稳定辅助指标}\quad TS_{3\sim6} = \frac{m_{3\sim6}}{m} \times 100\% \qquad (2\text{-}19)$$

$$TS_{-3} = \frac{m_{-3}}{m_0} \times 100\% \qquad (2\text{-}20)$$

式中   $TS_{+6}$——煤的热稳定性指标,%

      $TS_{3\sim6}$——煤的热稳定性辅助指标,%

      $TS_{-3}$——煤的热稳定性辅助指标,%

      $m$——各级残焦质量之和,g;

      $m_{+6}$——粒度+6mm残焦质量,g;

      $m_{3\sim6}$——粒度3~6mm残焦质量,g;

      $m_{-3}$——粒度-3mm残焦质量,g。

每个样品重复测定两次,计算煤的热稳定性指标和辅助指标结果的平均值,计算结果取小数后一位,各级指标两次平行试验的允许误差为3%。

### 2.2.5.5 烟煤黏结指数测定

烟煤黏结指数是表示煤试样受热后,煤粒与煤粒间或煤粒与惰性组分颗粒间结合牢固程度的一种度量。黏结指数高的煤在回转窑使用中,由于黏结影响炉料混匀和减少煤的反应表面积,影响回转窑的作业指标,国标 GB 5447—2014 测量方法适用于烟煤。

A  方法要点

将一定质量的试验煤样和专用无烟煤,在规定的条件下混合后快速加热成焦,所得焦块使用转鼓进行强度检验,计算其黏结指数($G_{R.I}$),以表示试验煤样的黏结能力。

先称取5g专用无烟煤,再称取1g试验煤样放入坩埚(见图2-30),质量称准至0.001g。仔细搅拌2min,搅拌均匀。再用镊子夹镍铬钢制压块置于坩埚中央,然后将其置于压力器下,加压30s。加压结束后,压块仍留在混合物上,盖上坩埚盖。迅速放入预先升温到850℃的马弗炉恒温区内,6min内炉温应恢复到(850±10)℃。从放入坩埚开始计时,焦化15min,取出坩埚冷却至室温,取出压块,称焦渣总质量($m$)。然后将其放入规定的转鼓内,进行转鼓试验(每次250r,5min),第一次转鼓试验后的焦渣用1mm圆孔筛进行筛分后,称量筛上物的质量($m_1$);然后将筛上物放转鼓进行第二次转鼓试验,筛分、称量($m_2$)。

B  试验结果

黏结指数按下式计算:

$$G_{R.I} = 10 + \frac{30m_1 + 70m_2}{m} \tag{2-21}$$

式中   $m$——焦化处理后焦渣总质量,g。

当测得的黏结指数小于18时,需更改专用无烟煤和试验煤样的比例为3:3,即称取3.00g专用无烟煤与3.00g试验煤样,重新试验,结果按下式计算:

$$G_{R.1} = \frac{30m_1 + 70m_2}{5m} \qquad (2\text{-}22)$$

式中 $m_1$——第一次转鼓试验后筛上物的质量，g；

$\quad\quad m_2$——第二次转鼓试验后筛上物的质量，g。

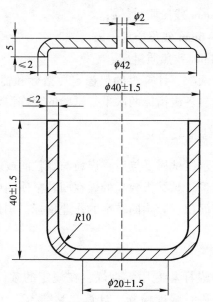

图 2-30 带盖坩埚尺寸图（单位：mm）

### 2.2.5.6 烟煤坩埚膨胀序数测定

国家标准 GB/T 5448—2014 规定了烟煤坩埚膨胀序数测定方法，适用于评价煤的膨胀性和黏结性。

A 方法要点

先做空白试验，选择合适的温控条件。

称取（1±0.01）g、粒度 0.2mm 以下空气干燥的煤样放入坩埚内，再盖上不带孔的坩埚盖。待炉温达到预定温度（850±5）℃后，把装有煤样的坩埚放入炉内中心部位（图 2-31），同时计时，直至挥发物挥发完为止，但不得少于 2.5min，然后将坩埚取出，待焦渣冷却至室温，再测焦型。每一个煤样连续测 3 次。

B 试验结果

（1）焦渣不黏结或成粉末状，膨胀序数为 0。

（2）焦渣黏结成焦块而不膨胀时，将焦块放在一个平整的硬纸板上，小心地在焦块上加上 500g 砝码，如果焦块粉碎或碎块超过 2 块，则其膨胀序数为

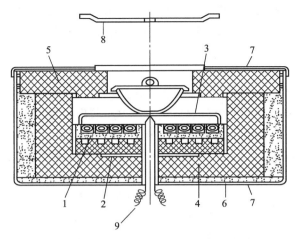

图 2-31　测定坩埚膨胀序数电加热炉

1，2，5—耐火板；3—石英皿；4—耐火砖；6—石棉板；7—炉壳；8—耐火盖；9—热电偶

1/2；如果焦块压不碎或只碎裂成不超过两个坚硬的焦块，则其膨胀序数为1。

（3）如果焦渣黏结成焦块且膨胀，就将焦块在焦饼观察筒下，旋转焦块，找出焦块最大侧形，再与一组带有序号的标准焦块侧形图（见图2-32）进行比较，取其与标准侧形图最接近的序号来确定1.5~9的膨胀序数。

（4）若焦渣黏结成焦块并且膨胀，将焦块放在焦饼观测筒下，旋转焦块，最大侧形超出标准焦块侧形，确定为大于9的膨胀序数。

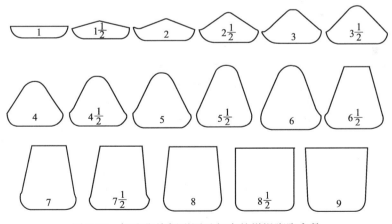

图 2-32　标准焦块侧形图及相应的坩埚膨胀序数

C　结果报出及允许差

同一煤样的3次试验结果极差如果不大于1/2，取测定结果平均值，修约到1/2个单位报出，小数点后的数字2舍3入；若进行5次测定，则取5次测定结

果的算术平均值，修约到1/2个单位报出。烟煤坩埚膨胀序数重复性限为：3次重复测定结果极差不大于1/2；5次重复测定结果极差不大于1。

## 2.3 脱硫剂

回转窑直接还原生产时，含铁原料、还原剂和燃料煤都要带入硫。硫化合物在工艺过程中随温度升高产生分解反应，以单质硫形态挥发进入气相。单质硫不稳定，易遇 $H_2$、CO反应生成 $H_2S$、COS。在回转窑气相含 $H_2$ 很少和大量CO存在下，气态硫应以COS为主；当炉料中加CaO和金属铁出现时，COS可被CaO和Fe吸收，发生如下反应：

$$CaO + COS \longrightarrow CaS + CO_2 \tag{2-23}$$

$$Fe + COS \longrightarrow FeS + CO \tag{2-24}$$

CaS是较稳定的硫化物。如炉料加入足够的CaO，CaO吸硫反应大量进行，气相 $p_{COS}$ 降低可发生气相脱硫反应：

$$FeS + CO \longrightarrow Fe + COS \tag{2-25}$$

使铁中S含量降低。因此回转窑内的脱硫综合反应式为：

$$CaO + FeS + CO \longrightarrow Fe + CaS + CO_2 \tag{2-26}$$

因此，回转窑中加入CaO能实现脱硫。

实际生产中，通常是用石灰石或白云石作脱硫剂。回转窑用白云石脱硫效果好，并不是 MgO 在 900℃ 时也能进行上述反应，而是白云石焙烧后仍有良好强度，不粉化，易于和海绵铁分离，比易粉化并黏附在海绵铁表面的CaO有更好的脱硫效果。

对脱硫剂的要求有：

（1）化学成分。参与脱硫反应的主要成分是CaO，因此希望石灰石或白云石中CaO含量高，$SiO_2$ 和 $Al_2O_3$ 少，尽量降低脱硫剂加入给回转窑生产带来的不利效果，（如增加能量消耗和降低窑的有效容积等）。

（2）热稳定性。作为脱硫剂的白云石和石灰石应在焙烧吸硫后有较好的热稳定性，防止过度粉化，引起吸硫粉料黏附于海绵铁表层，促成海绵铁含硫升高。实际使用表明，白云石比石灰石的热稳定性好，因此大多数生产厂采用白云石获得较好的脱硫效果。

（3）粒度。回转窑内脱硫剂的脱硫反应为气固反应，在脱硫剂的表面进行。为取得好的脱硫效果，应尽量减小脱硫剂粒度，增大表面积。但粒度过细，又易黏附在海绵铁表面，造成海绵铁含硫升高影响脱硫效果，通常采用的脱硫剂粒度为 0.5~3.0mm。

## 参 考 文 献

[1] 中华人民共和国自然资源部. 中国矿产资源报告 [R]. 2020：13.

［2］ 中华人民共和国自然资源部 . 中国矿产资源报告 ［R］. 2019：11.

［3］ 崔银萍，秦玲丽，杜娟，等 . 煤热解产物的组成及其影响因素分析 ［J］. 煤化工，2007，129（4）：11-14.

［4］ 李初福 . 门卓武，翁力，等 . 固体热载体回转窑煤热解工艺模拟与分析 ［J］. 煤炭学报，2015，40（增刊）：203-207.

［5］ 杨景标，蔡宁生，张彦文 . 金属催化剂对褐煤热解气体产物析出影响的实验研究 ［J］. 工程热物理学报，2009，30（1）：161-164.

# 3　回转窑工艺原理

回转窑直接还原工艺已进入技术成熟和稳步发展阶段，其发展方向是改进操作技术，降低能耗，提高产率、扩大生产能力。当前回转窑直接还原方法繁多，各有特色，原料和产品也各有差异。生产炼钢海绵铁的方法如 SL-RN 法、CODIR 法、DRC 法、TDR 法、ACCAR 法等；还有用于处理含铁粉尘和复合矿综合利用的多种方法。各种方法虽有其特征，但其工艺过程和原理基本相同。

## 3.1　直接还原基本原理

### 3.1.1　直接还原热力学

#### 3.1.1.1　金属氧化物还原的一般原理

以 CO 还原二价金属氧化物为例，说明还原过程的热力学规律。其反应通式为：

$$CO + \frac{1}{2}O_2 \Longrightarrow CO_2，\Delta H_1 = -282420J \tag{3-1}$$

$$M + \frac{1}{2}O_2 \Longrightarrow MO，\Delta H_2 < 0 \tag{3-2}$$

$$MO + CO \Longrightarrow M + CO_2，\Delta H_3 = -\Delta H_2 - 282420J \tag{3-3}$$

金属氧化物生成反应热 $\Delta H_2$ 的绝对值小于 282420J 时，$\Delta H_3 < 0$，即反应式（3-3）是放热反应；反之，反应式（3-3）为吸热反应。

一般 $a_M = a_{MO} = 1$，反应式（3-3）的平衡常数为：

$$k_P = \frac{p_{CO_2}}{p_{CO}} = \frac{\varphi(CO_2)}{\varphi(CO)} \tag{3-4}$$

用 CO 还原金属氧化物的平衡气相组成与温度的关系如图 3-1 所示。图中平衡曲线是假定还原反应为放热反应得出的，如为吸热反应，则会得出一条随温度升高而 CO 平衡浓度降低的曲线。

气相体系中 CO 和 $CO_2$ 的实际组成分别以 $\varphi(CO')$ 和 $\varphi(CO_2')$ 表示，反应式（3-3）的自由焓变量为：

$$\Delta G = RT\left[\ln\left(\frac{\varphi(CO_2')}{\varphi(CO')}\right) - \ln\left(\frac{\varphi(CO_2)}{\varphi(CO)}\right)\right] \tag{3-5}$$

要使还原反应（3-3）向右进行，需 $\Delta G < 0$，即 $\dfrac{\varphi(CO_2')}{\varphi(CO')} < \dfrac{\varphi(CO_2)}{\varphi(CO)}$。

若体系中仅存在 CO 和 $CO_2$ 两种气体，可得：$\varphi(CO') > \varphi(CO)$。也就是说，体系内 CO'实际浓度只有大于平衡 CO 浓度时，还原反应才能进行。在图 3-1 中，平衡曲线以上的气相组成（例如 $a$ 点），符合还原反应所需条件，称为还原性气氛，因而平衡曲线以上的是金属稳定区；平衡曲线以下则是金属氧化物稳定区，其气相组成称为氧化性气氛。平衡曲线上任一点的气氛属中性气氛，无论是氧化物还是金属，在这种条件下都不发生反应。

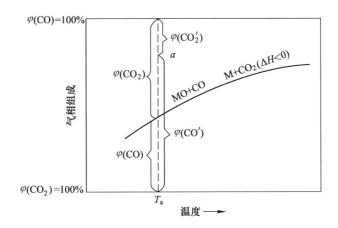

图 3-1 用 CO 还原金属氧化物时气相组成随温度变化示意图

### 3.1.1.2 铁氧化物的还原

判断各种氧化物在不同温度下被不同还原剂还原的难易程度，最基本的依据是：各种氧化物的标准生成自由能随温度的变化图，或称"氧势图"。只涉及铁氧化物及由有关还原剂生成的氧化物的标准生成自由能图为 Ellingham（埃林哈姆）图，如图 3-2 所示。

图 3-2 揭示了三种铁氧化物被固体碳、CO 和 $H_2$ 还原的条件。根据热力学原理，生成自由能负值越大（或氧势越低）的氧化物越稳定，在图中表现为曲线位置越低。$Fe_2O_3$ 曲线的位置最高，即 $Fe_2O_3$ 最不稳定；$Fe_3O_4$ 次之，稳定性最强的是 FeO。

就还原剂而论，在 <950K 时（图上曲线簇交叉点温度），由 CO 生成的 $CO_2$ 最稳定，即 CO 还原能力最强，其次为 $H_2$ 和碳。而高于此温度时情况相反，碳是最强的还原剂，其次为 $H_2$ 和 CO。

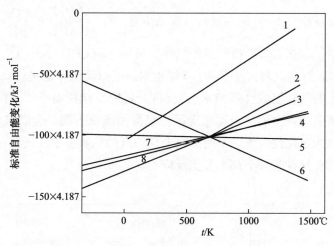

图 3-2 Ellingham 图

1—$4Fe_3O_4 + O_2 = 6Fe_2O_3$；2—$6FeO + O_2 = 2Fe_3O_4$；3—$2CO + O_2 = 2CO_2$；4—$2Fe + O_2 = 2FeO$；

5—$C + O_2 = CO_2$；6—$2C + O_2 = 2CO$；7—$2H_2 + O_2 = 2H_2O$；8—$3/2Fe + O_2 = \dfrac{1}{2}Fe_3O_4$

**A  铁氧化物的间接还原**

(1) $Fe_2O_3$ 的还原。用 CO 还原 $Fe_2O_3$ 的反应为：

$$3Fe_2O_3 + CO = 2Fe_3O_4 + CO_2 \tag{3-6}$$

$$\Delta G^{\ominus} = -32970 - 53.85T \tag{3-6a}$$

$$\lg K_p = \lg \frac{\varphi(CO_2)}{\varphi(CO)} = \frac{1722}{T} + 2.81 \tag{3-6b}$$

上式表明，$K_p$ 为较大的正值，平衡气相中 $\varphi(CO_2)$ 远比 $\varphi(CO)$ 为高，这说明在一般 $CO$-$CO_2$ 气氛中，$Fe_3O_4$ 是比较稳定的。

(2) $Fe_3O_4$ 的还原。$Fe_3O_4$ 还原在高温与低温时各有不同的反应，当温度高于 570℃ 时，反应为：

$$Fe_3O_4 + CO = 3FeO + CO_2 \tag{3-7}$$

$$\Delta G^{\ominus} = 31500 - 37.06T \tag{3-7a}$$

$$\lg K_p = \lg \frac{\varphi(CO_2)}{\varphi(CO)} = -\frac{1645}{T} + 1.935 \tag{3-7b}$$

该反应为吸热反应，因此随温度升高，$K_p$ 值增加，即平衡气相 $\varphi(CO)$ 减小。

当温度低于 570℃ 时，反应为：

$$\frac{1}{4}Fe_3O_4 + CO = \frac{3}{4}Fe + CO_2 \tag{3-8}$$

$$\Delta G^{\ominus} = -3256 + 4.21T \tag{3-8a}$$

$$\lg K_p = \lg \frac{\varphi(CO_2)}{\varphi(CO)} = \frac{170}{T} - 0.22 \tag{3-8b}$$

（3）FeO 的还原。FeO 称为浮氏体，其组成成分可以在一定范围内变化，而形成缺位化合物，其还原反应为：

$$FeO + CO \Longrightarrow Fe + CO_2 \tag{3-9}$$

$$\Delta G^{\ominus} = -13175 + 17.24T \tag{3-9a}$$

$$\lg K_p = \frac{688}{T} - 0.90 \tag{3-9b}$$

按照式（3-6a）、式（3-6b）、式（3-7a）、式（3-7b）、式（3-8a）、式（3-8b）、式（3-9a）和式（3-9b）的计算，可将所得各种铁氧化物还原反应的平衡气相组成与温度的关系曲线绘于图 3-3 中，得出的四条相应曲线，将全图分成 A、B、C、D 四区。反应式（3-6）的平衡 CO 浓度极低，因此，曲线（1）仅能示意性表示。四个区分别表示 $Fe_2O_3$、$Fe_3O_4$、FeO 和 Fe 的稳定区。

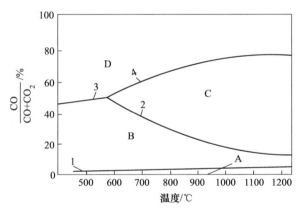

图 3-3 CO 还原铁氧化物的平衡气相组成与温度的关系

1—$3Fe_2O_3 + CO \Longrightarrow 2Fe_3O_4 + CO_2$；2—$Fe_3O_4 + CO \Longrightarrow 3FeO + CO_2$；

3—$Fe_3O_4 + CO \Longrightarrow Fe + CO_2$；4—$FeO + CO \Longrightarrow Fe + CO_2$

**B 铁氧化物的直接还原**

在用固体碳还原铁氧化物过程中，铁氧化物的间接还原反应与布多尔反应同时进行。在冶金生产中，炉温较高，布多尔反应迅速，在有固体碳存在的条件下，反应气体产物基本上全部为 CO，而产出 $CO_2$ 的量很小，可以忽略，故主要反应为：

$$3Fe_2O_3 + C \Longrightarrow 2Fe_3O_4 + CO, \quad \Delta H^{\ominus}_{298} = 108910J \tag{3-10}$$

$$Fe_3O_4 + C \Longrightarrow 3FeO + CO, \quad \Delta H^{\ominus}_{298} = 194472J \tag{3-11}$$

$$FeO + C \Longrightarrow Fe + CO, \qquad \Delta H_{298}^{\ominus} = 158699J \tag{3-12}$$

$$\frac{1}{4}Fe_3O_4 + C \Longrightarrow \frac{3}{4}Fe + CO, \qquad \Delta H_{298}^{\ominus} = 167590J \tag{3-13}$$

上述还原反应相当于铁氧化物同 CO 的反应与布多尔反应（$CO_2+C \Longrightarrow 2CO$）之和。例如，对 $FeO+C \Longrightarrow Fe+CO$，则有：

$$FeO + CO \Longrightarrow Fe + CO_2$$
$$+) \qquad CO_2 + C \Longrightarrow 2CO$$

$$\overline{\qquad\qquad\qquad\qquad\qquad\qquad}$$

$$FeO + C \Longrightarrow Fe + CO$$

将布多尔反应与式（3-6）~ 式（3-9）反应的平衡气相与温度的关系绘于同一图中，即为铁氧化物直接还原的平衡图，如图 3-4 所示。

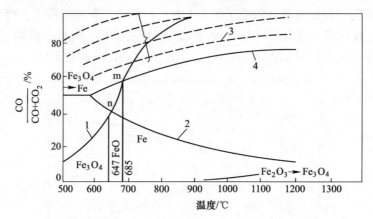

图 3-4　固体碳直接还原铁氧化物的平衡气相组成与温度的关系
1—$C+CO_2 \Longrightarrow 2CO$；2—$Fe_3O_4+CO \Longrightarrow 3FeO+CO_2$；3—$FeO+CO \Longrightarrow Fe+CO_2$；4—$FeO+CO \Longrightarrow Fe+CO_2$

由图 3-4 可见，布多尔反应的平衡曲线与 FeO 和 $Fe_3O_4$ 间接还原平衡曲线分别相交于 m 点和 n 点。$t_m = 685℃$，平衡气相中 $\varphi(CO)$ 为 60%；$t_n = 647℃$，平衡气相中 $\varphi(CO)$ 为 40%。

从图 3-4 中还可以看出，根据温度 $t_m$ 和 $t_n$，将图划分为三个区。温度 $t>t_m$ 的区为 Fe 的稳定区；$t_m>t>t_n$ 的区为 FeO 的稳定区；$t<t_m$ 的区为 $Fe_3O_4$ 稳定区。温度 $t_m$ 在 101325Pa（1atm）条件下铁氧化物还原成金属铁的开始还原温度。当体系压力改变时，开始还原温度也会随之改变。

### 3.1.1.3　直接还原与间接还原

还原剂为气态的 CO 或 $H_2$，产物为 $CO_2$ 或 $H_2O$ 的还原反应称为间接还原反应。若还原剂为固态碳，产物为 CO 则称为"直接还原"。

$$FeO + C \Longrightarrow Fe + CO \tag{3-14}$$

直接还原并不意味着只有固态碳与固态 FeO 相互接触反应才能发生；相反，由于两个固相间相互接触的条件极差，不足以维持可以觉察到的反应速度。实际的直接还原反应是借助于布多尔反应（$C+CO_2 \Longrightarrow 2CO$）以及水煤气反应（$H_2O+C \Longrightarrow CO+H_2$）产生 $H_2$ 参与还原与间接还原反应叠加而实现的。

间接还原反应　　　$FeO+CO \Longrightarrow Fe+CO_2$　　$\Delta H_{298}^{\ominus}=-13190J/mol$

+）布多尔反应　　　$CO_2+C \Longrightarrow 2CO$　　$\Delta H_{298}^{\ominus}=165390J/mol$

_____

直接还原　　　　　$FeO+C \Longrightarrow Fe+CO$　　$\Delta H_{298}^{\ominus}=152200J/mol$

或者

间接还原反应　　　$FeO+H_2 \Longrightarrow Fe+H_2O$　　$\Delta H_{298}^{\ominus}=28010J/mol$

+）水煤气反应　　　$H_2O+C \Longrightarrow H_2+CO$　　$H_{298}^{\ominus}=124190J/mol$

_____

直接还原　　　　　$FeO+C \Longrightarrow Fe+CO$　　$\Delta H_{298}^{\ominus}=152200J/mol$

"直接还原"主要是指直接消耗固体碳。此反应的另一特点是强烈吸热，铁的热效应高达 2717kJ/kg。由于此反应只涉及一种气相产物，其平衡常数可以以 CO 的分压 $p_{co}$ 表示，而且因不要求特殊的平衡气相成分而消耗过剩碳（相对于间接还原说来，其过剩系数 $n=1$），此时直接还原铁消耗的还原碳量恒等于 0.214kg/kg。但反应所需的热量要由碳素的燃烧来提供。已知焦炭中碳与 $O_2$，在 0℃条件下燃烧碳生成 CO 的热效应为 9800kJ/kg，则直接还原铁时供应 2717kJ 热量的耗碳量为 0.277kg/kg，则每直接还原 1kgFe 共耗碳 0.214+0.277＝0.491（kg）。相对于间接还原时的耗碳量 0.7135kg/kg，似乎 100% 直接还原比 100% 间接还原更有利。下面进一步证明，在一定条件下，只有直接还原与间接还原为一个特定的比例时，才能达到碳消耗量最低。

由以上讨论可以看出，布多尔反应及水煤气反应的速度是直接还原反应得以完成的关键，此两个反应皆为氧化性气体（$CO_2$ 或 $H_2O$）与固体碳的多相反应。在从还原剂消耗量的角度分析直接还原与间接还原最佳比例的问题时，必须考虑到，在高温区进行直接还原所产生的 CO，仍可参与低温区的间接还原反应，无须另行消耗碳去制造 CO。或者，如果由直接还原产生的 CO 丝毫不加以利用而从炉内逸走（相当于间接还原比例为零），很明显只能造成碳的浪费；故两者最佳的比例，也就是达到最低碳消耗的比例，即高温区直接还原所产生的 CO 恰好满足间接还原在热力学上所要求的数量，在 1000℃下此最佳比例值可用作图法求得，如图 3-5 所示。

由于直接还原度与间接还原度（$r_i$）之和为 1，故两者间存在相应的消长关系。图 3-5 中直线 1 代表只考虑间接还原时耗碳量的变化，而直线 2 则表示不同

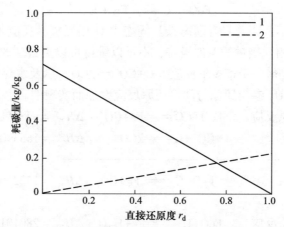

图 3-5　不同直接还原度（$r_d$）时作为还原剂的耗碳量
1—间接还原耗碳量；2—直接还原耗碳量

直接还原度下，直接还原的耗碳量。间接还原耗碳量 0.7135kg/kg 及直接还原耗碳量 0.214kg/kg 皆为已知数据。

图 3-5 中两直线交点的坐标，即 $r_d = 0.76$（或 $r_i = 0.24$）即为所求的最佳比例点。

直接还原不仅消耗作为还原剂的碳素，还要求燃烧碳以提供所需的反应热。此外，冶炼过程中还有其他必不可少的热量消耗，也要依靠燃烧碳素提供，故在高温区产生的 CO 量远超过单纯直接还原所能提供的量。可以推知，在同时考虑到还原与供热所消耗的碳量时，耗碳量的最佳点必在 $r_i$ 值更大（>0.24）或 $r_d$ 值更小的点。

### 3.1.2　直接还原动力学

在直接还原方法中，铁氧化物的还原是在固体状态下完成而不产生熔化的状态，其最高温度是在熔化温度，甚至在烧结温度之下，所以，反应速度是较慢的。这种方法的生产率与还原速度成正比，而生产率在很大程度上决定着经济可行性，并且影响与其他方法的竞争能力。因此，对铁氧化物还原的动力学研究具有重要意义。

#### 3.1.2.1　铁氧化物还原速度

铁氧化物的还原在热力学上是逐级进行的，先还原成低价氧化物，再还原成铁；在动力学上则表现为分层的特点，即整个矿粒从外向里具有和铁氧化形成的氧化铁层相反的层次结构，依次为 $Fe_2O_3 | Fe_3O_4 | FeO | Fe$，如图 3-6 所示。

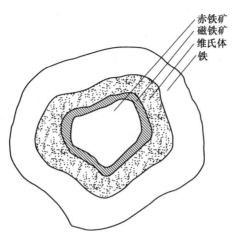

赤铁矿
磁铁矿
维氏体
铁

图 3-6 部分还原的致密铁矿石颗粒的断面

当使用球团矿作原料时，因孔隙度高、粒度又小，还原气体易向孔隙内扩散。虽然此时还原具有逐级性，但无明显的分层现象。

直接还原过程包括以下 4 个步骤：

（1）气流中 $CO(H_2)$ 通过矿粒外的气体边界层向矿粒表面扩散；

（2）$CO(H_2)$ 通过还原产物层的微孔及裂纹进行扩散，还原产生的 $Fe^{2+}$（包括电子）及矿粒内的 $O^{2-}$，在还原产物的晶格空位及结点间扩散；

（3）在矿粒反应界面进行结晶化学反应，包括气体的吸附、脱附及新晶格的重建；

（4）还原气体产物 $CO_2$ 和 $H_2O$ 通过反应界面外的产物层及颗粒边界向气流中心扩散。

在直接还原温度下，由于所选择的还原剂为反应性较好的煤，一般来说，煤的气化反应不会成为限制性环节。因此，整个还原过程是由外扩散、内扩散、界面化学反应三个基本环节组成，过程速度取决于其中最慢环节的速率。

反应机理如下：

（1）吸附自动催化。CO 与 $H_2$ 都能被固体氧化铁吸附，$H_2$ 吸附能力比 CO 要大，同时由于 $H_2$ 的扩散系数比较大，因此多数情况下 $H_2$ 还原氧化铁的速率比 CO 大。当还原气体中 $\varphi(CO_2)$ 或 $\varphi(H_2O)$ 为 2% ~ 3% 时，则由于其分子有较大的极化性，易于变形，比 CO（$H_2$）更易吸附，由此引起毒害界面催化的作用，阻滞新相核的形成，使成核诱导期延长。

（2）还原层内离子扩散。如固相物，特别是还原产物层孔隙度大时，还原气体和气体产物易于通过微孔扩散，此时，还原受界面化学反应限制或混合限制；当还原层致密时，则固相层内的 $Fe^{2+}$ 向内和 $O^{2-}$ 向外扩散，以及达到矿粒表

面的 $O^{2-}$ 与还原气体结合而除去，此时反应速率受离子扩散所限制。

（3）晶格重建。在 $\gamma\text{-Fe}_2O_3 \rightarrow Fe_3O_4 \rightarrow Fe_xO \rightarrow Fe$ 转变中，由于它们之间有较大程度的对应方位和大小原则，重建新晶格并不困难。但在 $\alpha\text{-Fe}_2O_3 \rightarrow Fe_3O_4$ 的转变中，虽然两种晶格的对应性相差很大，但由于这种转变是不可逆的，用微量的还原剂就能使 $\alpha\text{-Fe}_2O_3$ 还原成 $Fe_3O_4$。所以在实际条件下 $\alpha\text{-Fe}_2O_3$ 相内易于出现 $Fe_3O_4$ 的过饱和度，形成新相核。另外，$\alpha\text{-Fe}_2O_3 \rightarrow Fe_3O_4$ 转变时矿石体积增大，矿粒受到膨胀应力，易于产生裂纹及微孔，故 $Fe_2O_3$ 比 $Fe_3O_4$ 更易还原。

由图 3-7 中看到大量实验证明，低温下，反应初期界面化学反应阻力较大，但随着温度的升高，其影响减小；随着还原产物层的不断增厚，特别是温度高时，还原层的内扩散变成主导因素。在直接还原温度下，化学反应速度进行较快，而此时由于内扩散阻力大，还原产物滞留在还原剂与氧化物之间，干扰还原速率。要保证反应的继续发生，还原气体必须到达反应界面，还原产物也必须离开反应界面，而还原产物的脱除受多种因素的影响，其中任何一种都可能成为控制环节。在通常情况下，边界层的外扩散阻力在还原过程中是比较小的，一般不会成为反应的限制因素。

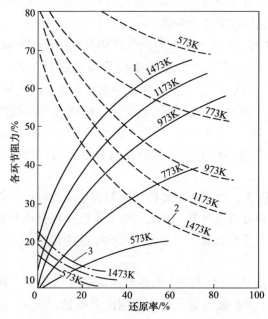

图 3-7  铁矿石还原过程中各环节阻力的变化

1—还原层内扩散阻力；2—界面化学反应阻力；3—边界层扩散阻力

对孔隙度高的球团矿，从矿相检测看出，还原球团矿呈一种多扩散式还原，没有明显的交界面。当然，在高倍显微镜下，每一个小矿里仍呈现局部化学反应的原型（见图 3-8）。

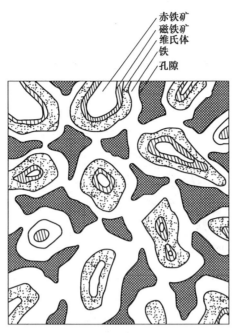

图 3-8 多孔铁矿石球团的还原断面
（球团矿内各晶粒局部被化学还原）

由于球团矿孔隙不均匀，在反应过程中又不断变化，因此对过程的描述十分复杂。为了简化，过程的进行由还原气体的扩散速率和化学反应速率两个方面描述。当还原气体扩散速度小于化学反应速度时，还原反应只在铁氧化物的表面进行；当还原气体扩散速度远大于化学反应速度时，则还原反应将会在整个球团矿体积内进行。

### 3.1.2.2 影响铁矿石还原的因素

铁氧化物的固态还原是异相反应，涉及气相与固相，被一个相界面分开，实际的化学反应速度可能全部地或部分地控制还原速度。但在直接还原温度下，通常化学反应速度进行比较快，在此情况下，位于氧化物与还原剂间界面上的反应气体的吸附，可能干扰还原速度。为使反应能够继续进行，还原气体必须进入并达到反应界面，而反应产物必须离开反应界面。这时还原反应物与产物的迁移会受到多因素的影响，任何一个因素都可能成为过程的控制因素。

铁矿石还原速度的决定步骤与反应体系的特性和反应相之间的接触状态有关，另外则与矿石的特性有关。矿石的特性决定还原气体从铁矿石中夺取氧的难易程度，通常称为矿石还原性。影响矿石还原性因素有颗粒大小、形状、密度、孔隙度、矿石晶体结构和成分的差异等，它们都影响到铁氧化物还原气体对反应表面的相对量。

**A 孔隙度**

实验研究证明，矿石颗粒内的孔隙度是控制还原反应进行的重要因素之一，孔隙度高，还原气体扩散造成有利条件和为化学反应提供更大的反应表面积。从图 3-9 绘出的实验结果看到，随着矿石孔隙度的增加，矿石还原反应速度不断提高。

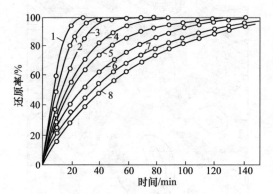

图 3-9 各种孔隙度的铁矿石试样的
还原率与时间的关系

1—孔隙度 66.2%；2—孔隙度 57.4%；3—孔隙度 23.7%；4—孔隙度 18.8%；
5—孔隙度 7.0%；6—孔隙度 5.0%；7—孔隙度 1.2%；8—孔隙度 4.0%

图 3-10 是另一组试验达到还原度 90% 所需的时间，直接地与孔隙度的变化成良好的线性关系。

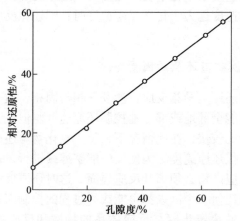

图 3-10 铁矿石孔隙度与相对还原性的关系

（相对还原性＝（孔隙度×0.75）＋8.0%）

应当指出，冶炼前测定的矿石的孔隙度并不完全代表矿石还原性的好坏，因为在还原过程中，孔隙的大小、形状及特点（开口或封闭型），将随着温度的变化发生一系列的变化，如开裂、晶型转变、矿相组合的变化，烧结和软化程度等这些都与矿石的本性和处理工艺有关。

通常在570~770K时，孔隙度都不会改变，在比较高的温度下，孔隙度将会急剧降低，由此也反映了还原速度随温度的特殊变化。

不同种类矿石还原性的好坏也反映在气孔率的差异上，如含水矿石有最好的还原性，依次是软的赤铁矿、硬的赤铁矿，最差的为硬而致密的磁铁矿。

对多孔铁矿石和经过适当硬化处理的精矿氧化球团，孔隙度很高，它的还原进程与致密矿石不同，呈现出更多的扩散式还原，没有明显产物层形成。

**B 矿石的结构变化**

在赤铁矿经过磁铁矿、维氏体还原成金属铁的过程中，矿石将发生晶体结构变化。在赤铁矿内氧原子排列在密积的立方晶格结构内，而在磁铁矿与维氏体内形成面心立方结构，在此还原阶段，氧原子要经过一个剧烈的重新调整，将导致容积增大约25%，这有利于以后的还原阶段。从磁铁矿到维氏体的转变中，氧晶格保持不变，而铁原子扩散进入铁晶格内被填充在空隙位，此时仅表现为较小量的容积增大，随着维氏体的成分变化，从磁铁矿到金属铁，也将有小的容积增加。但在铁晶粒形核和长大过程中，导致金属相的收缩和孔隙增加，大大有利还原气体从颗粒表面向维氏体-铁相界面的扩散。而对于天然磁铁矿被还原成金属铁，不但没有对应的容积增加，最终还出现了4%~5%的收缩，阻碍了还原气体向铁氧化物层的扩散，实际上阻止了氧的脱除。由此说明了为什么磁铁矿石的还原比赤铁矿难得多，同时也说明磁铁矿经过氧化焙烧处理后，还原性得以大大改善的原因。

**C 杂质与添加剂**

杂质对铁矿和球团矿的还原动力学有深刻的作用，有些能改善还原性，其他则起着有害作用。有些杂质在铁矿中以固溶体溶于铁氧化物，从而其活度降低；在另一种情况下，杂质形成一种黏结相，将铁氧化物颗粒黏结在一起，影响到还原剂与铁矿石的接近。

另外，杂质和添加剂大大影响到还原前后矿粒和球团矿的强度，也影响到还原期间颗粒开裂或引起黏结的倾向。用于直接还原的球团矿除足够的运输强度外，还必须是低脉石量、还原性好以及在还原过程中出现碎裂和发生黏结倾向小。

（1）二氧化硅（$SiO_2$）：高的$SiO_2$含量大大增加炼钢渣量，多耗电和降低生产率，由此提高熔化过程的费用；另外，$SiO_2$会阻止铁氧化物的还原，其原因是在还原过程中，$SiO_2$与维氏体易形成硅酸亚铁或铁橄榄石渣相，封闭矿石颗粒的内孔隙，阻碍还原气体扩散。但球团矿中$SiO_2$含量很低又可能导致还原时出现爆裂，过度膨胀和黏结。

（2）石灰（CaO）：是炼钢工艺需要的，能显著地改善球团矿的还原性。然而有 $SiO_2$ 存在时，则可能形成低熔点化合物，堵塞矿石孔隙，导致球团矿的还原性能降低。

（3）氧化镁（MgO）：是电炉炼钢中要加入的一种熔剂。球团矿内加入 MgO，生成铁酸镁，能保持球团矿的高温强度，狭窄的软化温度范围和改善还原性。

（4）其他成分：碱金属和碱土金属氧化物易溶于维氏体，使铁氧化物晶格歪扭，还原速度有很大提高，特别是离子半径大的影响更显著，如图 3-11 所示。

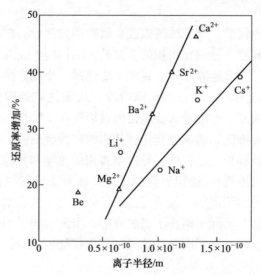

图 3-11 碱金属及碱土金属对氧化铁还原速率的影响

（加入量 0.69%）

#### D 还原剂成分及性质

还原气相中 CO 与 $CO_2$、$H_2$ 与 $H_2O$ 的相对含量对还原过程速率均有影响。气相中 $H_2$ 或 CO 的含量越高还原速度越快，还原产物中 $CO_2$ 和 $H_2O$ 的浓度升高会显著地降低还原速度。

$H_2$ 的扩散系数大，被氧化铁吸附的能力比 CO 强，图 3-12 所示为 1000℃下 CO 和 $H_2$ 还原氧化铁速率的比较。然而，实际还原过程也发现 $H_2$ 还原磁铁矿时，维氏体晶粒被致密的金属铁层包裹，使还原反应无法继续进行；用 CO 还原时，由于碳的扩散和由 CO、$CO_2$ 产生的压力会破坏致密的铁层，可使气体还原反应继续下去。

当以固体还原剂进行回转窑的直接还原时，选用煤的种类对还原速度有非常

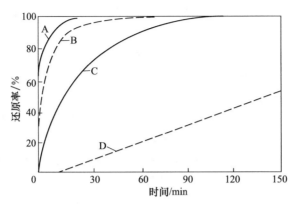

图 3-12 CO 和 H$_2$ 还原氧化铁速率的比较（1000℃）

A—Fe$_2$O$_3$+H$_2$；B—Fe$_3$O$_4$+H$_2$；C—Fe$_2$O$_3$+CO；D—Fe$_3$O$_4$+CO

大的影响，关键在于碳的气化反应性，即 Bouduard 反应生成 CO 的速度，由此决定着固体碳还原铁氧化物的速度。像矿石还原性一样，煤的反应性与煤的变质程度除和其成分密切相关外，也决定于煤的颗粒大小，更重要的是煤粒的孔隙度。

图 3-13 表明低反应性煤和高反应性煤所达到的相对生产率的关系。从图3-13 中看到，随着煤反应性增长，开始还原温度降低了，增加了实际进行还原的时间，当然不排除还原剂气化的加强和增加了对反应物料间直接接触的影响。

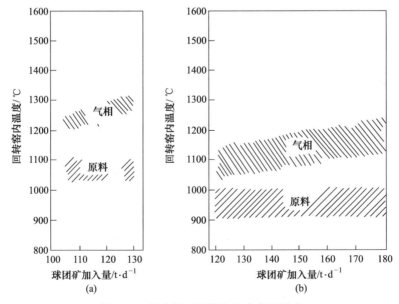

图 3-13 反应性对温度和生产率的影响

（a）低反应性煤；（b）高反应性煤

较小颗粒和较多数量的煤能增加气化反应的有效表面，可以预见到加快气化反应速度。

在恒压系统内，碳的气化要使气体体积增加一倍，由此看到增加压力会延迟气化速度。然而，在实际回转窑直接还原作业中，压力基本上是不变的（$p = 101325Pa$），因此压力在实际作业中不是一个重要问题。

还原剂挥发分（$H_2$、$CH_4$、CO 等）的影响不是单一的。如果挥发分能在高温下分解出来，则可以增加金属化速度和金属化率；低温分解的挥发分对还原过程影响较小。应当指出，挥发分含量增加，使还原煤中的固定碳含量减小，因此，必须从经济角度核算还原剂价格及其使用效益。

E  粒度

一般条件下，不论矿石是否致密，还原过程的反应速度都是随矿石粒度的增加而变小，如图 3-14 所示。致密矿石的还原反应仅在宏观表面进行，因此随着粒度的减小，宏观表面积增大，反应的速率加快；对固相反应物为多孔结构、粒度又小的球团矿来说，还原反应将同时在宏观表面和内部孔隙的微观表面进行，反应的限制环节将是界面反应。

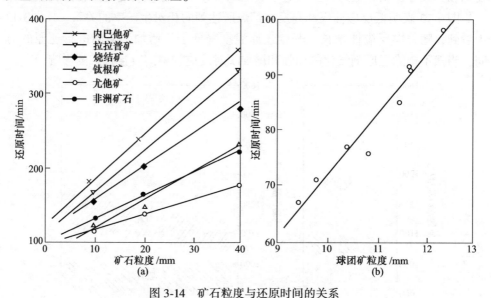

图 3-14  矿石粒度与还原时间的关系
（a）800℃，$H_2$ 还原；（b）500℃，$H_2$ 还原

在生产上，应根据矿石结构特性选择适应的粒度：矿石比较致密，要选择较小粒度，但细小的粒度（如粉料）又易造成损失和形成黏结。

F  温度

随着温度升高，铁氧化物还原速度是增高的。但在某温度范围内，如 770～

800K 以及 1120K 附近出现还原速率的下降，主要是矿球内孔隙度减小，诸如烧结、致密的 $Fe_xO$ 相形成和 900℃ 新铁相黏附在氧化铁粒子上，阻碍气体的扩散。然而，当温度升高到一定程度时，还原反应完全转入扩散范围，升高温度对还原速度的影响就不那么重要了。

### 3.1.2.3 碳的沉析

在适宜的温度下，$2CO \rightleftharpoons C+CO_2$ 反应达到平衡时，气相中含有大量 $CO_2$，这就是一氧化碳分解为二氧化碳和固体碳的热力学基础。但是如果没有催化剂，实际上 CO 不进行分解，因为 CO 分子中的碳氧原子间的键很牢固，由此形成不可克服的动力学障碍。当 CO 活性吸附在一系列物质的晶体表面时，就有可能进行分解，其中的铁居首要地位。

实验测定表明，在 300~900℃ 温度范围内，CO 分解析碳过程进行的速度相当大，尤以 500~600℃ 时速度最大。

催化剂在实现 CO 分解过程中具有决定性作用。气态 CO 是以一个 CO 分子参与基本的化学反应，第二个 CO 分子应当是活性吸附的，所以需要加入催化剂。

最活泼的催化剂是金属铁，特别是在低温下还原出来的金属铁，其次是钴和镍，以及铬、锰、铝和钛等金属。其反应机理可表示为 CO 活性吸附在铁催化剂表面。

$$(Fe_n)_c + CO(g) \longrightarrow (Fe_n)_c \cdot CO_a$$

当气相中 CO 分子撞击吸附剂表面时，产生碳沉析并形成 $CO_2$。

$$(Fe_n)_c \cdot CO_a + CO(g) \longrightarrow (Fe_n)_c \cdot C_c + CO_2(g)$$

析碳过程剧烈发生时，形成几十个、几百个，有时达几千个基面的石墨晶体，因此在铁的衬底上沉积的碳越来越多，氧则迁移到露在外面的催化剂表面上，继续氧与 CO 的反应。热力学分析表明，低温和高 CO 浓度对碳的沉析有利。

铁渗碳反应的途径是碳溶解于金属相内达到饱和限度以后，过剩碳在体系中或者以形成稳定相——石墨存在，或以介稳的碳化物 $Fe_3C$ 形态存在。

由图 3-15 看到，C 在 $\gamma$-Fe 中溶解度从 727℃ 时的 0.8% 变化到 1130℃ 时的 2%，$\alpha$-Fe 溶解碳不超过 0.025%。铁转变为纯碳化物，这说明有含碳 $w(C) = 6.3\%$ 的高碳相出现。

在 DRI 内被发现的碳，除有反应形成的碳黑外，还有碳化铁（$Fe_3C$）存在。其反应为：

$$2CO + 3[\gamma\text{-}Fe]_{饱和C} \rightleftharpoons Fe_3C + CO_2$$

分析 Fe-C 系和 Fe-C-O 系的关系看出，碳过剩和气相中高 CO 浓度创造了铁渗碳的有利条件，促使金属渗碳过程的发展。

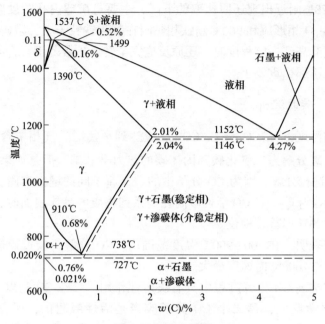

图 3-15  Fe-C 相图

（点线表示渗碳体亚稳平衡的相区界线）

## 3.2  窑内物料运动

窑体慢速旋转，窑内物料受摩擦力的作用被窑体带起。当物料被带起的高度超过物料运动角后，在重力作用下，自堆尖滚落到底脚。因为窑体有一定倾斜，所以物料在每次下落过程中也向排料端前移一小段距离。

随着窑的转动，窑中固体料在回转窑内的运动将呈现以下五种情况。

（1）滑落：如果物料与窑衬间的摩擦力太小，不足以带起物料，则物料呈现不断上移和滑落，物料颗粒互不混合，此时高温气流对物料的传热近于停滞状态。

（2）塌落：物料与窑衬间有足够的摩擦力，但窑体转速很慢时，则物料被带起达到较高高度后成大块崩落。

（3）滚落：随窑体转速加快后，物料由塌落进入滚动落下状态，被带起高度也较稳定，是回转窑物料的正常运动状态。

（4）瀑布状下落：窑体转速进一步加快，被带起的物料离开料尖，类似瀑布状连续落下。

（5）离心转动：窑体转速过快，物料依附着于窑衬而不落下，随窑壁离心转动，是回转窑作业中不应该产生的现象。

正常运转时，回转窑内的物料处于塌落、滚落和瀑布状下落三种状态。

## 3.2.1 物料运动偏析

作业回转窑内，矿石与煤的颗粒均匀混合是造成最佳还原过程的先决条件。窑内物料正常运动时，料层内的物料颗粒沿着互相平行的弧线运动，一定次数的循环后达到窑衬表面，再经过一段距离后，又重新回到相应的位置，所需要的时间称为一个循环周期。在一个循环周期内，物料颗粒在料层表面停滞的时间很短，其他时间均被埋在料层内。

在物料里，含铁原料与还原煤因粒度、形状和密度差异，形成了物料运动中的偏析现象。粒度大、形状较规则（近球形）、密度大的物料，随着窑体转动迅速滚落到物料断面的底脚，成为料层断面的外层；粒度小，形状不规则（如片状）和密度小的物料则构成了料层断面的内心，如图 3-16 所示。

大量试验研究证明：形成物料断面偏析的主要原因是粒度差，而不是物料的静止角。试验测定得知，煤的静止角大于球团矿，按照静止角的论点，不管煤粒大小，构成断面外层的应是煤粒，实际上当

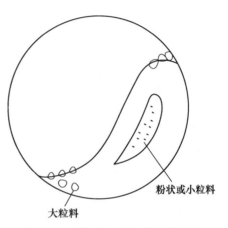

图 3-16 回转窑内的物料偏析现象

煤粒小于球团矿时，分布在外层的是球团矿，而不是煤。粒度相近的物料混合较均匀。另外，还研究了窑内填充率、窑转速和不同料比对物料混匀的影响。试验表明：当填充率从 10% 增加到 20% 时，铁矿颗粒越多，单位体积物料占有的表面积越小，颗粒在运动中相互超越、混匀机会减少，产生和消除断面物料偏析的惰性越大，但不能笼统地认为增大填充率会造成和加重物料的断面偏析。在一定的物料粒度组成下，物料总有一个相对稳定的分布状态，改变窑的转速对物料偏析现象无明显影响。

为增大还原回转窑的填充率，在窑的排料端设有挡料圈（有些工艺在窑内也设有挡料环），造成窑内长度方向料层厚度不是均匀一致的，图 3-17 示出了由此引起物料轴向移行速度的不均衡性。

窑内物料偏析，不仅反映在断面。沿窑轴方向也有不均匀的分段现象存在，在某一区段内铁料多还原煤少。在其前或后区段则是铁量少还原煤多。

上述偏析现象存在不利于还原进行，煤的利用也不好。为保证还原过程的进行，获得高金属化率产品则必须增加配煤，这种现象也不利于防止窑衬黏结。

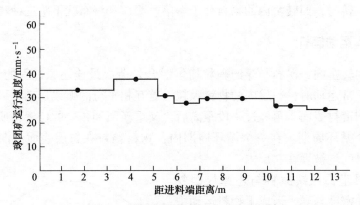

图 3-17   回转窑内物料运行速度的测定

回转窑内物料运行的特征是物料连续不断翻滚，物料受热均匀，传热阻力小，铁矿物得到均匀还原，可防止或减轻再氧化。力学分析表明，物料填充率增大，物料与窑衬间的摩擦力增大，有利于物料运行的稳定，如图 3-18 所示。当物料填充角大于 120°（填充率大于 20%）时，物料不再出现滑移现象，促进翻滚运动；试验也证明提高煤比，有利于防止滑落。

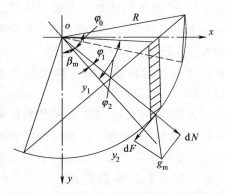

图 3-18   物料与窑壁间的摩擦力和下滑力

## 3.2.2   物料停留时间

由于回转窑连续转动，物料与窑衬的摩擦促成了物料不断被推向窑的排料端。物料沿轴向推进速度 $v$（m/min）可按下式计算：

$$v_m = k \cdot n \cdot s \tag{3-15}$$

式中   $k$——窑体转动一周炉料被带起下落的次数；

$n$——窑转速，r/min；

$s$——物料被带起下落一次推进的距离，m。

物料在窑内停留时间为：

$$t = \frac{L}{V_m} = \frac{L}{k \cdot n \cdot s} \tag{3-16}$$

式中   $L$——窑体长度，m。

$s$ 与 $k$ 受多种因素的影响，其大小难以确定。式（3-16）仅适于定性分析物料运行特性。为计算物料在回转窑内停留时间，许多研究者针对不同条件提出了一些经验公式。

（1）对粉料用 Warner 公式：

$$t = \frac{1.77\sqrt{\theta}}{\alpha \cdot n \cdot D} \tag{3-17}$$

式中　$\theta$——物料自然堆角，rad；

　　　$\alpha$——窑体倾斜度，rad；

　　　$D$——窑衬内直径，m。

（2）对颗粒状物料 Bayar 公式适用：

$$t = \frac{\theta + \theta' + 24}{5.16n \cdot D \cdot g \cdot \alpha} \tag{3-18}$$

式中　$\theta'$——物料在转动中引起的堆角增大，可用下式求得：

$$\theta' = \frac{n}{\sqrt{\dfrac{g}{R}}} \tag{3-19}$$

式中　$R$——窑衬内半径，m；

　　　$g$——重力加速度。

模型研究表明，铁矿石和还原煤的粒度、形状和密度的不同，不仅引起物料的偏析现象，还表现在轴向移动速度的差异，如图 3-19 所示。它们的平均下移速度可用下式求得：

$$v_i = \frac{4}{3}n\frac{\pi Ra}{\Phi f_i}\cos^3\varphi_0(\tan^3\varphi_1 - \tan^3\varphi_2) \tag{3-20}$$

式中　$v_i$——铁矿石或还原煤的轴向平均移行速度，m/s；

　　　$\Phi$——窑中物料填充率；

　　　$\varphi_0$——物料填充角的 1/2，rad；

　　　$f_i$——铁矿石或还原煤总料量的体积比；

　　　$a$——回转窑机械参数与物料特征的综合系数，与窑的倾角 $\alpha$、物料运动
　　　　　角 $\theta_1$，料面与窑轴的夹角 $\gamma$ 有关；

　　　$\varphi_1$——铁矿石或还原煤运动轨迹的外中心角的 1/2，rad；

　　　$\varphi_2$——铁矿石或还原煤运动轨迹的内中心角的 1/2，rad。

由此可用下列公式分别求得铁矿石和煤在窑内的总停留时间。

$$t_{ore} = \sum \frac{\Delta L_i}{v_{ore}} \tag{3-21}$$

$$\overline{t_c} = \sum \frac{\Delta L_i}{v_{ic}} \cdot m + \sum \frac{\Delta L_i}{v_{oc}} \cdot n \tag{3-22}$$

式中　$\Delta L_i$——窑内各区段长度，m；

$v_{ore}, v_{ic}, v_{oc}$——各区段内铁矿石、内层煤和外层煤的平均移行速度，m/s；

　　$m$，$n$——大、小煤粒总煤量之比。

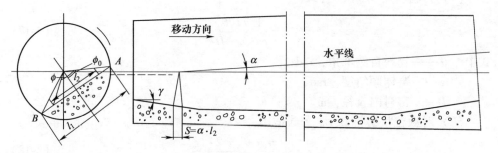

图 3-19　窑内物料轴向运动和分布示意图

式（3-16）、式（3-18）、式（3-21）和式（3-22）中回转窑内物料停留时间都与填充率成正比，所以提高填充率也有利于物料的加热和还原，提高单位窑容产量，降低煤耗。因此近些年，国外作业窑的填充率已从 12%～15%，提高到 20%～25%。

## 3.3　窑内气流运动

直接还原回转窑按气流与料流方向，有顺流和逆流之分。顺流窑的优点是：

（1）煤的挥发分在高温区析出，能得到很好的燃烧和利用；

（2）入窑物料加热快，有利于提高设备能力；

（3）物料加热均匀，不会在窑中后部形成高温点，导致窑衬黏结。

然而，顺流窑最大的缺点是废气温度高，热效率降低，设备维护和操作困难等。

目前多数直接还原回转窑，采用逆流窑。为了改善窑内温度分布、扩大高温带、改善能量利用效果，在沿窑身长度设置了窑中送风管，可有效地燃烧还原煤释放的挥发分、还原产生 CO 和煤中碳，有些还安装了窑身燃料烧嘴，向窑内多点供给燃料，提供燃烧热，有效地调整窑内温度分布，提高高温区长度，如图3-20 所示。

高挥发分还原煤从窑尾加入，煤受热后挥发分大量析出，来不及充分燃烧放热就进入废气系统，一方面可燃物被浪费，另一方面将在废气系统内形成烟碳沉积和焦油析出，以致引起爆炸。近年来，许多工艺都将部分或大部分高挥发分还原煤改从窑的排料端喷入（图 3-21），在窑内进料端设置埋入式送风嘴（图3-22），使挥发分得以在高温下析出并在窑内得到充分燃烧，提高窑尾温度，改善入窑物料的加热，促使窑内温度分布合理化，提高设备生产能力和降低煤耗。

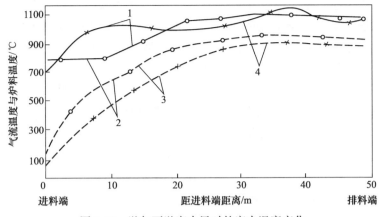

图 3-20　送与不送窑中风时的窑内温度变化

1—气相温度；2—送入窑中风；3—料温；4—不送窑中风

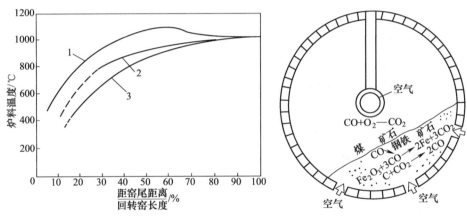

图 3-21　不同工艺回转窑温度分布曲线比较

1—带有粗粒煤喷吹的 74m（ϕ4.6m）CODIR 窑（中等反应性煤）；

2—带有埋入式烧嘴的 50m（ϕ3.6m）SL-RN 窑（高反应性煤）；

3—不带埋入式烧嘴的 50mSI-RN 窑（高反应性煤）

图 3-22　窑身两次送风管机
窑尾埋入风嘴送风示意图

## 3.4　窑内燃烧

提高回转窑生产率，除提供充分的反应热量外，还应尽量扩大高温带长度。多数回转窑沿窑身长度方向设置若干送风管（或燃料烧嘴），向窑内送风，燃烧窑内还原煤释放的挥发分、碳和还原过程产生的 CO，以促成窑内合理的温度分布。然而，对作业温度较高的直接还原窑，上述燃烧供热还不能满足工艺热量和温度分布的要求，必须在窑排料端设置燃料烧嘴，以维持窑的排料端内还原反应所必需的高温和均匀的温度分布。

窑头烧嘴多为粉煤（也可用气体或液体燃料）烧嘴，煤粉可以用性质差异很大的煤制备，如泥煤、褐煤、无烟煤等。粉煤燃烧属多相燃烧，燃烧过程分为干燥、预热和燃烧阶段。干燥和预热阶段持续时间取决于燃烧准备带的热交换情况，随着粉煤含水量降低，空气量减少和空气预热程度升高而缩短，通常仅为 0.03~0.05s。

粉煤属不耐热的 C-H-O 系，随温度升高，粉煤激烈热分解，析出挥发物（$CO_2$、$H_2O$、$CO$、$H_2$、$CH_4$、$C_mH_n$ 等）。由于挥发物析出压力很大，在粉煤粒外形成气膜，燃烧便在气膜外层开始进行，气膜内的煤便在缺氧条件下焦化成炭粒，直到外层挥发分燃尽才开始焦化炭粒的燃烧。窑内煤粒的燃烧时间，可用下式计算：

$$t = d^{\phi+1} + \frac{\rho_m}{2z} \int_1^0 \frac{w^{\phi}(1-e)}{0.21(e+w^3)} dw \qquad (3-23)$$

式中  $d$——粉煤颗粒直径，m；

$\rho_m$——粉煤密度，$kg/m^3$；

$w$——煤粒燃烧程度；

$e$——过剩空气量；

$\phi$——粒度影响系数；

$z$——由扩散条件和动力学条件决定的系数。

当粉煤用高挥发分煤制成时，一般情况下离烧嘴很近就能发火，但发热强度低、温度低，发热过程会延续很长距离，故火焰长；燃烧低挥发分粉煤时，则要远离烧嘴发火，80%的化合热会在很短距离内散发出来，火焰集中，易引起局部温度升高，有时会因发火过迟，使粉煤颗粒来不及及燃尽。

还原性回转窑作业时，为了维持窑内气氛，燃烧是在空气量不足的条件下进行的不完全燃烧。通常采用单筒式烧嘴。这时的粉煤燃烧不是挥发分未燃尽的不完全燃烧，而是焦粒不能充分燃烧，且发生了还原反应的物理不完全燃烧（$CO_2$ 与 $H_2O$ 被还原）。

粉煤的制备必须与燃料种类和性能相适应。挥发分高、灰分低的煤，制粉细度可粗些；挥发分低和灰分高则须相应提高细度。提高粉煤细度，能加速着火，强化初相燃烧，且有利于在燃烧带的长度内均匀放热。

使用单筒式烧嘴，粉煤颗粒运动速度大致与烧嘴喷出的气流局部速度一致。这种情况下，燃烧带长度可用下式求出：

$$l = v \cdot t \qquad (3-24)$$

式中  $l$——燃烧带长度，m；

$v$——燃烧带气流速度，m/s；

$t$——粉煤燃烧总时间，此值可参考图3-23得出，s。

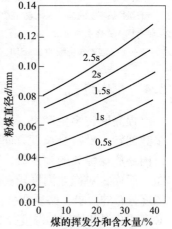

图 3-23  粉煤燃烧所需的时间

## 3.5 窑内传热过程

### 3.5.1 窑内热交换

回转窑内热交换是热气流以辐射和对流方式加热物料和窑衬，窑衬所得热量又通过辐射方式传给物料表面和以传导方式将热量传给与之接触的物料，热交换方式如图 3-24 示。

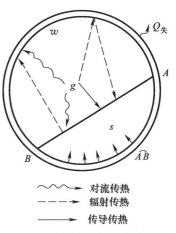

在窑内低温段（<800℃），热交换综合强度不大。根据实际测定，由于窑尾炉气温度低，辐射热交换强度低，辐射热量不超过 40%。但由于物料与热气流间温差较大，对流传热强度相对较大，约占 40%，窑衬对物料的传导传热也可达 30%。然而，在这些区段内只进行 $Fe_2O_3$ 和 $Fe_3O_4$ 的还原，反应吸热量很小，物料的综合相对吸热量小，故炉料加热很快，温升大；进入窑头高温段，辐射热交换强度显著增大，占总传热

图 3-24　回转窑传热方式示意图

量的 70% 以上，而对流传热因气流与物料间的温差变小，传热量也降低（约 20%）。同样窑衬对物料的传导传热量为最小程度（<10%），总热量也随着辐射传热能力的显著增强而增大，但由于大量吸热反应的激烈进行，物料温升缓慢，物料与气流间的温差变小，如图 3-25 所示。

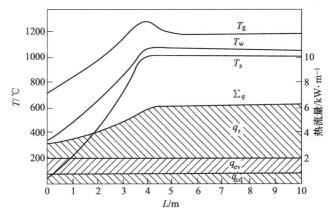

图 3-25　海绵铁回转窑中温度与热流的变化

$T_g$—煤气温度；$T_w$—炉墙温度；$T_s$—炉料温度；$\sum_q$—总热流，kW/m；
$q_r$—辐射热流，kW/m；$q_{ev}$—对流热流，kW/m；$q_{cd}$—传导热流，kW/m

实际回转窑内的热交换过程可归为 5 种传热途径：气流—物料间对流传热，

气流—窑衬间辐射传热，窑衬—物料间的辐射传热，气流—物料间辐射传热和窑衬—物料间传导传热。根据传热原理可分别列出相应的 5 个传热方程：

$$Q_{g-s}^r = 4.96\varepsilon_s \left[ \varepsilon_g' \left( \frac{T_g}{100} \right)^4 - \varepsilon_g'' \left( \frac{T_s}{100} \right)^4 \right] L_s \Delta L \tag{3-25}$$

$$Q_{g-w}^r = 4.96\varepsilon_w \left[ \varepsilon_g' \left( \frac{T_g}{100} \right)^4 - \varepsilon_g'' \left( \frac{T_w}{100} \right)^4 \right] L_w \Delta L \tag{3-26}$$

$$Q_{w-s}^r = 4.96\varepsilon_w\varepsilon_s \left[ 1 - \varepsilon_g'' \left( \frac{T_w}{100} \right)^4 - (1 - \varepsilon_g''') \left( \frac{T_s}{100} \right)^4 \right] L_s \Delta L \tag{3-27}$$

$$Q_{g-s}^{ev} = \alpha_{ev}(T_g - T_s) L_s \Delta L \tag{3-28}$$

$$Q_{w-s}^{cd} = \sqrt{\frac{\lambda_w C_w \rho_w}{t_0}} (T_g - T_s) - I(L_{s-w} - L_w)\Delta L \tag{3-29}$$

式中　　$Q_{g-s}^r$——气流辐射传给炉料的热量，kJ/h；

$\quad\quad Q_{g-w}^r$——气流辐射传给炉墙的热量，kJ/h；

$\quad\quad Q_{w-s}^r$——炉衬辐射给炉料的热量，kJ/h；

$\quad\quad Q_{g-s}^{ev}$——气流对流传给炉料的热量，kJ/h；

$\quad\quad Q_{w-s}^{cd}$——炉衬传导给炉料的热量，kJ/h；

$\quad\quad T_g$——气流温度，K；

$\quad\quad T_w$——炉衬温度，K；

$\quad\quad T_s$——炉料温度，K；

$\quad\quad L_w$——窑衬暴露的弧长，m

$\quad\quad L_s$——炉料表面的弦长，m；

$\quad\quad L_{s-w}$——窑衬与物料的接触弧长，m；

$\quad\quad \varepsilon_w$——窑衬黑度（0.95）；

$\quad\quad \varepsilon_s$——炉料黑度（0.9）；

$\quad\quad \alpha_{ev}$——对流传热系数，W/(m·K)；

$\varepsilon_g'$，$\varepsilon_g''$，$\varepsilon_g'''$——各为 $T_g$，$T_w$ 和 $T_s$ 温度下的气流黑度；

$\quad\quad \lambda_w$——窑衬对炉料的导热系数，W/(m·K)；

$\quad\quad C_w$——窑衬比热容，kJ/(kg·℃)；

$\quad\quad \rho_w$——窑衬料密度，kg/m³；

$\quad\quad t_0$——窑体旋转一周时间，h；

$\quad\quad I$——准数函数；

$\quad\quad \Delta L$——微元窑长，m。

窑体以辐射和对流方式散失的热量为：

$$Q_1 = \alpha_n(T_f - T_a)\pi \cdot D_f \Delta L \tag{3-30}$$

式中　$\alpha_n$——向空间散失热量的传热系数，W/（m²·K），可用经验式 $\alpha_n = 3.5 + 0.062T_f$ 求得；

　　$T_f$，$T_a$——窑皮外表温度与周围大气温度，℃；

　　$D_f$——窑壳体外径，m。

下面列出热平衡综合方程式：

$$Q_g = Q_{g-w}^r + Q_{g-s}^r + Q_{g-s}^{ev} + Q_c \tag{3-31}$$

$$Q_{g-w}^r = Q_{w-s}^r + Q_{w-s}^{cd} + Q_{wl} \tag{3-32}$$

$$Q_s = Q_{g-s}^{ev} + Q_{g-s}^r + Q_{w-s}^r + Q_{w-s}^{cd} \tag{3-33}$$

由（3-31）~式(3-33) 三个方程式得出：

$$Q_g = Q_s + Q_c - Q_{wl} \tag{3-34}$$

$$Q_s + Q_{wl} = Q_{g-w}^r + Q_{g-s}^{ev} - Q_{g-s}^r \tag{3-35}$$

式中　$Q_c$——气流传给物料中溢出气体和固体微粒的热量，kJ/h；

　　$Q_{wl}$——窑体的辐射和对流散失的热量，kJ/h。

将上面五种传热方程式（3-25）~式(3-29)、散失热方程式（3-30）与热平衡方程联立求解，可得出回转窑内物料温度变化的传热数学模型，方法比较繁难，在此不再探求。

### 3.5.2　物料加热

窑内物料只有在料层表面和与窑衬接触时得到加热，因此回转窑中物料与气流传热慢，预热段很长，且随着窑的增大所占比例增加。对长度大的窑，预热段长度占整个窑长的1/2以上，已成为回转窑作业的主要障碍，如图3-26所示。

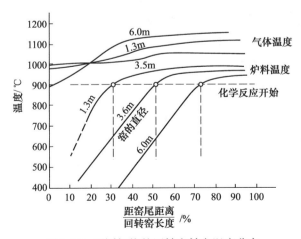

图 3-26　不同规格的回转窑轴向温度分布

减小预热段长度的途径，可作如下分析：

（1）转速低，物料从热气流和窑衬得到的热量少；提高转速，炉料翻滚加强，改善传热，吸收热量增加，料层内温度均匀化；继续加快转速，则料层内外的温差减小，不利于物料的加热。

（2）提高排出尾气温度，可以有效地缩短预热段长度，图 3-27 给出了提高尾气温度对回转窑预热段长度的影响。由图 3-27 可见，回转窑尾气温度不应低于 500℃，通常控制在 500~800℃，过高也无大的收效。

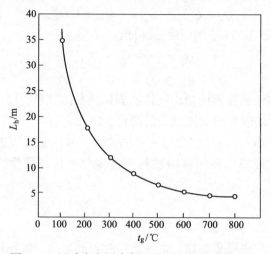

图 3-27 回砖窑窑尾废气温度对预段长度的影响

（3）窑内受热气流加热的物料面（$\overline{AB}$弦长）和窑衬与物料接触面（$\overset{\frown}{AB}$弧长）都与物料填充率有关，如图 3-28 所示。从单位窑长来看，单位窑容的辐射和对流传热的物料受热面可表示为：

$$\eta_1 = \overline{AB}/(\pi R^2) \tag{3-36}$$

单位窑容传导传热受热面为：

$$\eta_2 = \overset{\frown}{AB}/(\pi R^2) \tag{3-37}$$

式中 $R$——窑内半径。

可见，提高窑内物料填充率，能使单位窑容受热面增加，提高单位窑容产率。

### 3.5.3 窑内温度分布

热力学分析表明，提高作业温度能促进铁氧化物还原反应的进行，但窑内最高作业温度的确定必须考虑到原料软化温度和还原煤灰的软熔特性。一般情况

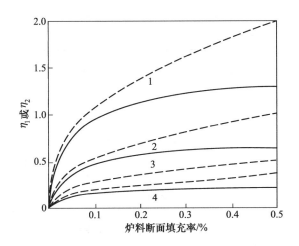

图 3-28　单位窑容的辐射和对流传热炉料受热面 $\eta_1$（实线）
以及传导传热炉料受热面 $\eta_2$（虚线）和填充率 $\varphi_2$ 的关系
1—窑半径 $R=0.5m$；2—$R=1m$；3—$R=2m$；4—$R=3m$

下，最高作业温度应低于原料软化温度或灰分软化温度 $100\sim150℃$。

在允许的作业温度下，缩短预热带，扩大高温区长度，有利于窑内还原，是提高回转窑生产率的有效措施。为此，直接还原回转窑采取了从窑排料端连续喷入稳定粒度组成的高挥发分粒煤（还原煤）、设置窑中二次风管和窑进料端埋入风嘴供风等措施。借助于改变喷煤量的喷吹参数，以及供风量的调节，可有效地控制窑内可燃物的燃烧，使窑内形成更加理想的温度分布和气氛。

德国鲁奇（Lurgi）公司曾推荐过典型窑内作业温度分布曲线，如图 3-29 曲线 1 所示；另一种意见为曲线 3，从窑头排料端至窑尾均维持 1000℃ 以上高温。实践证明，要保证回转窑的作业正常，在铁矿石进入高温之前，应完成一定量的 FeO 还原，形成金属铁外壳，严防高 FeO 形成低熔点渣相，影响还原反应和引起窑衬黏结故障，窑内温度分布以曲线 2 为宜，它有适当的中温段。

反应性好、挥发分高的褐煤和次烟煤，能降低金属铁的生成温度和加快生成速度，中温区可适当短些；还原性差的铁矿石和反应性低、挥发分少的无烟煤，使金属铁生成缓慢，则必须增加中温区长度，确保 FeO 向金属铁的还原转变。

窑尾加料端温度由废气排放量、废气温度和加入物料量决定。提高窑尾废气排放温度能促进炉料加热，扩大中温区，因此根据铁矿石和还原剂特性，回转窑结构特征，运用中温还原区概念，正确制定工艺的温度分布方案，是实现回转窑最佳作业和防止窑衬黏结的基本前提。

图 3-30 所示为 1989 年福州某 40m 回转窑工业试验期测定的窑内气相和物料

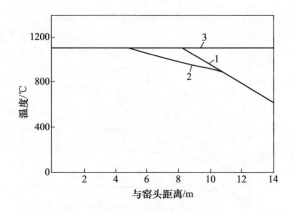

图 3-29 几种代表性温度分布

温度的波动范围。工业试验期，义马煤从窑头连续地按要求喷送窑内各段，在正确调节窑头和二次风量情况下，保证了窑内各段热量要求，使 60% 窑长的物料温度高于 900℃，75% 窑长的气相温度维持在 1050~1100℃，没有出现局部高温点，实现了窑容利用系数 0.413t/(d·m³)、标煤耗 679.6kg/t 的好指标。图 3-30 还绘有 1980 年采用窑头烟煤燃烧供热和窑加料端加入无烟煤作还原剂时的气相和物料温度分布，窑内 900℃ 以上的高温区不到窑长的 1/4，长 1/2 以上的物料温度在 800℃ 以下，不能实现有效的还原。

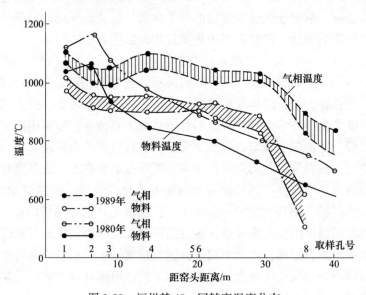

图 3-30 福州某 40m 回转窑温度分布

## 3.6 窑内还原

还原回转窑内可分为预热带和还原带两段。预热带入窑物料在热气流的加热下，被干燥预热，无大量吸热反应，物料加热需求热量相对小。虽然传热强度不大，但物料得以迅速升温，由于铁矿石与还原煤密切接触，约 700℃ 已开始还原；被预热物料进入还原带后，随着温度的升高，还原反应大量进行，反应产生的 CO 逸出料层表面，与气相 $O_2$ 燃烧形成稳定的火焰，保持了料层内的良好还原气氛，因此回转窑内的还原带存在着两种不同的气氛，如图 3-31 所示。

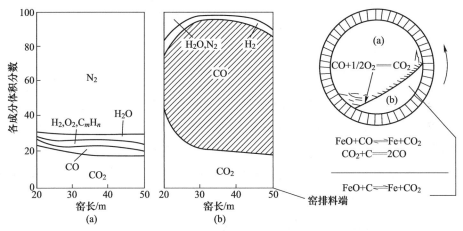

图 3-31 回转窑还原带内的气氛

(a) 空间区；(b) 料层内

### 3.6.1 铁还原

窑内直接还原反应可分解为两个反应，即

$$FeO + CO \longrightarrow Fe + CO_2 \qquad (a)$$

$$CO_2 + C \longrightarrow 2CO \qquad (b)$$

$$FeO + C \longrightarrow Fe + CO \qquad (c)$$

固体碳还原氧化铁（c）式的速度决定于（a）、（b）两式的综合影响。

（a）式的反应速度 $v_a$ 为：

$$v_a = v_a^0(\varphi(CO) - \varphi(CO_2)/K_a) \qquad (3-38)$$

式中　$v_a^0$——纯 CO 气氛下铁矿物还原的速度；

　　　$K_a$——CO 还原铁氧化物的平衡常数。

（b）式的反应速度 $v_b$ 为：

$$v_b = M_C \cdot v_b^0[\varphi(CO_2) - (\varphi(CO))^2/K_b] \qquad (3-39)$$

式中 $M_C$——配碳比;

$v_b^0$——纯 $CO_2$ 时碳的气化速度;

$K_b$——气化反应($C+CO_2 \Longrightarrow 2CO$)的平衡常数。

将(a)与(b)合并成(c)式时,两式中 $CO_2$ 浓度相等,且知 $v_b = v_a^0$,由式(3-39)得知:

$$\varphi(CO_2) = \frac{v_b}{M_C v_b^0} + \frac{(\varphi(CO))^2}{K_b} \tag{3-40}$$

将式(3-40)代入式(3-38),得出碳还原铁氧化物的还原速度 $v_c$:

$$v_c = v_b = \frac{v_a^0 \cdot \varphi(CO)\left(1 - \dfrac{\varphi(CO)}{K_a K_b}\right)}{1 + \dfrac{v_a^0}{v_b^0 \cdot K_a M_C}} \tag{3-41}$$

由式(3-41)可知,固体碳还原氧化铁的速度决定于 $v_a^0$、$v_b^0$ 及 $M_C$。

(1)当 $v_b^0$ 较大时,氧化铁的还原速度决定于 CO 还原铁氧化物的速度;如 $v_b^0$ 无限大,则固体碳还原氧化铁的速度应等于纯 CO 还原氧化铁的速度。

(2)当 $v_b^0$ 较小时,固体碳还原氧化铁的速度决定于碳的气化速度,如 $v_b^0$ 趋于 0,则 $v_c$ 也趋于 0。

(3)当 $t > 900℃$ 后,CO 趋近于 100%,而 $CO_2$ 趋于 0,则 $K_b = \dfrac{\varphi(CO)}{\varphi(CO_2)} = \infty$,则 $v_c = \dfrac{v_a^0 \cdot \varphi(CO)}{1 + \dfrac{v_a^0}{v_b^0 \cdot K_a \cdot M_C}}$。

在回转窑直接还原作业温度(950~1050℃)下,铁矿石还原的化学反应速度很快,即 $v_a^0 \gg v_b^0$。由此可见,碳气化反应速度是回转窑直接还原过程的限制环节。

影响回转窑铁还原的因素有:

(1)还原煤反应性。反应性对还原过程影响最显著,反应性差的无烟煤,不仅会大幅度降低生产率,还要求采用高的作业温度,以满足矿石还原的要求,由此也易导致窑衬黏结;反应性好的褐煤和次烟煤允许选用较低的作业温度,明显改善窑还原过程,提高产生率,运行安全。试验得出的还原煤反应性与窑作业温度和生产率的关系如图 2-26 所示。

图 3-32 绘出在试验回转窑中不同煤种作还原剂对还原产品金属化率和作业时间的影响。随着煤反应性降低,铁矿石还原速度降低,引起窑生产率大幅度下降,产品金属化率难以达到正常要求。

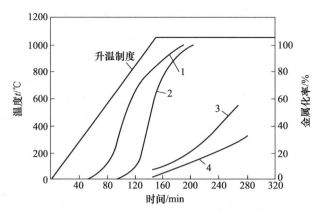

图 3-32 回转窑中还原剂反应性对 Itabire 球团矿金属化率的影响

1—加拿大褐煤；2—印度 singareni 煤；3—南非无烟煤；4—碎煤

（2）还原煤量。增大配加量，反应面积增加，铁矿石与还原煤的接触条件改善，加速还原反应；当使用反应性差的还原煤时，为保证一定还原速度，更需要增加过剩碳量。图 3-33 是碳反应性与配碳量对回转窑生产率的影响。

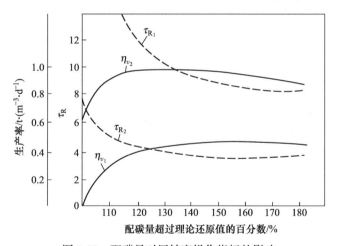

图 3-33 配碳量对回转窑操作指标的影响

$\tau_{R_1}$—当反应性指数为 $\alpha_c = 0.87 \times 10^{13}$ 的无烟煤用作还原剂时回转窑中铁矿石的还原时间，h；

$\tau_{R_2}$—当反应性指数为 $\alpha_c = 0.87 \times 10^{14}$ 的褐煤用作还原剂时回转窑中铁矿石的还原时间，h；

$\eta_{v_1}$—$\alpha_c = 0.87 \times 10^{13}$ 无烟煤时回转窑的生产率，$t/(m^3 \cdot d)$；

$\eta_{v_2}$—$\alpha_c = 0.87 \times 10^{14}$ 烟煤时回转窑的生产率，$t/(m^3 \cdot d)$；

（产品还原率均为 95%）

（3）温度。提高作业温度既能加速还原反应，也能促进碳的气化反应，对反应性差的还原煤，提高温度尤其重要。应该看到，提高回转窑作业温度要受到铁矿石软化温度和煤灰分软熔特性的限制，因此使回转窑维持在允许的最高温度下作业，是提高窑生产率和降低煤耗的基本要领。

（4）铁矿石还原性。在回转窑作业温度下，铁矿石还原性不是还原过程限制环节，然而在允许的条件下，尽量选用还原性好的铁矿石，有利于提高窑的生产率。实际生产表明，还原性好的球团矿比使用块矿时，窑的生产率提高10%~15%。

（5）提高窑填充率。提高窑内物料填充率，一方面延长物料在窑内停留时间；另一方面由于料层增厚，料层内CO能更多地参与反应，也使单位料面逸出气体量增多，更好地形成料面的还原保护层和减少还原物料的暴露时间。由此可见，提高物料填充率是改善窑内还原、减少再氧化的重要措施。

图3-34和图3-35绘出了1989年某40m回转窑工业试验期间，窑内气相与料层内气氛及物料成分和温度的变化。由图3-34看到，窑头喷吹高挥发分反应性好的义马煤还原时，随着窑内温度升高，料层内CO浓度迅速增长；料层内$CO_2$浓度的增加，反映了入窑铁矿石还原反应的快速进行。

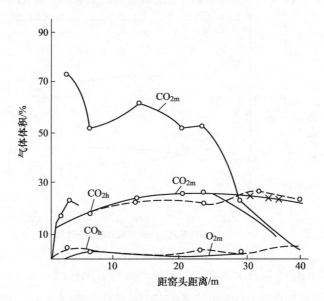

图3-34 回转窑内空间和料层气氛分布
m—料层内；h—炉膛空间

由图3-35看到，在窑头喷入高挥发分还原粒煤，促进了窑内合理温度分布和料层内强还原气氛。挥发分放出并参与还原反应，促使窑内形成良好的还原环境，因此高价氧化物入窑后立即开始还原，700℃时已有金属铁相出现。

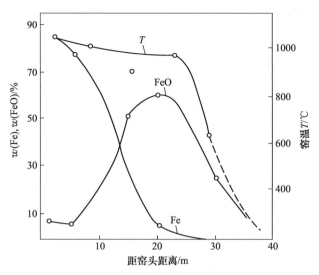

图 3-35 回转窑内物料成分与温度的变化

### 3.6.2 其他元素还原

直接还原铁作为优质钢原料，主要优点是不含废钢中常见的夹杂元素，如铜、锌、铅、锡、铬、钼、钨，其中的硫和磷含量也很低。

然而，在一些铁矿石里，除铁矿物与常见的钙、镁、硅、铝等脉石化合物外，还有少量铜、铅、锌、砷、钒、钛、镍和铬的化合物，以及钾、钠等碱金属化合物。这些成分的出现及其在回转窑还原过程中的行为，直接关系到铁矿石原料的用量及其产品在炼钢中的应用价值。另外，因为回转窑工艺可以进行选择性还原和有较好挥发条件，已成为当前资源综合利用和回收有用元素的重要工艺方法。下面就夹杂元素在窑内行为作些讨论。

#### 3.6.2.1 铅的还原

铅在铁矿石中常以 $PbSO_4$、$PbS$ 形态存在，含铁粉尘中多呈 $PbO$ 形态。这些化合物在回转窑直接还原条件下极易被还原：

$$PbSO_4 + 4C \xrightarrow{>650℃} PbS + 4CO - 273.171J \qquad (3-42)$$

剩余的 $PbSO_4$ 可与 $PbS$ 再发生反应：

$$PbSO_4 + PbS \longrightarrow 2Pb + 2SO_2 \uparrow \qquad (3-43)$$

有 $CO_2$ 存在条件下，$PbS$ 与 $CaO$ 反应生成的 $PbO$ 是不稳定化合物，在还原条件下极易被还原：

$$PbS(s) + CaO(s) + CO(g) \longrightarrow Pb(l) + CO_2(g) + CaS(s)$$

有金属铁出现后，PbS 可被 Fe 还原：

$$PbS + Fe \xrightarrow{1000℃} FeS + Pb - 544J \tag{3-44}$$

被还原的铅以铅雾穿出料层进入气相，遇氧化气氛重新被氧化。

CODIR 法曾用 $w(Fe) = 63.5\%$、$w(Pb+Zn) = 0.28\%$ 的球团矿成功地进行了生产，产出海绵铁金属化率为 95%，含硫低于 0.01%。同时还证明，在生产过程中 Pb 挥发了 97.8%，Zn 挥发 95.4%，如图 3-36 所示。

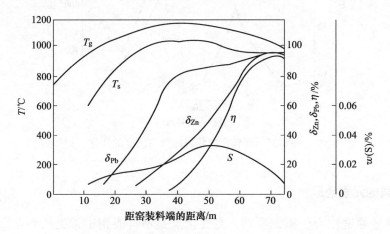

图 3-36  炉气和炉料温度索明（Solmine）球团矿的金属化率 $\eta$、锌挥发率 $\delta_{Zn}$、
铅挥发率 $\delta_{Pb}$ 和硫含量 $w(S)$ 沿窑长度的变化

### 3.6.2.2  锌的还原

锌在铁矿石里多呈 ZnS 形态，也有锌铁尖晶石（$ZnO \cdot Fe_2O_3$）、碳酸盐（$ZnO \cdot CO_2$）和硅酸盐（$2ZnO \cdot SiO_2$）形态；含铁粉尘中呈 ZnO 形态存在。ZnS、ZnO 在较低温下可被 CO、$H_2$ 和 C 还原：

$$ZnO + CO \xrightarrow{400 \sim 500℃} Zn + CO_2 - 65188J \tag{3-45}$$

$$ZnO + H_2 \xrightarrow{400 \sim 500℃} Zn + H_2O - 107340J \tag{3-46}$$

有 CaO 存在和金属铁出现，会促进锌的还原，锌呈蒸汽（沸点 907℃）进入气相。实际回转窑作业证明，锌脱除率与还原铁的金属化率有关，金属化率升高锌脱除率增加，如图 3-37 所示。

进入气相的锌蒸汽在温度下降时重新被气相 $CO_2$、$H_2O$ 氧化成 ZnO，小部分沉积在窑内物料和窑衬表面，形成锌元素的富集循环；大部分 ZnO 颗粒被废气带出窑外，被收集在集尘设备里。

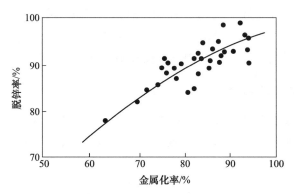

图 3-37　除锌与金属化率的关系

### 3.6.2.3　铜、镍的还原

铜矿物种类繁多，杂存于铁矿石中，主要以硫化矿、碳酸盐矿、氧化矿等形态存在。以硫化物形态存在的黄铜矿（$FeCuS_2$）可以通过选矿得以分离；但氧化物进入精矿，在回转窑直接还原工艺中，铜全部被还原存留于直接还原产品里。因此，作为炼钢原料则必须对直接还原用原料加以选择。

镍在铁矿石中多呈氧化物和硫化物形态。镍与铁性质相近，比铁易还原，铁矿石带入的镍在回转窑还原时全部被还原，并以金属态留存在直接还原铁中。

### 3.6.2.4　砷的还原

我国一些铁矿石含有少量砷，多以臭葱石（$FeAsO_4 \cdot 2H_2O$）形态存在，在回转窑还原气氛中不稳定，极易转变成氧化物。其反应式为：

$$2FeAsO_4(s) + 7/3CO(g) === 2/3Fe_3O_4(s) + 7/3CO_2 + 1/2As_4O_6(g) \tag{3-47}$$

$$\Delta G_m^\ominus = 80498 - 4.29T \tag{3-47a}$$

$$CO_2(g) + C(s) === 2CO(g) \tag{3-48}$$

$$\Delta G_m^\ominus = 38900 - 40.1T \tag{3-48a}$$

$FeAsO_4$ 还原的 $p_{CO}/p_{CO_2}$，远低于碳的气化反应分压值。当有 $CaO$ 存在条件下，$As_4O_6$ 易与 $CaO$ 生成稳定的 $CaO \cdot As_2O_5$，能进一步促进砷的脱除。其反应式为：

$$2FeAsO_4(s) + CaO(s) + 2CO(g) === 2Fe(s) + CaO \cdot As_2O_5(s) + 2CO_2(g) \tag{3-49}$$

新还原出的海绵铁也易吸附砷，$As_4O_6$ 转变为 $FeAs$，妨碍砷的脱除。其反应式为：

$$2Fe(s) + 1/2\ As_4O_6(s) + 3CO(g) \Longrightarrow 2FeAs(s) + 3CO_2(g) \quad (3\text{-}50)$$

$$\Delta G_m^{\ominus} = -15205 - 43.6T \quad (3\text{-}50a)$$

在回转窑直接还原条件下，砷可脱除 60% ~ 80%。

### 3.6.2.5　碱金属的还原

碱金属多以碳酸盐、硫酸盐和氧化物形态存在于铁矿石中。碱金属氧化物在高温下易被碳还原，它们的沸点很低（K 为 760℃，Na 为 800℃），故以蒸汽进入气相。

$$Na_2O + C \xrightarrow{\ 1000℃,\ 101325Pa\ } 2Na(g) + CO \quad (3\text{-}51)$$

$$K_2O + C \rightarrow 2K(g) + CO \quad (3\text{-}52)$$

蒸汽进入低温区将重新氧化凝结，沉积于物料和窑衬表面，形成碱金属在窑内迁移、富集。

$Na_2SiO_3(K_2SiO_3)$ 在 1000℃ 时的平衡压力为 0.176Pa，只要气相中钠、钾的蒸汽压低于平衡压力，硅酸盐就会分解还原出钠和钾。

钠、钾蒸汽很容易与 $O_2$、$H_2O$ 生成过氧化钠（钾）和氢氧化钠（钾），腐蚀性很强，易与窑衬和物料形成低熔点硅铝酸盐化合物，构成窑衬黏结的初始条件，必须十分重视。

### 3.6.2.6　钒、铬、钛的还原

钒、铬、钛都是难还原元素，在回转窑还原条件下，钒、钛不能被还原；铬可能被碳部分地还原成金属铬和低价化合物。其反应式为：

$$(Mg、Fe)(Cr,\ Al,\ Fe)_2O_4 + nC \xrightarrow{\ 830 \sim 1200℃\ } Fe(Cr,\ Al)_2O_3 + Fe_3C$$

$$\longrightarrow Mg \cdot Al_2O_4 + (Fe,\ Cr)_2C_3 \quad (3\text{-}53)$$

铬铁矿中铁的氧化物约在 830℃ 开始还原，870℃ 有金属铁出现；铬氧化物的开始还原温度为 1190℃，与 FeO 的还原同时进行，金属铁相的出现，将会促进铬氧化物的还原。

## 3.7　回转窑脱硫

入窑硫，少量由铁矿石带入，主要呈黄铁矿（$FeS_2$）、FeS 和磁黄铁矿（$FeS_{1.12}$）形态。铁矿石入窑后，随着温度升高，$FeS_2$ 开始分解（300 ~ 600℃），690℃ 时达到 101325Pa，分解反应激烈进行。

$$FeS_2 \xrightarrow{\ > 300℃\ } FeS + S - 77916J \quad (3\text{-}54)$$

单质硫于 440℃ 下（硫的沸腾温度为 444.5℃）可挥发进入气相。FeS 必须在更高温度和氧化气氛下才能进一步分解，例如：

$$FeS + 10Fe_2O_3 \xrightarrow{700 \sim 900℃} 7Fe_3O_4 + SO_2 \uparrow - 246309J \tag{3-55}$$

在还原性回转窑内，700~900℃温度下 $Fe_2O_3$ 存在的可能很小，可见上述反应是无法实现的。

直接还原生产中，硫主要由煤带入。硫在煤中可以以硫化物（$FeS_2$、$Fe_7S_8$、$FeS$ 等）、硫酸盐（$CaSO_4$、$BaSO_4$、$Fe_2(SO_4)_3$ 等）和有机硫形态存在。加煤的方法和条件不同，硫在窑内的行为也不同。在回转窑还原过程中，碳酸盐和硫化物将分解挥发或进行化学反应，生成单质硫、硫氧化物和部分硫化物；单质硫在强还原气氛下很不稳定，易与 $H_2$、$CO$ 反应生成 $H_2S$ 或 $COS$ 进入气相；有机硫主要呈杂环化合物形态结合在碳结构中，在还原过程中挥发（呈 $H_2S$ 态）和随 C 的气化释放出来，如图 3-38 所示。从图中看到，600℃时，煤带入的硫已有 1/3 进入气相离开系统，剩余硫以硫化物和有机硫形态保留，是造成海绵铁吸硫的主要来源。

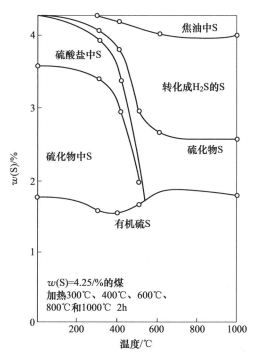

图 3-38 在气化过程中煤中硫的行为

图 3-39 表明，在回转窑还原过程中，硫先被海绵铁吸收，在还原条件下，Ca 与硫的化学亲和力大于 Fe，因此铁中的硫能被 CaO(MgO) 脱除。其吸硫反应式为：

$$FeO + H_2S \longrightarrow FeS + H_2O \tag{3-56}$$

$$Fe + H_2S \longrightarrow FeS + H_2 \tag{3-57}$$

$$FeO + COS \longrightarrow FeS + CO \tag{3-58}$$

$$FeO + COS \longrightarrow FeS + CO_2 \tag{3-59}$$

脱硫反应式为：

$$FeS + CaO + H_2 \longrightarrow Fe + CaS + H_2O \tag{3-60}$$

$$FeS + CaO + CO \longrightarrow Fe + CaS + CO_2 \tag{3-61}$$

$$FeS + CaO + C \xrightarrow{700 \sim 800℃} Fe + CaS + CO \tag{3-62}$$

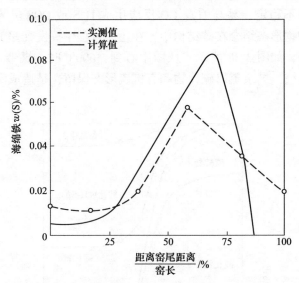

图 3-39　海绵铁中 S 含量的计算值及实测值

CaS 为稳定硫化物。当加入足够 CaO 时，CaO 吸硫反应大量进行。上述脱硫反应平衡常数很大，因此回转窑还原工艺有良好的脱硫条件。

CaO 通常以石灰石或白云石形式加入，将占据窑内反应空间，降低回转窑生产率和增加热消耗，一般加入量应为矿石量的 5%。为了保证较大的反应表面，粒度以 0.5~3mm 为宜。

实际生产认为，用白云石脱硫效果好于石灰石，其原因是白云石焙烧后强度较高、不粉化，脱硫后的白云石易于和海绵铁分离；石灰石分解后易粉化并黏附在海绵铁表面，恶化脱硫效果。

回转窑脱硫效果还与脱硫工艺有关。多数情况下，脱硫剂与铁矿石、还原煤一起由进料端加入，对于原料与还原煤含硫不多的情况可以得到较好效果；但对于还原性差、软化温度低、含硫又多的铁矿料，为保证脱硫要求须加入较多的脱硫剂时，会影响正常作业，此情况下采用脱硫剂与高挥发分煤从窑头补充喷入方法，可取得良好脱硫效果。

# 参 考 文 献

[1] 邱冠周，姜涛，徐经沧，等. 冷固结球团直接还原 [M]. 长沙：中南大学出版社，2001.

[2] 斯梅勒 R M，斯蒂芬 R L. 直接还原铁生产和应用的技术与经济 [M]. 张松龄等译. 杭州：浙江省冶金工业总公司，1985.

[3] C. T. 罗斯托夫采夫. 冶金过程理论 [M]. 北京钢铁工业学院物理化学及冶金原理教研室译. 北京：冶金工业出版社，1959.

[4] 赵庆杰，史占彪. 直接还原回转窑技术 [M]. 北京：机械工业出版社，1997.

[5] 梁连科，等. 冶金热力学及动力学 [M]. 沈阳：东北工学院出版社，1990.

[6] 朱德庆，郭宇峰，邱冠周，等. 钒钛磁铁精矿冷固球团催化还原机理 [J]. 中南工业大学学报，2000，31（3）：208.

# 4 回转窑操作、故障及其处理

## 4.1 直接还原回转窑操作控制原则

### 4.1.1 概述

直接还原回转窑的产品直接还原铁（DRI）是电炉冶炼优质钢的原料，直接还原铁的质量（金属化率、粉化率、强度、含S量等）直接影响电炉冶炼过程及整个生产的结果（如金属的回收率、电耗、金属料消耗量、炉衬的寿命、造渣料的消耗、钢水成分及温度等），直接还原铁的质量决定着它的使用价值和售价。在原燃料条件良好、设备运转安全可靠、工艺参数选择正确的条件下，正确的操作是直接还原回转窑达到高产、优质、低耗的保证。

国内大量生产实践研究表明，直接还原回转窑正确的操作原则应是：在保证产品直接还原铁质量合格（优质）条件下，降低直接还原回转窑原料、燃料（还原剂）的消耗，提高回转窑的生产率和产量，确保回转窑长期稳定运转。

### 4.1.2 保证产品直接还原铁质量

直接还原回转窑生产的目的是生产直接还原铁供炼钢使用，像其他生产工艺一样，生产合格产品是生产操作的首要目的，是操作的基本原则，也是操作的最基本要求。

直接还原铁的质量决定着它的商品价值和销售价格，直接影响它的使用价值，直接还原铁质量指标主要有：金属化率 $M(\%)$，全铁 $w(T_{Fe})$ $(\%)$，粉化率$(\%)$，强度（还原球抗压强度）（kN/球），含硫量 $w(S)$ $(\%)$，含碳量 $w(C)$ $(\%)$ 等。其中最主要的是金属化率 $M(\%)$，它是操作者最关心、主要操作控制的质量指标。

（1）金属化率。金属化率 $M(\%)$ 表示球团矿（或矿石）中铁的氧化物还原的完全程度，即转化成金属铁的程度。还原产品金属化率高，则产品中铁的氧化物含量少，FeO 含量低。在电炉冶炼时，高金属化率直接还原铁的铁回收率高，熔化渣中 FeO 含量低，对炉衬寿命不利影响小，即对炉衬的侵蚀小。通常要求金属化率应大于 90%。但是，金属化率高则要求球团矿在窑内还原时间长，或还原温度高，配碳量要高，因而需要消耗较多能量，要降低窑的生产率，所以在满足产品出厂要求的前提下应按上述变量下限操作，以力争取得较高的经济效益。

（2）强度和粉化率。还原产品的强度和粉化率是操作者重要操作控制指标之一。还原产品强度太低将造成直接还原铁在储运过程中大量损坏，产生碎块、粉末，降低直接还原铁的回收率；粉化率高将造成产品中小于 3mm（或小于 5mm）的数量增高，增加了压块的工作量和额外消耗，降低生产的经济效益。此外，粉化率高造成窑内铁质粉料量增大，将会增加窑内结圈的概率，因而通常应控制直接还原产品抗压强度为 2000～3000N/球，粉化率不大于 10%（球团矿）。使用块矿时，还原产品的粉化率不大于 20%。

（3）含 S 量。还原产品的含 S 量是回转窑操作者另一个重要操作控制指标。由于直接还原铁是冶炼优质钢的优质原料，S 含量是考核钢材质量的重要指标，因而要求 DRI 中 S 含量越低越好。

S 是钢中主要有害元素，它是钢在热加工时发生热脆的主要原因。当钢中含 S 量高于 0.07%（特别在钢中 Mn 的含量较低时），则在轧制时多出现裂纹，造成钢的力学性能变坏。此外，S 是钢中易于产生偏析的元素，它在钢锭中的不均匀分布严重地降低钢的质量。

通常直接还原铁中含 S 量应低于 0.03%，对于某些特殊用途的直接还原铁硫含 S 量要求低于 0.02%，甚至 0.01%。

（4）直接还原铁的其他成分。直接还原铁的 C、P 以及非铁元素含量也是操作者控制的指标。但通常在回转窑的原料、操作制度确定的条件下，C、P 含量及其他非铁元素成分是无法用操作条件的变化进行调整的，这主要依靠原料的选择来确定。

### 4.1.3 降低能耗

直接还原回转窑生产中燃料的消耗费用在目前我国条件下占原材料总消耗的 30% 以上，在国外燃料价格与矿石价格接近时，这个比例超过 50%。因此，降低能耗是回转窑生产取得更佳效益的最重要手段之一。

回转窑的操作者操作控制的重要任务之一就是降低单位产品的煤耗，而煤耗的高低在较大程度上取决于操作的控制。在产品要求的金属化率确定、原燃料成分一定的条件下，操作是影响煤耗的重要因素。

### 4.1.4 提高回转窑的生产率

回转窑的生产率即回转窑单位时间产出的产品的多少。回转窑的生产率除通常与窑的斜度、窑的转速、窑的填充率（窑出料口直径）、窑的尺寸等结构因素以及原燃料条件有关外，与窑内温度、温度分布、气氛以及装料量相关。在原燃料条件及窑的尺寸和结构确定的条件下，生产率主要与窑的转速和装料量、温度及气氛相关。而这些因素恰是操作者主要的操作手段，因此回转窑的生产率与操作密切相关。

操作者在操作过程中在保证产品合格、能耗适宜的条件下，提高生产率是重要任务之一。生产率提高将带来明显的经济效益，使回转窑的作业指标得到更好的提高。

### 4.1.5　确保回转窑长期稳定运转

回转窑生产是一个连续性十分强的生产工艺，炉料（球团矿或块矿）从窑尾加入回转窑到排出冷却筒一般需要 8~10h，在这段时间内完成一系列的物理化学反应，最终成为合格产品。由于回转窑内的物理化学变化是一个连续的过程，一旦窑内的反应条件被破坏（即窑内还原反应及反应的环境被破坏），炉料的还原过程将受到影响，进而将影响整个生产过程。

例如，回转窑喷煤系统的故障，喷煤系统的临时故障造成喷煤作业停止了30min，虽然仅仅 30min，但这对生产的影响可能延续 5~6h，甚至更长。这是由于喷煤停止使窑内得不到热和还原剂的供应，窑温大幅度下滑，还原剂不足，炉料得不到良好还原，即使采取操作措施，窑又不能不运转，必然造成在停止喷煤期间窑内所有炉料的正常还原受到严重干扰。只有当停止喷煤期间窑内所有物料出窑后才能完全恢复正常，因而维持回转窑的长期稳定运转比其他工业生产更为重要。

回转窑长期稳定运转另一个重要内容是确保回转窑不产生炉料黏结，不产生炉料在炉衬上形成环状黏结物——结圈。

"结圈"曾是回转窑工艺发展过程中一个重大障碍，曾被许多人称为"回转窑的致命问题""回转窑的绝症"。目前技术的发展已完全解决了这一问题，但操作者必须重视"结圈"可能性的存在，防止发生炉料黏结，防止结圈是操作者重要任务之一。

综上所述，回转窑直接还原铁生产的操作者为达到高产、优质、低耗的目的，操作的原则应当是：一切操作以保证直接还原铁产品合格为前提，大力降低燃料消耗，在最大限度地提高回转窑的产率的同时，确保回转窑长期连续稳定地生产。

## 4.2　直接还原回转窑正常生产的条件

### 4.2.1　原材料的正确选择及良好准备

直接还原铁的生产是一个连续的火法冶金过程，它的特征是铁矿石在低于软化温度的条件下利用煤中的碳进行还原，生产基本保持原料（矿石或球团矿）原有形状的金属产品。产品（直接还原铁）含有原料中所有的脉石成分和绝大部分 S、P，由于还原温度低，化学反应速度慢，要提高反应速度受到温度的限制。鉴于这些特点，直接还原回转窑维持正常生产的原料条件在某些方面比高炉炼铁要求更加苛刻，原料的正确选择和准备是维持回转窑正常生产的基础条之一。

### 4.2.1.1 含铁原料的选择

对于一般用途的直接还原铁（DRI）通常要求 $w(T_{Fe}) > 90\%$，$M\% > 90\%$，脉石含量为 $6\% \sim 8\%$，$w(S) < 0.03\%$，由此要求原料球团矿（或赤铁矿块矿）中 $w(T_{Fe}) > 66\%$，对磁铁矿则 $w(T_{Fe}) > 68\%$。表 4-1 为原料品位与还原产品理论成分的关系。

**表 4-1　矿石品位与还原产品理论成分的关系**（质量分数）　　（%）

| 矿石种类 | 矿石成分 | | DRI 成分（$M\% = 90\%$） | | | | 备注 |
|---|---|---|---|---|---|---|---|
| | TFe | 脉石 | TFe | MFe | FeO | 脉石 | |
| 赤铁矿<br>（$Fe_2O_3$） | 65.0 | 7.14 | 87.84 | 79.05 | 11.30 | 9.65 | 假设矿石中铁全部以 $Fe_2O_3$ 存在，无烧损 |
| | 65.5 | 6.43 | 88.75 | 78.88 | 11.41 | 8.71 | |
| | 66.0 | 5.71 | 89.68 | 80.71 | 11.53 | 7.76 | |
| | 66.5 | 5.00 | 90.60 | 81.54 | 11.65 | 6.81 | |
| | 67.0 | 4.29 | 91.91 | 82.37 | 12.26 | 5.68 | |
| 磁铁矿<br>（$Fe_3O_4$） | 65.0 | 10.24 | 84.31 | 75.88 | 10.84 | 13.28 | 假设矿石中铁全部以 $Fe_3O_4$ 存在，即 $w(Fe^{3+})/w(Fe^{2+})$ 为 2，无烧损 |
| | 66.0 | 8.86 | 86.00 | 77.40 | 11.06 | 11.54 | |
| | 67.0 | 7.48 | 87.70 | 78.93 | 11.28 | 9.79 | |
| | 68.0 | 6.10 | 89.42 | 80.48 | 11.50 | 8.02 | |
| | 69.0 | 4.71 | 91.17 | 82.05 | 11.72 | 6.22 | |

原料含 S 量应尽可能的低，球团矿含 S 高则需增加脱硫剂（石灰石或白云石）的用量，造成能耗增加，操作难度增大，窑容利用率下降。

由于还原产品通常作为电炉炼钢原料，作为废钢残留元素的稀释剂，因而要求原料中可能进入金属相的非铁元素，尤其是钢中有害元素（Pb、Zn、As、Cu、Sn 等）含量要低。对于生产纯净钢的 DRI，原料中可能进入金属的非铁残留元素总量应小于 0.04%。

此外，还要求原料有良好的冶金性能，且冶金性能稳定、粒度均匀稳定等。

综上分析，含铁原料的合理选择是保证产品质量的基础。

### 4.2.1.2　还原剂的选择

直接还原回转窑生产中还原剂的选择对回转窑生产成功与否和经济效益有着决定性的影响，因还原剂选择不当会造成产品金属化率不足、燃耗过高；回转窑产生结圈的教训在国内外已屡见不鲜，曾使我国直接还原回转窑的发展受到严重的影响。

直接还原回转窑还原剂应具有较高的反应性，以保证炉料（球团矿或块矿）在较低的温度条件下迅速完成还原反应。单纯从还原角度考虑，还原剂在950℃时反应性应大于90%，而在950℃反应性低于70%的还原剂不宜使用。

还原剂应具有较高的灰分熔融性温度，以便允许回转窑采用较高的还原温度，提高回转窑生产率，减少回转窑产生黏结的可能性。通常灰分软融性温度 DT（变形开始温度）应高于操作温度 100~150℃，以不低于 1200℃ 为佳。

还原剂应不结焦，不产生过大膨胀，要求结焦指数小于3，膨胀指数小于2。还原剂结焦或产生过大的膨胀将造成窑内炉料分布状态的改变，增大燃料的消耗，降低回转窑的生产率。

还原剂应有良好的物理性能，粒度组成的稳定是十分重要的。由于煤的粒度影响喷入窑内煤的分布，粒度组成的变化必然造成窑内煤粒分布的变化，引起窑内温度的变化，因此不仅要求还原剂有适宜的粒度组成，而且要求粒度组成必须稳定。还原剂应有适当的并且稳定的热稳定性，煤入窑之后不应产生过分严重的碎裂粉化。

回转窑内的 S 主要来自于还原剂，还原剂的含 S 量对还原产品的含 S 量有重大影响，还原剂含 S 高则需要额外加入脱硫剂，造成能耗的增加和增大回转窑结圈的可能性。通常还原剂的成分是波动的，必须对每批进厂还原剂含 S 量进行检测，并按入窑煤的含 S 量调整脱硫剂的用量。通常希望还原剂的含 S 量越低越好，一般认为还原剂含 S 大于 0.7% 时不宜使用，但回转窑采取措施也可以使用含 S 高达 1.0% 的还原剂。

还原剂中的灰分占据窑内有效空间，降低窑的利用率，增加结圈的可能性，增大物料的处理量。一般希望还原剂灰分越低越好，通常应不大于20%，但回转窑也可以使用灰分高达 30%~35% 的还原剂。

还原剂的水分含量是影响回转窑操作的重要因素，尤其是从窑头喷入的煤的水分直接影响窑内的温度及温度分布、窑内气氛。喷吹用煤的含水量影响煤的喷吹特性，影响煤的计量的准确，要求喷吹用煤的含水量必须稳定，并且适当的低。不同煤种适宜水分是不同的，对烟煤一般要求小于5%，而对褐煤则要高，一般空气干燥基之外的水不应超过 10%，过高含水量的煤必须干燥后才能使用。

### 4.2.2 工艺设备运行稳定可靠

回转窑直接还原是一个连续过程，炉料从入窑到产品出窑时间为 8~10h。在生产过程中机械设备故障不仅会造成窑内工况制度的破坏，影响产品的质量和产量，而且会引起窑内黏结，操作困难，甚至造成设备的损坏。例如：机械故障使回转窑不能转动可能造成窑体弯曲重大设备事故；停电、供电滑环故障可能造成二次风管被烧坏；供煤系统故障会造成向窑内供煤的中断，导致窑内的温度波动、产品不合格等事故。因此回转窑生产工艺设备必须保证运行可靠，系统设备的作业率应大于 95%，关键设备的运转作业率应 100%。

（1）回转窑和冷却筒。回转窑和冷却筒在其投产后设备作业率应保证为100%，即回转窑、冷却筒在生产中不允许有停止运行的时间，即使在特殊事故时也应能保证回转窑可以缓慢转动，避免造成窑体弯曲，确保窑体的安全。回转窑、冷却筒的密封系统直接影响窑内的气氛和产品质量，工作必须可靠。密封系统在生产中维修困难，因而要求在安装和检修时给予特别的注意。

（2）供配料系统。回转窑的供料、配料是生产操作的基础。稳定可靠的供料，准确的配料是回转窑正常稳定操作最基本条件，供配料系统设备的运转作业率直接影响回转窑的生产率。另外，配料系统应有良好的可调节性能，以便即时准确调整配料比例，保证回转窑进行高产、优质、低消耗生产。

（3）还原煤喷吹系统。还原煤喷吹是维持回转窑正常工况的重要环节，喷吹系统应具有准确、稳定、安全地向窑内供应还原煤的能力，并要求有良好的调节性能，其中包括喷吹量和喷煤落点的控制。为保证喷吹系统工作可靠，首先要求有稳定、充裕的喷吹气体（压缩空气）的供应能力，压缩空气的压力应稳定，波动应控制在 5kPa 之内（$0.05kg/cm^2$ 以内）。过大的压力波动将造成还原煤在窑内落点的范围过大，会造成产品还原率的波动和燃料消耗的增加。还原煤的供料应稳定，计量要准确。还原煤供应中断将造成回转窑热源和还原剂的中断，使窑内的温度分布、气氛发生急剧变化，而且影响是持续的，往往喷煤系统工作失常仅 10min，而影响窑内工况持续数小时。因此，要求还原煤喷吹系统作业率应为 100%。

（4）窑中供风系统。窑中供风是直接还原窑的最重要特征，二次风的调节是回转窑操作者最重要的操作手段。

窑中供风要求安全，运行稳定，调节方便。窑中供风系统应保证在回转窑正常生产中运转率为 100%，因在正常生产时一旦二次风停风，窑内工况立即被破坏，并可能在短时间内造成二次风管被烧毁，酿成回转窑被迫停产的恶果。二次风管破损可能引起窑内温度场的改变，如二次风管破损造成二次风直吹窑衬，将可能出现局部氧化性气氛，已还原炉料被氧化，形成局部高温区，造成窑衬黏结重大事故。

(5) 回转窑烟气和压力调控系统。回转窑能耗中 30%~40% 被烟气带走，烟气处理是回转窑生产中重要环节之一，也是最易发生故障的环节。烟气系统应保证运转安全可靠，且能有效回收烟气中能量（显热和化学能）的能力。

回转窑内的压力分布，窑头微正压（0~60Pa），冷却筒出料端零压（±0Pa）的控制都是通过烟气系统压力来调节的。烟气压力的调节是回转窑操作者重要调节手段之一，烟气压力调节系统应保证准确、稳定、便于调节。压力调节系统失灵将造成窑头正压不能稳定，一旦出现窑头大负压现象将造成窑内物料产生大量再氧化，轻者可使产品金属化率下降，严重的将造成回转窑出料端黏结，甚至窑内结圈。

(6) 回转窑温度、压力监测系统。回转窑生产主要依靠人工调节、人工判断，仅有的窑中温度、窑头压力、窑尾负压等少数监测点是操作者的"眼睛"，尤其对经验不多的操作人员极其重要。监测的数据是操作的依据，因而要求监测系统必须可靠、准确、校验方便，更换容易。虽然监测系统故障一般不会直接影响回转窑运行，但监测系统故障、失灵、失准将造成操作者盲目操作，或误操作。

综上所述，工艺设备运行可靠是直接还原回转窑正常作业的必备条件。操作者的重要任务之一就是维护设备使之安全可靠的运转，只有在设备运转正常时，调节操作方可发挥作用。

### 4.2.3  工艺参数的正确选择

工艺参数是回转窑操作的基础。工艺参数应在生产前通过理论分析、计算、试验研究结合生产经验综合分析确定，对每种原料及各种原料组合都必须有明确的结论和规定调节及波动范围。操作者应严格遵守这些确定参数进行调节，凡超出规定允许的操作都应向相应的领导请示，得到批准后才能操作，擅自改变工艺参数将破坏回转窑的正常工况，会造成重大责任事故，是操作者最忌讳的事情。

工艺参数选择需要综合考虑窑的尺寸、利用系数、所准备入窑物料的特性等，工艺参数选择实际是确定回转窑操作控制制度，一般包括最高允许操作温度，温度波动范围，窑内温度分布；配料比，还原煤加入方式及加入制度（即喷煤制度），供料量；回转窑转速，还原时间，窑头负压等。

#### 4.2.3.1  还原煤加入方式及加入制度

直接还原回转窑还原煤加入方式由使用的原料、还原剂的特性，回转窑系统的结构和工艺制度决定。通常还原剂应从窑头、窑尾同时加入，窑尾加入还原剂的数量比例由窑的结构、废气系统结构、原料特性综合考虑决定。

国外工业回转窑窑头喷煤占总煤量的 30% ~ 80%，窑尾加入煤量占总煤量 70% ~ 20%。对没有废气余热回收系统，使用高挥发分煤的中小型回转窑，为保证废气系统的安全，并力争达到较高的生产率和较低的能耗，窑尾加煤的比例应小一些。福州某 40m 窑工业试验时，窑尾不加煤，全部还原煤从窑头喷入也取得了较好的结果。对大型回转窑为保证窑尾的温度，窑的气氛，窑尾加煤比例应适当的大一些。为了降低能耗，保证废气系统安全，大型回转窑在窑尾加煤的同时应设置窑尾二次燃烧室和废热回收装置。

窑尾还原煤加入应保证窑内炉料均匀混合，窑头喷煤应保证煤在窑内沿窑长方向上的合理均匀分布，确保窑内温度的合理分布和炉料还原过程的顺利进行。

窑尾加煤可采用与铁矿石（或球团矿）一起连续加入方式，在窑外不必预先混合，因为炉料入窑后在翻滚运动向出料端运行时可以充分混合。当采用批装方式即一批一批地运往窑尾加料仓时，应采取预先混合，或矿、煤分仓同时入窑的方式，不允许矿石、煤单独入窑造成窑炉料的带状偏析。

窑头喷煤是连续的，喷煤落点的控制是操作者控制的重要环节。落煤点受喷枪结构压力、喷吹煤量、喷吹气体流量、煤的粒度及粒度组成，以及窑内的气流速度、压力、二次风管置、二次风量等多种因素的影响。为保证喷煤有良好的灵活可靠的可调节性，国外某些采用两支喷煤枪作业。两支枪用不同喷吹压力、流量参数分别喷吹不同粒度的还原煤，以保证煤在窑内的合理分布，以及窑内温度的合理分布。

天津钢管公司回转窑直接还原项目在 80m 长回转窑上采用两支喷煤枪作业，分别喷吹不同规格粒度的还原煤。

### 4.2.3.2 配料操作

回转窑的配料是根据生产条件、还原试验和理论计算确定的，加入到回转窑内的铁矿石、煤和石灰石必须按照预先确定的比例通过称重给料机准确地进行配料。在正常运行中配料应是稳定的，不能随意变动，对于使用单一原料（球团矿或块矿），单一还原剂的回转窑配料主要是矿石量、窑尾加入还原煤量、脱硫剂量。

矿石量（单位为 t/h），每小时加入多少矿石（或球团矿）由设计（指定）的产量确定。直接还原回转窑单位容积利用系数一般为 $0.35 ~ 0.50t/(m^3 \cdot d)$，即每立方米回转窑有效容积、每昼夜生产 0.35 ~ 0.50t 直接还原产品。每吨产品需要球团矿 1.45t，按此计算 $\phi 5.0m \times 80m$ 回转窑球团矿加入量为 22 ~ 31.5t/h。

窑尾还原煤加入量决定于还原煤加入方式和比例。若 DRI 按煤耗为 900kg/t，窑尾加入还原煤总量的 30% 计算，则还原煤加入量为 4.1 ~ 5.9t/h。在维持入窑总煤量一定时，这一数量可进行较大的调节。

脱硫剂加入量随入窑矿石和入窑总煤量变化而变化，当还原煤含 S 不高、矿石含硫也不高时，脱硫剂加入量为矿石量的 2%~3%。

### 4.2.3.3  最高允许操作温度及窑内温度分布

窑内最高允许操作温度是依据原料的还原性，还原剂灰分的软熔温度确定的，通常应低于原燃料中最低软熔温度 100~150℃，超过这个温度将造成窑内炉料黏结，严重时造成结圈等恶性事故。

窑内最高温度在操作中允许有一波动范围，通常波动范围在 20~30℃。操作时依据生产情况可进行上限操作或下限操作，但应力争不超出允许波动范围，短时间超出应立即进行调节。

窑内温度分布是回转窑运行中建立起的一个动态平衡工况，它受配料、料量（产出量）、喷煤制度、窑的转速、二次风供风条件等多因素控制。只有在合理的温度分布条件下，回转窑才可能达到高产、优质、低耗的目的。操作者应力求稳定窑内的温度分布，在必须调整窑内温度分布时，要进行慎重研究，经有关领导决定批准后才能调整。

窑内温度分布依据原料（球团矿或矿石）还原所需要的时间、生产率、产品的金属化率要求等综合因素确定。通常要求回转窑长度 60% 以上为 900℃ 以上的高温区，并有足够的中温还原区，用高挥发煤、球团矿为原料时窑的温度分布如图 4-1 所示。

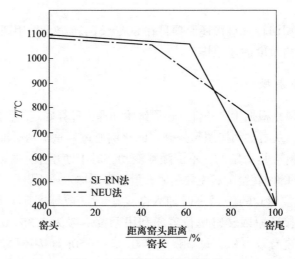

图 4-1  回转窑内的温度分布

### 4.2.3.4  窑内气氛与压力的调节

回转窑内自由空间与料层内的气氛不同，两者之间的过渡带是依靠料层内还原反应和碳的气化反应产生的 CO 从料层逸出,在料面形成"保护层",保证在料面与料层内部有足够的还原势,防止炉料再氧化。

窑内气氛的控制主要是窑中供风量的控制,某一区段供风量过大,可能导致局部还原气氛的破坏;窑内压力控制主要依靠对回转窑废气系统负压进行调节,方法是通过液力耦合器调节废气风机转速及调节风机进口闸门的开启度。

回转窑与冷却筒端部良好的密封是维持窑内适宜的气氛,稳定窑内压力的前提条件。通常,回转窑窑头应保持在微正压(50Pa 左右)操作。

#### 4.2.3.5 还原时间的控制

炉料在窑内的停留时间,以及炉料在高温区(还原段)的停留时间是影响产品金属化率的重要因素,由于还原温度的高低受到原料条件的严格限制,因此还原时间成为控制还原过程的重要参数。还原时间与窑转速、窑内高温区长度、回转窑生产率以及原料的性能有关。通常,回转窑转速的调节范围较小,因为它与供料及产品冷却等多个因素有关,所以在规定的产量指标与原料条件下,调节窑内高温区的长度是控制还原时间的重要手段。

#### 4.2.3.6 产品产量

回转窑的产量应根据原燃料条件,设备运转状态,窑的运行工况条件综合确定。生产中应选择适宜的产量进行操作,在稳定炉况、产品合格的条件下,尽力增大加料量,提高产量。不顾条件的单纯的提高产量可能会造成炉况失常、产品出格,严重时可能危及窑生产的稳定和窑的安全。

## 4.3 直接还原回转窑操作原理及控制手段

### 4.3.1 操作原理

直接还原回转窑的任务是将铁矿石(或球团矿)中铁的氧化物还原成金属铁,生成金属化率高、含 S 低,有一定强度的直接还原铁产品。窑内的主要反应可用下列方程式表示:

$$Fe_2O_3 + 3CO =\!=\!= 2Fe + 3CO_2 \tag{4-1}$$

$$C + CO_2 =\!=\!= 2CO \tag{4-2}$$

$$Fe_2O_3 + 3C =\!=\!= 2Fe + 3CO \tag{4-3}$$

$$CO + \frac{1}{2}O_2 =\!=\!= CO_2 \tag{4-4}$$

$$C + O_2 =\!=\!= CO_2 \tag{4-5}$$

反应式(4-3)是窑内还原反应的综合式,它是由方程式(4-1)和式(4-2)

组合而成，或者是通过反应式（4-1）和式（4-2）分步完成的。还原反应式（4-3）是一个强烈的吸热反应，使反应式（4-3）迅速进行的条件是有足够的还原剂C，还要有足够的温度。反应式（4-4）和式（4-5）是燃烧反应，是回转窑热量的来源反应。

回转窑的操作就是依据回转窑生产的基本原理，利用可以控制的手段在回转窑内创造有利于还原反应的条件，强化还原过程，控制还原过程。在获得优质合格产品——直接还原铁的前提下，争取降低消耗，提高生产率，使回转窑能长寿，以便获得最大的经济效益。

回转窑操作原理是：用调节还原剂（C）的量、窑内的气氛及温度的方法来控制还原过程。温度则用控制窑内的燃烧来进行调节，也就是用调节窑内可燃烧物（CO，煤的挥发分）和空气（$O_2$）的分布，以及其配比来控制窑内的温度分布和温度高低。

从化学反应基本原理可知，反应式（4-1）和式（4-2）是可逆反应，即窑内同时还存在着铁的氧化反应，反应式为：

$$2Fe + \frac{3}{2}O_2 \Longrightarrow Fe_2O_3 + Q_1 \tag{4-6}$$

$$Fe + \frac{1}{2}O_2 \Longrightarrow FeO + Q_2 \tag{4-7}$$

综上可知，操作者的任务之一就是防止还原的逆反应——氧化反应的发生。

保证还原反应进行的条件是有充足的还原剂——碳，还原剂与矿石（球团矿）良好的混合，有足够的温度，良好还原气氛，这四个条件缺一不可。操作者就是利用可以调节的各种因素来保证还原必备条件，强化、促进还原反应的进行，防止还原逆反应——氧化反应的发生。

由于窑内的温度和气氛，还原与氧化是相矛盾的，因而需要操作者控制这些矛盾达到相对稳定的平衡。窑内的热源也是从窑头、窑尾加入煤，除了窑头喷煤时一部分细颗粒煤和煤放出的挥发分直接进行燃烧、向窑供热外，回转窑生产过程需要的热量大部分是通过燃烧料层放出来的煤的挥发分及反应生成的CO来供应的，也就是窑的自由空间中需要进行有效的燃烧：

$$CO + \frac{1}{2}O_2 \Longrightarrow CO_2 \tag{4-8}$$

$$H_2 + \frac{1}{2}O_2 \Longrightarrow H_2O \tag{4-9}$$

才能保证窑内还原所需的热量，并且维持还原所需的温度。燃烧所需的氧，一部分由窑头喷煤的压缩空气和一次风供给，另一部分由窑身二次风机通过窑身二次风管供给。回转窑内通常还原剂是过剩的，所以供给氧的量决定着温度。氧量过多（风量过大）可能获得较高的温度，但过量的氧将会造成过强的氧化性气氛，还原反应不能进行，已还原的金属铁被氧化；供氧量不足将使温度下降，还原反应不能迅速进行。

因此操作者的任务就是建立上述这些矛盾的平衡。需要提醒的是，在建立起一个平衡之后，如果需要，还应主动打破旧的平衡建立新的平衡，把生产水平逐步推向新的高度。操作者固守已建立的平衡，尤其是低水平的平衡，必然影响生产水平的不断提高，操作者不注意建立和维持窑内的平衡关系，单方面的追求某一个指标，必然造成平衡的破坏，导致整个回转窑生产过程的失常，下面举例说明。

（1）窑内某区域温度偏低，操作者仅考虑把温度提上来，过多的供风而不注意维持足够的还原气氛；温度可能迅速被提上来，但可能造成氧化性气氛，铁氧化物不仅不能被还原，已还原的铁可能被重新氧化。

（2）窑头负压过大，为了防止还原铁产生再氧化，过多的调节烟道负压，虽形成炉头正压，甚至可以将正压调到很高，但由于窑内压力的升高，入窑风量锐减，窑内温度分布发生变化，造成还原反应速度下降，产品总的金属化率并不能升高。

（3）当窑尾加入还原剂较少时，为提高窑后部温度，适当增大后部几个二次风机供风可使温度升高；但当二次风给得太大，超过这个区域可燃物完全燃烧所需的空气量时，温度不仅不上升，反而会下降。

建立和维持窑内各种因素，反应的平衡是操作者每一个调节措施实施前必须认真考虑的问题。打破旧的低水平的平衡，建立新的高水平的平衡是操作者应当尽力争取的方向。

### 4.3.2　控制手段

#### 4.3.2.1　原料粒度、粒度组成、水分

当原料、还原剂确定的条件下，矿石（球团矿）的粒度和粒度组成，还原剂的粒度及粒度组成，还原剂的水分是控制产品还原质量的手段之一。

原料粒度减小或小粒度原料在入炉原料中比例增大，有利于还原率的提高。原料粒度的减小使还原气体（CO、$H_2$）向原料内部扩散距离缩短，同时也使还原反应气体产物向外扩散距离缩短，因此小粒度原料比大粒度原料先还原完。然而，减小粒度需要从原料准备开始变动。对于使用氧化球团矿为原料，要减小粒度，需从氧化球团车间的造球工段开始变动，并需要经过一个完整的生产周期之后才能实施，因而调节原料粒度的控制手段是需要经过长时间准备，影响面很广的调控手段。通常只能在回转窑生产条件作长期变动时才能使用，操作者一般不

能使用这种手段进行日常作业调控。

　　还原煤的粒度，粒度组成及水分也是回转窑的调控手段，这是由于煤的粒度、粒度组度影响还原煤在窑内的分布、燃烧状态，因而调整这些参数即可调控窑内的温度分布和气氛。

　　煤的粒度减小，在相同的喷煤条件（喷吹压力、喷吹空气流量、喷枪位置）下，煤的分布将向窑头集中，还原煤中细颗粒增多将有利于窑头部分的温度提高，有利于窑头正压的提高；同时窑中后部因还原剂量的减少，温度和还原势将下降，应做相应的调整保证窑内整体还原条件不变。

　　煤的水分含量直接影响煤的物理性能（流动性、堆密度、发热值（实用基发热值）），造成煤在窑内分布的变化，因此煤的水分对采用窑头喷煤时窑头的温度、气氛有重要的影响；尤其当雨季或进厂煤水分较高时，操作者应密切注意喷吹煤的水分变化，必要时应采取还原煤干燥作业。通常喷吹煤的水分在5%左右将不会影响窑内的温度和气氛，当煤的水分大于10%时，不仅会造成窑内温度、气氛的变化，而且由于煤的流动性、密度、细煤粒的黏结等问题造成煤的喷吹作业困难，严重时会造成喷吹混合器和喷管黏结、堵塞，对窑的稳定生产有重要的影响。

　　操作者应注意煤的水分的变化，严格控制煤的水分在适当的范围。对于从窑尾加入的还原煤因水分在窑尾排除，对窑内的温度、温度分布影响不大，要求不很严格，但注意配料时水分波动对实际入窑固定碳量的影响，即从窑尾入窑的煤应以干基（空气干燥基、ad）为准，随煤的水分波动进行即时的调整。另外，当窑尾入窑的煤水分发生较大变化时，应注意窑尾废气系统的变化，如除尘系统、风机要保证工作在露点以上，以免由于煤的水分增加造成在除尘器、风机内水的凝聚，影响正常作业和造成设备的故障。

### 4.3.2.2　装料量

　　操作中通常将单位时间向窑内装入的含铁原料（矿石块或球团矿）的总量称为装料量，简称为料量，一般以 t/h 或 t/d 来计量。

　　入窑料量的调控是回转窑操作的最基本操作，入窑料量是回转窑操作的基础参数，是通过窑尾配料系统和计量系统来控制的。

　　当回转窑内还原、供热能力与装料量不相匹配时，或回转窑产量要求发生变更时，需要进行装料量的调节。因为装料量的变化将影响全厂的产量和各相关生产参数，因此装料量的调控在正常条件下由生产的组织者负责确定，操作者不能随意变动。

　　料量变动调控的原则是：增料（加大装料量）要慎重，减料应果断。

A　当窑内还原、供热能力过剩时

这时窑内温度升高，还原煤过剩，窑整体显象"向热"，窑内热能过剩，回转窑排出料中有较多的过剩煤，还原产品金属化率升高，超过要求值。在这种条件下回转窑的热耗增大，技术经济指标恶化，若不进行调整最终会破坏正常的窑内温度分布。对这种炉况可采取逐步增加入窑料量予以调节。

增加料量时应注意：

(1) 增加料量前要认真观察分析炉况，确认炉况向热是窑内热能有余，而非其他操作因素失误所引起。经请示后，方可增加料量。

(2) 增加料量时要逐步进行，不允许突然大幅度增大料量，通常每小时内增大的料量，应为原来料量的 5% ~ 10%，尤其是回转窑在高利用系数即大料量作业时，料量增大量应慎重并且缓慢增加。

(3) 增大料量后应注意观察炉况，当重料下达到回转窑各点时，应注意做相应的调整，确保重料下达点温度不发生过分剧烈的变化。

(4) 重料通过回转窑各点后，或重料进入还原区后，窑内温度仍高于原操作的规定温度，方可考虑再次增加料量。通常二次增料操作的时间间隔不应小于 4h。

(5) 若炉况"向热"，或窑内某区域温度升高是由于其他操作原因，或失误所引起，应立即进行相应调整，不得增大料量，以免造成炉况大幅度波动。

例如：因机械故障窑短时间断料；窑短时间运转速度改变；窑头喷煤控制失准入窑煤量增大；窑头供煤成分或粒度变化造成窑某一区域，或某一段时间显象"向热"，这时应在原有料量条件下做相应调整，待炉况稳定后再权衡是否增大料量。

当操作参数确定后，在产量不做调整时，炉况"向热"应首先调整回转窑窑头喷煤参数，使窑内温度分布保持在原有操作曲线上。若炉况正常，为了提高产量要采取增大料量时，应注意窑内温度及其分布，并要先做充分准备，先将窑内温度稳定地提高到操作规定各点温度范围的上限，然后加大料量，并随重料的向前移动，在重料到达该区域前将温度升高到规定操作的上限以避免重料下达后，窑温大幅度下降。

B　当窑内还原、供热能力不足时

由于窑内还原及供热能力不足，窑温将下降，窑内还原气氛变差，产品中还原剂过剩量减少，产品金属化率有下滑趋势。通过调整二次风量，窑头喷煤制度等不能改变向凉的趋势时，则应采取调整料量措施减少入窑料量。

减少料量操作应全面分析炉况，一次调节到位。因减少料量通常需 2~3h 后才能看到效果，如一次调节不到位，产品金属化率仍不能达到要求，将影响产品的质量和产量，给生产带来损失较大，也给操作调节带来困难。这与增大料量对生产的影响是完全不同的,增大料量会给生产带来增益,稳定、缓慢的增加料量不会给生产带来严重的损失,而必须减少料量时不能迅速一次到位会给生产带来严重损失。

减少料量操作后,应注意观察炉况变化,并要及时调整其他参数。当恢复到正常作业时,发现炉况好转、炉温上升、产品金属化率上升后,应及时按加大料量方法逐步加回料量,以确保回转窑的适宜产量和较低的燃料消耗。

装料量的调节是回转窑操作中的重要手段,也是关系着全厂生产水平、产量大小的重要因素,装料量调节影响面大,应持慎重态度。操作者应在本岗位的职权范围内进行调节,重大的装料量调节应得到领导批准后再进行。

因装料量增减对整个生产影响重大,通常回转窑采用固定料量操作制,用调节其他参数来调节回转窑炉况和生产。只有在增大产量,窑内发生严重难行事故,原燃料发生变化,或用其他手段调整炉况已不能维持确定的生产参数时才采取变化装料量的措施。

### 4.3.2.3　配料比

配料比的调节是指还原煤的配比,窑尾与窑头加煤量的比例和脱硫剂配比的调节。

正常料的配煤比、窑尾与窑头加煤量的比例是根据配料计算,试验研究的结果和生产经验通过实践摸索、修改而确定的。

对于一般直接还原窑还原块状铁矿石或铁矿石球团,通常还原煤的配比按入窑原料的碳铁质量比来计算,一般碳铁比 $w(C)/w(Fe)$ 在 0.35~0.50 范围内。

$$\frac{w(C)}{w(Fe)} = \frac{入窑煤量中固定碳的总质量·h^{-1}}{入窑含铁原料中铁的总质量·h^{-1}} = 0.35 \sim 0.50$$

C/Fe 比的高低受原料含铁品位、还原性高低、粒度及其组成,产品金属化率的要求,还原煤的反应性、固定碳含量、挥发分的含量、煤的粒度组成、加煤方式、还原煤热值,回转窑的结构、操作水平和条件等多方面因素的影响。

对于操作水平较高、原料条件较好的回转窑, $w(C)/w(Fe)$ 比可维持在0.40 左右。按吉林桦甸老金厂矿业总公司条件,使用 $w(TFe)=66.6\%$、粒度 8~16mm 氧化球团矿为原料,以梅河口煤(干基灰分 27.58%,干基挥发分37.03%,干基固定碳 35.39%)为还原剂为例,当取 $w(C)/w(Fe)=0.40$ 时,其配煤量可按下式计算(以 100kg 球团矿为基):

固定碳需要量　　C=TFe×0.4kg=26.664kg

折算成干基还原煤量 = 26.664kg÷35.39% = 75.3kg,假设煤含水为 9.0%,则需湿煤量:

$$75.34kg ÷ (1 - 9.0\%) = 82.79kg$$

即每向窑内加入100kg球团矿，则需加入还原煤82.79kg。

若每小时入窑球团矿为5.0t，则入窑还原煤量为：5.0t×82.79% = 4.14t。

在此条件下，还原煤是从窑尾还是窑头加入则由工艺确定。吉林桦甸老金厂40m窑可采用全部从窑头喷入，也可以从窑尾加入部分，主要从窑头喷入。若是大型回转窑则窑尾必须加入一定量还原剂，以保证窑的尾部有足够的可燃物，维持足够的温度。

当还原煤中所含的固定碳含量下降，或挥发分下降、灰分升高、反应性变差，水分升高，窑的后部温度下降；窑前部（窑头）再氧化升高；球团矿（或铁矿石）含铁品位升高；还原产品金属化率低于要求值；窑内气氛恶化（氧化性气氛增强）时均可采取增加配煤量措施。但增大配煤量会带来煤耗增大，产品生产成本上升，因而增大配煤量应在炉况异常后，先采用其他措施进行调节，在调节无效时才能采用增大配煤的措施。

当脱硫剂中CaO含量下降、还原煤或球团矿中含S增高、产品中含S升高、脱硫剂粒度增大时，为保证产品的脱硫，即保证产品含S量低于要求值（通常<0.02%），可采用增大脱硫剂用量的措施。当其他条件不变、产品含S突然增大时，应首先检查产品表面是否有"出汗"的现象，或者是否有脱硫剂颗粒黏结在产品表面的现象。如出现上述现象应首先检查窑内温度，是否有局部区域温度过高，或者是否脱硫剂粉末量过多，在确认无其他异常条件下再实施增加脱硫剂用量的措施。

综上所述，调整配料比对整个生产有较大的影响，采用调整配料比的措施应当慎重，必须经认真检查、分析确认必须采取这一措施时再实施。

### 4.3.2.4 · 调整还原剂在窑内的分布

还原剂在窑内的分布直接影响回转窑内的还原气氛、还原过程、燃烧状况、温度分布、气流分布等，影响回转窑的运行状况，是回转窑操作者最关心的参数和状态，而且也是在采用窑头喷煤时最易调节的参数。

在回转窑配煤比确定、窑头窑尾加煤比例确定的条件下，还原煤在窑内的分布则完全取决于喷煤操作参数（喷煤系统结构参数，喷吹压力，喷吹空气量）。

根据大量研究和理论分析表明，在喷煤系统结构参数的喷吹混合室大小、喷吹空气喷口直径、喷枪直径、喷枪长度、喷枪倾角确定的情况下，在喷吹量（单位时间喷入回转窑的煤量）不变的条件下，对相同粒度的煤来说，喷吹压力越高则喷吹距离越大。在相同喷吹压力下煤的粒度越大，在喷枪中所获得的动量越大，喷吹距离越远。图4-2所示为窑头粒煤喷枪系统示意图。

图4-3所示为实测不同粒度煤同时喷入回转窑后的分布情况，图4-4所示为不同粒度范围粒煤沿窑长分布比例。

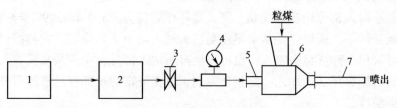

图 4-2 粒煤喷枪系统示意图

1—空气压缩机；2—储气罐；3—调压阀；4—压力流量测量系统；5—喷嘴；6—混合室；7—喷枪

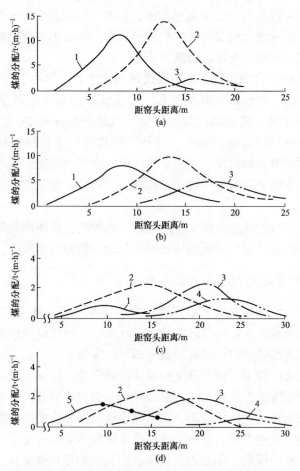

图 4-3 不同粒度煤在窑内的分布（实测值）

（a），（b）西昌某 30m 窑冷态喷吹状态；（c），（d）福州某 40m 窑冷态喷煤分布状态

1—2~5mm；2—5~10mm；3—10~15mm；4—15~20mm；5— -5mm

（a）中，$v=42.30m/s$，$p=0.04MPa$；（b）中，$v=44.39m/s$，$p=0.06MPa$；

（c）中，$v=50.63m/s$，$p=0.1MPa$；（d）中，$v=53.63m/s$，$p=0.12MPa$

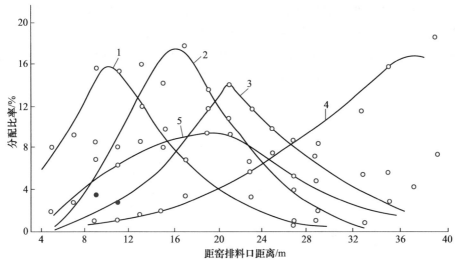

图 4-4　不同粒度范围粒煤沿窑长分布比例

1—<5mm，19.53%；2—5~10mm，27.66%；3—10~15mm，31.49%；

4—15~20mm，15.31%；5—>20mm，5.56%

喷管 φ6.4cm，0.0635m；喷枪 φ22.5mm，0.12MPa，400r/min

图 4-5 所示为改变喷吹管（喷枪）直径对煤的分布的影响，图 4-6 所示为改变喷吹压力对粒煤的分布的影响。

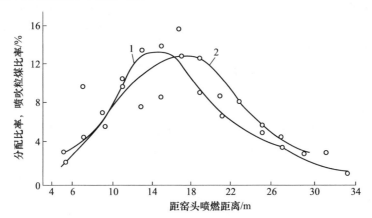

图 4-5　改善喷管尺寸对粒煤分布影响

1—D77mm；2—D68mm

喷管 0.1MPa，600r/min；喷枪 φ22.5mm

利用上述喷吹特性调节喷吹各参数可改变还原煤在窑内的分布，按还原的要求将煤合理均匀地分布在窑内。

煤进入回转窑落到料层之前在窑内自由空间被加热，放出挥发分，但由于煤粒在窑内自由空间停留时间甚短，仅 0.1~1s，甚至在 0.1s 以下。煤不会被加热到与料层相同的温度，因此煤的集中落下区域料层温度要下降，所以在考虑到煤的输送距离的同时还要注意煤沿窑长上合理均匀分布，以最大可能不造成煤粒过分的集中落入某一区域，以免造成局部区域温度的降低。

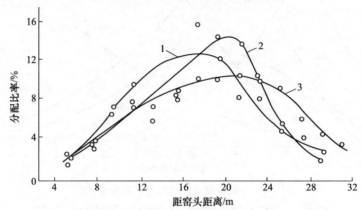

图 4-6   喷吹压力对粒煤的分布的影响

1—0.1MPa，60r/min；2—0.12MPa，600r/min；3—0.08MPa，600r/min

喷枪直径 φ22.5mm；喷管直径 φ63mm

综上所述，在喷吹条件稳定时：

（1）喷枪越细，煤喷的越远，喷枪越粗，煤喷的越近，越接近于窑头。过粗的喷枪会造成部分细粒煤过分集中于窑头，得不到利用就排出回转窑。通常喷枪直径不能经常调节。

（2）喷吹压力越大，煤喷的越远，正常操作时喷吹压力是操作者经常调动的参数。喷吹压力的调节应注意控制在一定范围内，不能有过大的变动，以免造成还原煤在窑内分布的过大波动，造成温度分布的过大变化。

（3）喷吹压力的调节应与煤的粒度相匹配，当煤的粒度及粒度组成变化时应注意做相应的调节以保证煤的分布的稳定。

煤中细粒煤比例增多，可适当提高压力，但这时会使大粒度煤也向后移动，因此要求还原煤的粒度及粒度组成应力求稳定。

（4）改变喷枪倾角，喷嘴直径均对窑内煤的分布有明显影响，但这些参数的改变都涉及设备参数的变更，通常不作为日常操作手段；只有在窑内工况需要做大的调整时，才能采用。因此，变更喷枪倾角、喷嘴直径的操作应经生产技术负责领导批准后才能实施。

4.3.2.5   回转窑燃烧过程及温度分布调整

回转窑的还原过程所需的热量主要依靠窑内的燃烧产生的热来供给，控制燃烧过程就可控制窑内的温度及其分布。

回转窑内的燃烧大体可以分为两个部分：一是窑头部分喷入回转窑的煤中的挥发分及细粒煤的燃烧，它是窑头部分主要供热源，决定窑头部分的温度和气氛，对窑的操作非常重要；二是窑中各部分从还原煤中放出的煤的挥发分及从料层中放出反应产物 CO，在窑自由空间的燃烧，这部分燃烧是沿窑长均匀进行的，它决定着窑内温度及温度分布和气氛，是操作者最关心的部分，对窑内反应过程影响最大。

通常窑头除喷煤的喷吹空气之外，还有窑头一次风供燃烧使用。提高一次风供风量。增加喷吹空气量均可增加窑头燃烧量，提高窑头区域温度，有助于窑头正压增高，窑头回喷增大。这是由于回转窑窑头部分的燃烧始终是不完全燃烧过程，增加供氧量会使燃烧量增大，使窑头区域温度升高。但必须注意，窑头区域炉料已完成了还原，是以新生的金属铁为主要成分，在高温下极容易产生铁的氧化，即产生"再氧化"。因此，增大窑头供风量必须是慎重的，也是必须严格控制的。当供风量过多时，窑头区域温度会迅速上升，这时除燃料的正常燃烧外，还可能产生还原好的炉料的再氧化——铁的燃烧，这将给窑的生产带来极坏的影响和严重的后果。

窑头一次风的风压对燃烧区间长度有明显的影响，风压过大会使燃烧区拉长。凡能使风向窑后运动的措施均有助于窑头燃烧向窑后部延伸，有助于区域温度均匀。

通常从操作角度提高窑头温度的措施有：

（1）增加窑头喷煤中细颗粒煤粉的数量，减少喷吹煤的水分，适当减小喷吹压力；

（2）增加窑头的供风量和窑头一次风量；

（3）适当加大窑头正压，造成适当的窑头回喷，即减小回转窑窑尾抽风负压。

回转窑沿窑长方向上的温度及温度分布决定着回转窑还原过程进行的速度和限度，即决定着回转窑生产的产量和产品质量。同时，还影响回转窑的能耗、运转的稳定及其寿命，操作者的重要任务之一就是控制和调节回转窑沿窑长方向上的温度及温度分布。

回转窑沿窑长方向上的温度及温度分布主要受以下因素影响：

（1）还原煤、原料在单位时间的入窑量和配比，即配料和装料量；

（2）还原煤、原料的性质；

（3）还原煤在窑内的分布，即加煤及喷煤制度；

（4）窑中各供风点的供风制度，窑头的燃烧制度；

（5）回转窑的转速，即炉料向下运行的速度及炉料的翻动状态；

（6）回转窑窑头正压的大小，即回转窑窑头回喷状况。

提高窑内温度操作又可分为提高整个窑的温度水平、提高高温还原区的温度、提高某一区域的温度等不同的形式，但这些操作都必须首先满足回转窑内温度的合理分布。

回转窑窑内温度的合理分布是回转窑生产最重要的因素，是操作者根据生产实践建立起来的操作调节的准则。温度分布合理形式在生产中有过许多争议，根据目前大多数生产窑实践可认为下述形式是合适的：

高温还原区（>950℃气相，>900℃炉料）占回转窑全长的60%以上，窑内最高温度不超过还原剂灰分熔融性温度$DT-(100\sim150℃)$，有适宜的中温还原区，窑尾废气温度为850~900℃。

按40m回转窑计算，气相温度超过950℃的区域长度应大于24m，按使用吉林梅河口煤$DT=1340\sim1460℃$，$T'_{max}=1190℃$。考虑到生产的安全性和经济性，可用图4-7表示；1989年福州某40m回转窑试验时温度曲线如图4-8所示。

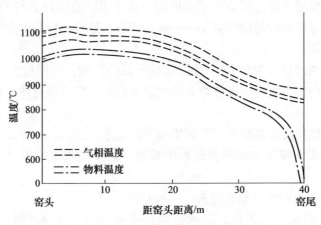

图4-7　某40m窑理论温度分布图

在生产稳定的条件下，若要调节某一区域（B区域）温度（见图4-9），首先应考虑用这一区域（B区域）的二次风量的调节，调节必须要兼顾该区域上下相邻区域（A、C区域）的温度变化，即要考虑当增大B区域供风量，将燃烧更多的可燃成分，但必须保证上部C区域仍有足够的可供燃烧的可燃成分，否则B区域随二次风量增加，温度上升了，但上部C区域由于可燃成分不足造成了C区域温度下降，温度较低的炉料进入B区域时，使B区域温度下降，温度难以维持和提高。若B区域燃烧使气相中可燃成分消耗减少太多，使C区域无可燃物来燃烧造成C区域的氧化性气氛，虽然温度也可能上升，但这是由于再氧化造成的温度升高，还原被恶化。

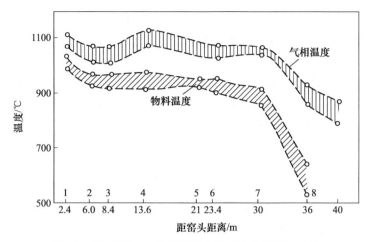

图 4-8　福州某 40m 窑实测窑内气相和物料温度分布

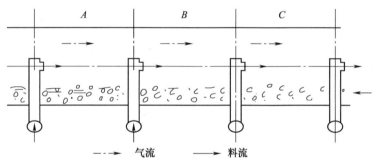

图 4-9　窑内区域温度调节图

当调节 B 区域风量时应考虑到在本区域有无足够的可燃成分，若是不足，适当降低 A 区域风量可使 B 区域可燃气体增多，A 区域温度可能稍有下降而 B 区域温度可能上升。因此当调节 B 区域二次风量时应综合考虑前后相应区域的工况状态，切忌孤立地考虑本区域工况。

对于窑尾部分温度的调节尤其要注意这一点，由于窑尾部分气相可燃成分较少，为了提高窑尾温度，过大的二次风量可能使温度进一步下降；当出现加大二次风量导致温度下降时，应立即采取其他措施进行调整。

在窑中煤的落点集中区域有时温度会下降，且难以提高的情况下，这时应考虑是否由于窑头喷吹入窑的煤粒度组成发生变化。粒度过于均匀，使还原煤落点过于集中，由于冷煤的大量进入料层，煤的加热和裂解大量吸热造成温度下降；若是这种原因应对还原煤的粒度做相应调整，以保持煤在窑内沿窑长方向上的均匀合理分布。

同时，当窑的温度分布发生变化时应考虑到回转窑整个工况状态的变化。如果是窑内温度在窑全长方向上缓慢下降或上升，应考虑供料（装料量）、原料条件有无变化。当窑内温度仅是局部的发生变化时，应观察这一区域窑内状态有无黏结的发生，或有无再氧化发生。当窑发生黏结时，由于黏结物可能将测温电偶包裹造成温度下降的假象，如果这时再采用提温措施将造成黏结加剧。如果生产中发生二次风管穿漏，风直接吹向窑壁，也可能造成区域性的氧化，温度升高，这时应采取更换二次风管的措施。

### 4.3.2.6  回转窑气流通过能力及压力调节

回转窑是一个料流、气流逆向运动的反应器，气流运动状态是影响回转窑生产的重要因素，回转窑进料端气流速度是影响回转窑气流运动的重要因素。

回转窑尾挡料圈直径在生产中是不能变动的，且因下料管等装置占据了相应的出口面积，因此在窑尾出口处气体流速是很大的。为了避免由于过高的流速造成窑尾加入的还原煤细颗粒，脱硫剂被带出回转窑，这个流速通常有一定限制，并依据装备条件、工况条件、工艺而确定。回转窑气流通过能力是有限制的，单纯地认为多送风（含一次风和二次风）可以提高供热能力是片面的。

回转窑气流应在保证供热的条件下，要保证窑尾出口流速不将过多的脱硫剂（0.5~3mm）、细煤粒带出回转窑，确保气相中的可燃成分能最大限度地在窑内燃烧，而不被带出回转窑。另外，回转窑内的气流速度还直接影响窑头喷煤的煤粒的落点。

回转窑内的压力主要用窑尾废气风机抽风负压来控制。设在回转窑烟气系统上的抽风负压蝶式调节阀是调节回转窑内压力的主要设备，操作者通过调节该蝶阀来控制窑内压力。

回转窑系统压力控制应保证冷却筒排料口的压力为±0Pa，在回转窑窑头排料口应维持0~20Pa的压力（即微正压）。当发现窑头或冷却筒有再氧化时，应增大窑头正压，即关小蝶阀开度。当冷却筒排料口出现正压或窑头回喷过大时应增大蝶阀开度，增加抽风能力。

另外，回转窑窑头的压力还与抽风机的压力大小、入窑总风量、窑内温度、烟气系统的阻力等因素有关。在回转窑窑头压力变化时应仔细分析造成变化的原因，先做相应的调整，再进行对抽风负压调节阀的调节。

### 4.3.2.7  回转窑及冷却筒机械运转参数的调节

回转窑及冷却筒转速影响炉料在其中的停留时间、运动状态，因而回转窑及冷却筒的转速也是操作者的重要调控手段。

提高转速炉料在窑内停留时间缩短，在相同料量的条件下使窑内的料层变薄，有利于传热。若维持原有料层厚度则可以增大给料量，也可以提高产量。转速提高炉料运动速度加快，可使窑内高温区向窑头方向移动，通常在窑内工况状态正常条件下，为增加产量加大给料量时，应相应地增加回转窑转速。但转速的增减应与窑内的热制度相适应，当窑内热量充足时，提高转速可增强炉料的搅拌，改善窑内的热交换，为增加给料量、提高产量创造条件。但转速越大，炉料在窑内运动速度越快，在窑内停留时间越短，当窑内供热不足时，炉料还原受到抑制，会使产品的还原度下降。

过低的转速使炉料在窑内翻动搅拌条件恶化，不利于传热的进行，长期过低转速可造成料层表面再氧化和黏结。同时炉料运动速度慢，在给料量不变时会造成下料管中炉料不能流畅排出，或造成炉料在窑尾堆积，部分炉料超越窑尾挡料圈溢出回转窑，造成窑尾倒料，或严重时造成下料管堵塞，因此在减低窑的转速时，必须与下料工取得联系，同时减少给料量。

为了稳定回转窑的工况条件，一般采取稳定转速作业，在稳定给料量时，转速不作为经常性调控手段。

冷却筒转速通常是稳定的，当转速过快时炉料得不到充分冷却；但转速过慢因搅拌情况变坏也不利于冷却。通常冷却筒采取稳定转速，用调节冷却水量的方法控制冷却强度。当回转窑转速加大、排料量增大时，冷却筒也应做相应的调节，以防止在受料口处造成堵塞，为保证冷却，应同时加大冷却水给水量。

操作中应避免在冷却筒不转时，回转窑转动并排料。在冷却筒产生故障不能正常运转时，应首先通知回转窑操作工采取相应操作措施。

## 4.4　正常炉况的特征与判断

保证回转窑炉况正常是回转窑操作者的首要任务，是优质、高产、低耗、长寿的前提条件。

正常炉况应是：

（1）窑内热能、化学能的供给与消耗基本达到平衡，温度及温度分布稳定；

（2）产品的金属化率和硫含量达到要求，质量合格，产量达到或超过要求水平；

（3）窑内炉料间无黏结，窑壁无黏结现象。

正常炉况的特征包括以下几个方面。

### 4.4.1　窑内温度及其分布稳定、合理

窑内温度稳定、合理是指窑内各点温度稳定，温度分布符合还原要求，窑内

的最高温度低于所用原料、燃料软熔温度 100~150℃，达到最佳还原状态的温度。

温度分布是指窑内沿窑长方向上各点温度的分布，要求大于 900℃ 的区域应超过窑长 60%，对 40m 窑应大于 24m，即距窑头 24m 的位置温度应大于 900℃。同时，要求这个温度分布要稳定，即窑内各点的温度应稳定，不要有大幅度的变化。窑内的温度分布合理是指温度分布符合原料还原的需要，温度由低到高有一个适当的变化过程，有足够的高温（>900℃）区，同时从低温到高温有一个适当的变化过程，有一定的中温还原区长度，以确保进入 900℃ 高温区时，矿石或球团矿表面已有一定量的金属铁形成，确保窑内不产生炉料之间及炉料与窑壁间的黏结。

### 4.4.2 炉料在窑内运动状态正常

正常炉况下炉料呈单体颗粒状，翻滚正常且活跃，沿窑长方向上随窑壁带起的高度是逐渐变化的，带起的高度变化不大；炉料间无黏结现象，更无炉料黏成的大块出现，炉料不黏窑壁，也不黏窑口。

炉料在窑内呈现"呆滞"现象，翻滚不正常，或呈"滑动"或呈间断性的翻动；炉料沿窑壁带起高度发生变化，或局部炉料被窑壁带起比其他部分高度大，即炉料间黏性增大；炉料中有大块出现；窑壁上有黏附现象；排料不稳定，料流或大或小，甚至不时中断等均属于异常炉况，应立即采用措施进行调节，以免造成炉况的完全失常，产生恶性事故。

### 4.4.3 回转窑排出的炉料性状正常

回转窑排出的炉料应含有还原了的球团矿（或块矿），过剩的还原煤、焙烧了的脱硫剂，还原煤灰分。

正常炉况排出料中还原了的球团矿粒度大小应与入窑氧化球团矿粒度相似或稍有减小，表面光滑无麻点，无裂纹、缺块、爆裂，中心无还原不透的生料心（黑心）、铁皮外壳球等现象。出料中磁性物小于 3mm，尤其是小于 1mm 的粉末量料少，且稳定，通常用球团矿不大于 5%。还原球团矿打开的内部断面呈银白色或灰白色，中心与边缘色泽无明显差异。球团矿断面经磨平后呈均匀的金属光泽。

块矿还原后，矿石粒度有所减少，但大部分炉料颗粒仍维持原有形状，密度明显减小，成品中小于 5mm 颗粒占还原产品（磁性的）比例不大于 20%，还原矿断面的色彩随脉石成分、含铁品位的变化，但总的趋势是断口呈灰白色或亮白色，经磨平后呈金属光泽，且矿块的棱角明显，无明显的棱角变圆滑、收缩现象，这是判断窑内还原温度正常最重要的标志。

当矿块棱角变圆，有明显收缩，或当球团矿表面"出汗"，有一些"渗"出来的小颗粒，表面变麻，甚至有球与球或球与石灰相黏结，表明或窑内温度过高、或有局部氧化区域、或窑内有局部高温区，是窑要发生黏结的预兆，必须立即采取措施，或降温或调节还原气氛，或调节转速改善炉料翻滚状况。直接还原回转窑操作者观察回转窑排出料的形状、性质，并由此来判断、调节窑的工况是最基本的操作技能。

回转窑排出物中的煤矸石、煤灰的性态及其变化也是判断窑内工况的重要方面，由于通常煤灰的熔融性温度（DT）低于原料软融温度（开始变形温度），因而从煤灰、煤矸石经窑处理后是否产生软融、黏结是判断窑内炉料性状的最灵敏的手段。

如果过剩煤粒，或煤矸石从窑内排出后其外形未发生剧变，矸石棱角、煤灰的颗粒未发生变形，表明窑内温度没有超过适宜温度。

如果窑排出料中过剩煤较多，表明还原煤过剩；反之，表明还原煤不足。如果排出料中粉状磁性物增多表示原料有还原粉化，应调节还原制度。

总之，观察排出料的外形、断口、组成是回转窑操作者最重要的判断窑内状况手段，操作者应注意在实践中积累经验，掌握这一技能。

### 4.4.4 窑内气氛及窑内气流运动正常

炉况正常时，从料层中排出的气体反应产物及挥发分在料层表面形成一个厚度适宜的还原气体保护层，将料层中还原性气氛与窑自由空间的氧化性气氛隔离开。停止喷煤时，从窑头观察孔可看到在窑内高温区料层表面有一层均匀的火焰，火焰缓慢上升并向窑尾倾斜。

炉况正常，在窑头暂时停止喷煤时，从窑头窥视孔观察窑内，可见窑内赤黄色烟雾充满窑的自由空间，炉气呈"呆滞"状。窑内浑浊如有重雾，能见度和可视长度较短，较远的风管，窑壁均看不清楚，随停煤时间延长浑浊的雾缓慢后移，这是窑内气氛良好、气流运动正常的标志。

一旦停煤，窑内气流迅速后移，炉气呈灰白色，从窑头可以清晰看到较远的窑壁或风管，严重时可以看到下料管，这表明窑内炉内还原气氛差，热制度已被破坏，炉况已失常或即将失常，产品还原度下降，甚至产生黏结的现象即将出现。其原因是配煤量不足、或抽风能力过大、或还原不好、或二次风量过大，造成窑内氧化性气氛过强。如不迅速加以调节将会导致炉况失常，甚至造成严重事故。

窑内气氛在炉况正常时，应是窑内自由空间呈弱氧化性气氛，料层内是强还原性气氛，见表4-2。

表 4-2　窑内气氛（某 40m 回转窑窑头喷煤）

| 距窑头距离 /m | 自由空间（体积分数）/% | | | 料层内（体积分数）/% | | |
| --- | --- | --- | --- | --- | --- | --- |
| | CO | $CO_2$ | $O_2$ | CO | $CO_2$ | $O_2$ |
| 2.4 | 9.6 | 15.6 | 2.8 | 75.2 | 7.4 | 0.4 |
| 6.0 | 9.4 | 18.0 | 1.4 | 61.6 | 21.0 | 0.6 |
| 8.4 | | | | | | |
| 13.6 | 11.0 | 19.8 | 1.2 | 42.0 | 23.4 | 0.6 |
| 21.0 | 10.0 | 22.8 | 0.6 | 61.0 | 24.6 | 0.4 |
| 23.4 | 3.8 | 21.2 | 0.4 | 53.6 | 23.2 | 1.2 |
| 29.6 | 3.8 | 20.0 | 1.2 | 47.6 | 25.8 | 0.6 |
| 36.0 | — | — | — | — | — | — |
| 窑尾 | 7.4 | 12.8 | 5.8 | — | — | — |

### 4.4.5　窑头回喷稳定正常

　　直接还原回转窑窑头应维持微正压 0~20Pa，窑头有适度的回喷，以确保从窑头不吸入外界空气，防止回转窑排料产生的再氧化。回喷稳定、适度是窑正常操作、窑内炉况正常的重要标志，也是窑的供风（包括窑头供风，窑中供风）制度与窑的抽风制度相适应的标志。

　　窑头回喷不足，窑头不能维持正压标志着窑头部分将产生再氧化，窑内高温区后移。当窑头回喷过大时，则表明窑内通风能力不足或喷煤中细颗粒过多，窑头燃烧过分强烈，窑的高温区将向前（窑头）迁移。

## 4.5　直接还原回转窑故障及其处理

### 4.5.1　窑内温度及其分布失常

#### 4.5.1.1　窑内温度及其分布失常的表现特征

　　(1) 回转窑各测温点温度超出正常炉况波动范围；

　　(2) 在其他操作不变的条件下，产品金属化率下降；

　　(3) 虽然各测点温度值未发生变化，但产品球团矿表面"出汗"，过剩还原煤及煤灰颗粒变形，或黏结严重时产品出现黏结块，表明窑内实际温度超过了仪表指示值。

### 4.5.1.2 局部温度失常的调节

当发现窑内局部区域温度变化超出了正常操作规定的范围时，应首先判断发生失常的原因，在确认不是其他操作条件变化造成时，再采取调控措施。

（1）局部温度过高：应减少该区域的供风量，减少在该区域燃烧的强度。当窑头区域温度发生变化时，应首先查喷煤条件，确认还原煤的粒度是否变化后，再考虑适量调节一次风量。

（2）局部温度过低：在首先确认不是测量误差，不是由于窑内黏结造成仪表显示温度下降后，可增大该区域的供风量，加大该区域的燃烧强度；但应注意该区域的可燃气体物质是否充足，要避免过大增风量造成该区域出现氧化性气氛，发生再氧化。过大增加风量虽然温度提上来了，但气氛条件被破坏了，将形成另一种失常，而且是更危险的失常。

局部温度失常通常除调节供风燃烧情况外，还应与喷煤、给料、喷煤粒度、原料条件综合考虑做相应的调节。

### 4.5.1.3 窑内整体性温度失常调节

当窑内温度普遍下降，已低于规定操作要求时，先检查加料量、配煤量、喷煤量及煤质是否有变。在确认不是其他操作条件造成温度下降后，应从窑头开始逐个调节供风量和燃烧状态，逐步提高各点温度，切忌局部调节过量造成新的失常。

窑内温度普遍下降在调节供风后仍不能见效时，应考虑是否应该增大配煤比。逐步增大配煤比，先加大窑头喷煤量并对供风量做相应调整，经1~2h后证明仍不见效时方可考虑是否减少加料量。减少加料量回转窑产量将下降，采取减料措施应慎重。若认定要减少料量则应一次减到位，以免延误时间，造成损失。

当窑内温度普遍上升时，应先观察窑内工况是否正常，尤其是气氛是否为氧化性气氛。若气氛正常，可先减少喷煤量并对窑中供风量做相应调整。待温度已有趋势转为正常，经查实供料、喷煤、窑中各风机都还有较大的调节余地时，应即时加大料量，加大料量时应逐步加以调整，不要操之过急，每次加量要稳定一定时间（对40m窑至少应稳定2~4h），证实还有余地后再进行调整。

### 4.5.1.4 区域性温度失常及调节

区域性温度失常是指窑内不是整个窑内的温度失常，也不是某个局部点温度失常，而是一个区域温度失常。这种温度失常往往预示着整个回转窑温度的失常将会出现，或者说区域性温度失常是整个回转窑温度失常的"前奏"。因而注意观察、发现、调节这种失常对防止整个窑内温度失常，减少窑内温度失常时间，提高窑的利用率，提高产量和产品质量有极为重要的作用。

（1）窑后部（窑尾部）温度下降的可能性原因：原料水分过高（这种情况仅影响窑尾较短的一段，不会影响过长）；料量波动，配料波动或失控，尤其是窑尾加煤时，当加煤量波动时后部温度会随之出现波动；在窑中部二次风供应量过多，造成窑后部无可燃物可燃烧；窑后部二次风量不足或二次风量过大；喷煤条件变化，中后部落煤量过少。

当发现窑后部温度下降，而窑前部温度正常时，应首先检查供料、加料情况有无变化，并向后对症逐步进行调节，力争温度下降区域不向窑头区域进展。在经调节无效时，应考虑减料或增加窑尾加煤量。

（2）窑后部温度升高的主要原因：原料干燥，含水量减少；加入的还原煤水分低，煤的粉料多；喷煤的煤粒增大，落入窑中后部煤量增多；窑的抽风能力增大，窑内热量后移，虽然窑前部温度尚维持正常范围，但存在窑头压力减小，窑内该区域供风量不适宜等。

窑后部温度升高时应首先分析窑前部温度、气氛的变化，即使是前部温度尚在控制范围内，若变化趋势走向也向"热"，则可按全窑温度升高进行处理；若变化趋势向"凉"，则应先将前部温度拉回，制止向凉趋向后再进行对症调节。

（3）窑前部温度下降的原因：抽风能力过大；窑头喷煤参数变化，尤其是喷煤中细粒煤比例减少；煤的水分偏大，煤的挥发分含量减少；供风量失调。

（4）窑前部温度上升的原因：抽风能力过小，窑头正压过大；喷吹参数变化，尤其是喷煤中细粉煤量比例增大；煤的含水量减少，挥发分含量升高；窑头一次风量过大等。

回转窑前部温度对其产品质量有明显影响，是回转窑操作者调控的重心，但窑前部温度与中后部温度相关，中后部温度正常是前部温度正常的前提。因此调节窑温时应注意联系前中后，从整体出发，进行综合调整，不可采取"头痛医头，脚痛治脚"的办法进行调节操作。

对于窑内温度及温度分布的调控应充分注意到：窑内最高允许操作温度不得突破，最高温度区间不能大幅度窜动；前部温度高低及其分布直接影响产品质量，至关重要，是调控的重心，而中后部温度及其分布是前部温度及其分布的基础，应当充分注意，力争打下良好基础，确保前部温度及其分布正常。

### 4.5.2  产品金属化率不足

造成产品金属化率低的可能原因，或是还原温度低、还原时间不足，或是还原剂量不足，或是产品在窑内及冷却中产生了再氧化。

窑内温度正常，产品金属化率下降的原因：还原时间不足，即窑转速过大，加料量过大，还原剂量不足，或还原剂分布不合适，产品在冷却时被再氧化。其中，还原剂量不足或分布不合理是最可能产生的原因，由于喷煤作业中煤量变化、煤的物理化学性质的变化会造成窑内还原剂不足、还原气氛不佳等，进而影响原料的还原。

窑内还原温度不足（窑温偏低），或高温还原区长度不足也会造成产品金属化率下降。

窑速加快会造成炉料在窑内停留时间缩短，原料的还原时间不够，形成中心未还原的"黑心"还原产品。

原料粒度增大，由于还原气体和还原反应气体产物的扩散距离增大，还原所需时间增长，在窑未做相应调整时，产品会出现金属化率下降。

在正常生产中检验取样应按取样标准要求在一段时间内取出一定量还原产品，经混合、缩分选取综合样，不得人为地带有意向性的取样。如果全都选取大块样则可能金属化率低，全选取小粒度的产品样则可能金属化率高。在正常生产中若发现某一次样品金属化率偏低则应先检查取样是否规范。

还原产品在冷却过程中发生再氧化也会造成产品金属化率下降。通常在窑头正压较小，冷却筒从尾部吸入空气会造成还原产品氧化，氧化过程主要发生在窑头炉料排出到进入冷却筒的过程中，以及冷却筒的前一段。为确认是否是由于氧化而造成，可从窑头最近处取样孔取样（或从窑头直接取样）与冷却筒排出料进行比较，若金属化率有明显差异则是由氧化造成的。应立即调节抽风能力，增大窑头正压，保证冷却筒排料口为零压，而窑头为微正压 $0 \sim 20 Pa$。

产品金属化率是窑内还原过程的最终结果，产品金属化率达不到要求通常是窑内还原过程未能达到操作要求的结果。因此，应从以下几个方面着手采取相应措施：（1）还原剂是否充裕；（2）还原温度是否达到要求；（3）还原时间是否足够，窑内高温区长度是否足够；（4）窑内气氛是否合适；（5）有无再氧化。

产品金属化率超出要求的范围对产品而言是好结果，但由于金属化率过高必然造成生产能耗升高、产率下降等一系列问题，因而产品金属化率超出要求也应及时加以调节。例如，增加料量，减少还原剂入窑量等。

### 4.5.3 产品含硫过高

由于直接还原回转窑还原产品是生产优质钢的原料，对含硫要求是严格的，产品含 S 的高低直接影响其使用价值。

产品含 S 升高的原因：脱硫剂加入量不足；原料，尤其是还原剂含硫升高，而配料未做相应的调整；窑内温度及其分布失常，有局部高温区，造成原料表层黏结部分含硫的脱硫剂，或者是原料未经适度的中温还原直接进入高温区，原料在还原过程中高 FeO 区与脱硫剂形成黏附，原料还原时产生裂纹，裂纹中夹带了脱硫剂和煤灰，脱硫剂粉末过多将增大这一影响。

产品含 S 升高，应先从原料着手，再考虑脱硫剂的加入配比，窑内温度及其分布也是影响含 S 的重要因素。

当发现原料表面有黏结时，产品含 S 必然升高。如果窑内温度及其分布尚属正常，则应考虑窑内有局部高温区，应采取相应措施。

### 4.5.4　黏结与结圈

回转窑排出的物料中物料之间产生黏结，如球团矿表面黏结有脱硫剂块或煤矸石、煤灰；几个球团矿或矿块黏在一起；煤矸石黏结在一起；严重时产生由液相黏结成的团块，这种情况被称为炉料黏结。

回转窑内耐火材料窑衬上部分区域黏附物料，数量不大，且未连结成片，被称为窑衬黏结。窑衬大面积黏结，并连接成环，即在窑衬上形成环状黏结时则被称为结圈。

炉料黏结是窑衬黏结的前兆，而窑衬黏结是结圈的前兆。因而回转窑的操作者的任务是在保证正常生产的条件下，严格控制炉料不产生黏结，杜绝窑衬黏结和结圈事故的发生。

结圈曾经是回转窑生产中的重大难题，也影响了回转窑的发展。目前，世界上数十条直接还原回转窑生产中已完全杜绝了结圈事故。

回转窑产生炉料黏结后，产品的含 S 将升高、TFe 品位下降，有时还影响磁选分离工序的正常作业。当窑衬产生黏结时将影响炉料在窑内均衡运动，造成炉料翻动及与炉气的接触条件变化，破坏窑内正常工况。如黏结的不严重对窑内工况影响不大时，尚可维持生产；如黏结严重，将影响生产；由于黏结的偏重将影响回转窑的正常运转；同时，黏结的出现预示着窑内结圈将会发生。回转窑一旦结圈，炉料的运动受阻，炉气流动也将失常，圈后料层增厚，热交换变差，料温难以提高，使窑内的工况制度受到破坏，还原也将受到影响，严重时会造成窑尾倒料；而圈前料层减薄，再氧化严重，窑头排不出料，产品质量恶化，产量下降，严重时会造成被迫停窑的恶性事故。严格控制炉料黏结，防止窑衬黏结的产生，杜绝结圈事故的发生，是回转窑生产操作的最重要的原则之一。

#### 4.5.4.1　黏结、结圈的原因

黏结、结圈的原因可归纳为以下几个方面。

（1）窑内还原制度控制不当。对多个回转窑结圈物的分析研究证明，结圈物主要是由 FeO 和 $SiO_2$ 组成的硅酸铁 $2FeO \cdot SiO_2$。许多结圈物中 $w(FeO)$ 高达50% ~ 60%，$w(SiO_2)$ 高达20% ~ 35%。从相图可知，$FeO\text{-}SiO_2$ 化合物（$2FeO \cdot SiO_2$）熔点为1250℃，而 $2FeO \cdot SiO_2$ 与 FeO 共晶物的熔点可低到970~980℃。因而可以断定 FeO 是结圈产生的基本物质基础，温度是产生结圈的基础条件。

由于回转窑内的炉料主要是 $Fe_2O_3$（或 $Fe_3O_4$），所以还原过程中必然要经过 FeO 阶段才能得到金属铁，$Fe_2O_3 \rightarrow Fe_3O_4 \rightarrow FeO \rightarrow Fe$。若炉料还原到 FeO 很高的阶段，即矿石未经过足够的还原，就进入高温区（>1000℃），炉料中大量的 FeO 与煤灰中的 $SiO_2$ 发生反应即可能生成 $2FeO \cdot SiO_2$ 等低熔点化合物。因而回转窑内还原制度应当保证炉料在进入高温区时已有一定的还原，尤其是表层应具有一定厚度的金属铁层，而不是高 FeO 状态。

（2）原料、燃料性质的变化。回转窑操作制度是依据原料、燃料的性质和条件确定的，窑内的还原过程是在低于炉料各组元软化温度，保证不产生黏结，尽可能高的温度条件下进行的。当原料、燃料性质发生变化，例如还原煤灰分增高，煤灰软化温度（煤灰的熔融性温度中变形开始温度 DT）下降；矿石（球团矿）还原性急剧恶化，难以还原，并存在有大量硅酸铁等低熔点矿物，而操作制度未能随之进行相应的变化则可能黏结，严重时产生结圈。

当原料粉末过多时，由于粉料多易于被再氧化，易于过热，在有极少量黏结相时就易于黏结成块。通常人们认为，粉末尤其是含铁物料的粉末是造成结圈的最重要因素之一。

（3）局部高温、温度大幅度波动。炉料从窑尾入窑后，在向窑头运动过程中被逐步还原。若在某区域出现局部高温，其温度超过原料或还原煤灰分的软化温度，则炉料表面将出现软化，恶化还原条件；若这时炉料尚未得到足够的还原，炉料中有较高的 FeO 则极易与煤灰中的 $SiO_2$ 形成硅酸铁类低熔点化合物。当这些软化状态的物料与窑衬接触时，极易黏结在窑衬上形成黏结；若未能及时处理则可能形成结圈。

温度的大幅度波动也是造成黏结的重要的直接原因。

产生局部高温的主要原因是：窑中供风量不当；二次风管位置不当；二次风管损坏，使二次风直吹料面或窑衬；供风量的波动；喷煤粒度组成失常等。

### 4.5.4.2 防止黏结、结圈的措施

防止产生黏结，杜绝结圈事故的主要措施：

（1）严格把好原料、燃料关。原料应保证成分稳定，符合质量要求，应尽量减少粉末入窑。燃料应保证煤灰的软融性温度 DT 高于操作温度 100~150℃，煤的化学成分、物理性能应力求稳定。如果原燃料成分、性能发生变化应立即调整操作制度。

（2）稳定操作。回转窑生产控制主要依靠操作人员观察、判断，仪表能提供窑内的基础情况，但观察、分析、判断更为重要。稳定操作要求三班统一操作制度，统一调控方法；严格按操作制度作业；操作要认真细心，勤观察、勤分析。

(3) 正确观察、分析、判断。操作者应随时观察回转窑各测温点的温度变化、窑的运行状态、废气系统工作情况等，同时要进行正确的分析判断。例如：某一点温度升高，当采取措施减少相对应二次风管风量后，温度不断下降，将减少的二次风量恢复后温度不回升或变得不灵敏了，这时应分析这支热电偶是否在偶头黏结了，必要时应进行校偶作业，在做出明确结论后再进行调整。如果不分析，盲目调节可能造成恶性事故。

控制不黏结，首先应从排出料状态判断。若排出料中球团矿表面光滑，没有黏结物，没有"出汗"；煤矸石的棱角清晰，则窑内不会黏结。当球团矿表面变麻，有"出汗"，有个别球团矿表面黏有小的颗粒；煤矸石的棱角消失，变得圆滑了，表明窑内可能发生黏结、窑内温度过高或局部温度过高。当数个球团矿黏在一起，或出现球团矿由液相黏成团块现象则表明窑内已产生黏结，必须立即采取果断措施，否则窑衬黏结，甚至结圈事故将会发生。

在操作制度基本稳定条件下，球团矿表面出汗，有少量黏结物，若球团矿断面还原情况良好，这时高温区可能在窑的前部；若球团矿断面还原不好，则高温区可能在窑的后部。

正确的观察、分析、判断，是保证回转窑稳定操作、防止黏结、杜绝结圈的重要方法。

### 4.5.4.3 产生炉料黏结的处理

判断产生黏结的原因和局部高温区的位置或窑内温度情况，将各点温度拉回正常作业范围。如炉料黏结严重可调节窑转速，加强炉料翻动，在还原可以保证时可提高排料速度，将黏结物排出，在必要时可临时加大喷煤，减少黏结物与炉衬黏结的可能。

若发现炉衬已产生黏结，应慎重分析原因。除采取相应措施外，可采用快转用料推的办法将黏结物排除，或采取局部急冷急热使黏结物受热胀冷缩自行脱落。当黏结物脱落后应跟踪观察，由窑头排出后应将其从大块溜槽中排出，注意不要使其堵在窑头罩排料口造成堵料，或进入冷却筒受料槽造成冷却筒进料槽堵塞的恶性事故。

### 4.5.4.4 当窑内产生结圈的处理

正常作业的回转窑应不产生结圈这样的恶性重大事故，若产生了应当由厂技术部门制定处理方案，作为重大生产事故处理。

当黏结物很均匀地黏在窑衬表面，且厚度不大（<30~50mm），不影响炉料及炉气运动，这种黏结物称为窑衬结厚；这时应十分重视各测温点测得的温度与窑内实际温度的差别，按实际温度调控。若能迅速恢复正常作业，结厚的部分可

能会自行脱落，或被缓慢磨损减少。当黏结物已有相当高度，已对炉料运动、炉气运动、喷煤运动产生了影响，应当立即采取措施处理，结圈物的处理通常可采取措施：

（1）急冷急热使之自行脱落，或辅助以大料量推落等措施，在不影响生产条件下处理。该法只适用于结圈面积较小，时间不长的新生圈。

（2）高温烧圈，将可燃物和助燃风集中送到结圈区，将结圈物高温熔化，然后将熔落物排出，最后逐步恢复到原有操作制度。这种作业危及设备安全，尤其会危及二次风管、测温热电偶的安全，采取这种作业应由厂的最高决策部门决定并组织实施。

（3）停窑处理，如在产生了结圈，同时又有某些大型检修任务，可采用停窑处理，待窑冷至可入窑作业后用人工将结圈物打掉。注意：清除结圈物时一定不要将炉衬破坏，并力求保证炉衬表面的光滑，以防止在这一区域留下圈根。

### 4.5.5 供料系统故障

当供料系统出现故障不能向窑内供料时，操作人员应立即向窑头操作人员和当班技术汇报。除立即组织抢修外，回转窑操作人员应当即采取相应措施，减少窑转速，调整喷煤制度，调节二次供风，保证窑内温度和气氛维持在正常作业范围之内。

如供料系统在短时间（1~2h）经抢修、调整可以恢复正常，回转窑可在基本维持原有操作条件下进行过渡操作。这时的操作应以保持窑内温度不发生较大变化为原则。

如供料系统在短时间内不可能恢复正常供料，但仍可在一段时间内修复（如2~4h 内可以修复），则应采取闷炉作业，确保回转窑的安全和回转窑内炉料的正常还原及恢复生产的安全。所谓的"闷炉"的意思是将回转窑通风能力降到很低，在维持回转窑基本温度分布和温度水平，保证回转窑设备安全的条件下，使回转窑处于暂时中止生产的状态。将二次风调整到可以维持二次风管不被烧坏的最低供风量，将窑尾烟道抽力压低到仍维持窑头足够正压的最低值（有时可以将抽风机停机，利用窑尾事故烟囱作业），将窑的转速调到较低水平，减少排料量，控制窑内温度分布和气氛不发生过大的变化。

如若在相当长时间（如8h 或更长时间）内难以修复，则应采取加空料闷炉或停炉作业。加空料即用窑头喷煤向窑内供应较多的还原剂，将窑内的原料逐步排出，将回转窑逐步转入开炉时烘炉最后阶段的状态，并维持窑内的温度分布。待供料系统恢复正常后再转入正常生产。供料系统故障排除后窑的生产恢复应遵照开炉作业的原则操作，如窑内温度维持较好则可用较快速度恢复，若窑内温度已下降较多则应缓慢恢复。转入正常生产的速度应以保证窑内炉料和新入窑物料还原充分，产品合格为原则。

### 4.5.6　喷煤系统故障

回转窑喷煤系统是向回转窑供给还原剂和供热的最主要途径，若喷煤系统故障影响了向窑内正常供煤，应严格遵循立即采取相应措施的原则，不得随意拖延和等待。因为喷煤系统故障将直接影响窑内还原剂的分布、数量、气氛，以及温度等所有参数。

喷煤系统故障若影响向窑内喷煤在 10min 以内，可采取调节抽力措施，维持窑头较高正压，在窑内温度不发生明显变化的条件下，其他操作参数不作调节。但恢复向窑内喷煤后，应将少喷的煤补足喷入。

若喷煤系统故障将长时间影响向窑正常供煤应采取相应措施，其中包括停止加料，调节二次风机供风，减少抽风压力，降低回转窑转速，直至"闷炉"作业。

在喷煤系统恢复正常后，应立即向窑内喷煤，喷煤量可适当增加，并可适当调节喷煤落点从窑头逐步向窑尾推进，目的是从前向后依次补充部分还原剂，确保炉料的还原。如回转窑已进行了"闷炉"，应在开始喷煤的同时逐步调节抽风能力和各二次风管风量。在回转窑基本调节完成后再开始加料，逐步将回转窑操作转为正常。

如果喷煤系统故障是非突发性中断向窑内供煤，在故障发生后应力争向窑内集中多供一定量煤后再停止供煤。窑内因加入了一定量的过剩煤，有了一定的能源储备，有利于维持和恢复作业。例如，向喷煤仓供料提斗机出现恶性事故（如链子断了，提斗全部脱落），预计 3 ~ 4h 无法修好，而喷煤仓中还有一定量（如30min 用量）的煤，这时千万不能坚持生产，直到完全断煤后再采取措施，而应立即采取措施，将这一点煤有效利用在最关键、最需要的时间和地方。

### 4.5.7　"闷炉"作业

前面已提及多次的"闷炉"作业是当回转窑正常作业中遇到突发事故，回转窑不能正常作业时采取的应急措施，即将烟道闸板调至最小，将窑头正压调到较高水平（>40Pa），维持窑头较大的回喷，减少从外界吸入空气，将二次风量调到最小，即维持二次风管不被烧坏的最低风量；降低窑的转速，维持窑内物料缓慢翻动，即不连续塌料方式翻动；维持窑内各区段温度，尽可能减少温度的大幅度波动，尤其是尽量避免某一区域温度升高现象的出现，这种作业类似于将窑"闷"起来，等待时机恢复生产称为"闷炉"作业。

闷炉作业中，应注意观察窑内状况，观察各区段温度、窑内炉料运动及气流运动状况。不得出现窑内可见度过分改善，即不允许窑内可见到中、后部二次风管，窑内仍应保持"雾气腾腾"，只能看到前面一两个风管，烟气在窑内缓慢上升，缓慢向窑尾漂移，不出现明显的快速向后气流运动。要观察窑内物料是否产生结块，若有结块迹象应果断减少这一区域供风，降低这一区域温度，避免炉料与炉料、炉料与炉衬的黏结。

闷炉作业可保证待故障排除后迅速恢复生产，可将故障对生产影响降至最低。闷炉后，若故障难以短时间排除，或设备状态连闷炉作业也难以维持，则可从闷炉状态直接降温转入停炉作业。

### 4.5.8 紧急停窑

回转窑正常生产中突发回转窑生产系统故障，必须停止或不得不中止回转窑正常运转，称为紧急停窑。

引发紧急停窑的原因可能有：停电；回转窑驱动系统、供电设备故障；回转窑托轮、滚圈等支撑系统故障；回转窑驱动机械如减速机、齿轮等设备故障；回转窑排料口堵塞或下料管损坏影响窑的运转等。由此可知，这些原因或造成窑无法正常运转或不允许窑再以正常状况运转。

回转窑出现紧急停窑故障后，应立即通知窑尾停止加料，以避免窑尾下料管堵塞；迅速查明原因，在窑允许转动时，立即启动备用电源或柴油发电机，在维持回转窑转动的前提下处理事故，同时回转窑各操作参数应做相应调整，维持窑内气氛和温度。当回转窑不允许或不可能转动时，应紧急抢修先排除妨碍回转窑转动的原因；在回转窑能够转动，或起码回转窑能间断地转动，或可以翻某个角度的条件下处理事故。回转窑不允许在热工作状态下静止不动过长时间，允许静止不动的时间长短取决于窑的工作温度、窑衬情况、窑内物料质量、窑的结构参数等。回转窑筒体不产生过大的弯曲，不造成窑转动的困难，不影响窑本体及驱动电机等设备安全的最长时间，通常是热状态窑不得超过 30min，且窑停转后启动必须在低转速下启动，并在低转速下运转数圈后、确认安全后，再逐步转入正常运转。当窑停止转动过长时间再启动时应仔细观察驱动电机电流变化，各组托轮、托圈、齿轮的变化，若发现窑已发生较大弯曲时，可采取在发生弯曲点相反位置上停留一段时间后，再恢复连续运转的方法，抵消窑所产生的弯曲。回转窑紧急停窑，或回转窑在热工作状态下停止转动是十分危险的，可能危及回转窑寿命，因此必须慎重对待。处理这一事故的原则是，必须保证窑体不产生过大的弯曲变形，确保窑体的安全和支撑、驱动装备的安全。

### 4.5.9 废气系统故障

回转窑废气系统故障是直接还原回转窑故障中重要组成部分，对生产的影响也是很大的，应予以足够的重视。其主要故障有：废气排气不畅，废气泄漏，排烟机故障，除尘系统故障，烟道抽力调节系统失灵等。

废气系统故障如果能保持回转窑正常作业，维持回转窑头正压水平，则可以待机与其他故障一起处理，如排气不畅、泄漏、除尘系统清灰泄漏等。如果故障影响除尘效果，影响抽风机运行寿命，则应迅速安排进行有计划检修，如布袋除尘器个别布袋破损等。如果废气系统故障影响回转窑废气的正常排出，影响回转窑系统压力的控制和调节，则应立即进行处理，否则将会造成整个生产系统的重大事故。

如果烟气系统故障可以在短时间内排除，可将回转窑废气从窑尾事故烟囱排放，维持回转窑的运转，但从事故烟囱排放时间不允许过长，且这时回转窑生产应加以节制。在保证事故烟囱安全的条件运行，即总风量应减少，抛煤向前移动，降低窑尾废气温度，维持窑排出废气温度在事故烟囱允许范围之内。

如果烟气系统故障难以在短时间内排除，应立即安排抢修计划，利用窑尾事故烟囱进行维持性生产或将窑有计划停炉。

烟气系统是回转窑生产的重要组成部分，是影响回转窑系统生产作业率、成本、效益的重要组成部分，应给予足够认识。但往往被人们忽视，结果造成对生产的重大危害。

## 4.6  回转窑的特殊作业

### 4.6.1  开窑作业

开窑作业是回转窑投入新窑役的开始，开窑作业的好坏直接影响，甚至决定回转窑窑衬的寿命，并对回转窑能否迅速转入正常生产、回转窑的能耗等有直接影响。

开窑作业包括烘窑及投料两大部分。

#### 4.6.1.1  回转窑烘窑作业

A  烘窑前准备工作

（1）开窑前对所有设备系统进行一次详细检查，并经过冷试车、联动试车、有条件部分负荷试车合格后才可进入开窑操作。在检查中发现的问题必须及时抢修，以免因某一小故障而拖延开窑时间，或开窑后检修困难，或开窑后不久被迫停窑等现象的出现，开窑前设备检查合格后方可进入烘窑。

（2）认真清理窑内物料，检查并记录窑内窑衬状态、二次风管状态，尤其注意二次风管出口中心线与窑中心线的平行状况，若二次风管安装不正，风出口中心线与窑中心线不平行，则必须检修、调整后才能烘窑。

（3）检查各测试仪表，测温、测压位置及热电偶头位置，取、采样管位置，开口方向等，并认真记录，经确认正确后才能转入烘窑。

烘窑前的这些检查、确认是以后回转窑作业的基础参数。例如，热电偶头伸入窑衬的长短直接影响测得的温度是否具有代表性，按要求热电偶顶端应伸出窑衬 20~30mm（按 10mm 铠装偶计算），如伸出长度为 0，即其顶端与窑衬相平，这时仪表上反映出的温度可能与偶头伸出 20~30mm 所反映的温度差 30~50℃。由于开窑之后此状态无法检查，因此必须对这最后的检查认真对待。

（4）依据回转窑所用耐火材料材质、砌筑方法、砌筑季节、从开窑到砌筑完工时间长短等制定烘窑曲线及操作制度，即包括烘窑时间、升温速度、最高温度、恒温时间及转入正常生产的加热制度等。

（5）做好备料工作，开炉前应有一定的原燃料储备，保证窑烘好后能立即转入正常生产。

（6）准备开窑用材料，烘窑用木柴、柴油及烘炉柴油燃烧系统，点火材料及器材。

B　烘窑

根据使用的燃料和烘烤方式不同烘窑可分为木柴烘窑，喷油烘窑，喷煤烘窑三个阶段。

a　木柴烘窑

目的：利用木柴燃烧温度低，易控制特征对窑衬进行低温干燥和提高烘烤温度以确保喷油烘窑的安全。

方法：在距窑出口端 8~10m 位置开始将木柴呈井字型堆放，其高度为窑内径的 1/3~1/2，每堆长度 1~1.5m，堆放 2~4 堆。木柴堆最外边的一堆距窑头缩口 2~3m。最外两堆木柴放置好后，在点火烘窑前将浸过废油或柴油的引火物放在柴堆上，在窑外用明火点燃，注意不得使用煤油、汽油等易挥发性油作为引火油，人不得进入窑内点火。

此时，应利用事故烟囱排烟，并调节窑的抽力；使烟气缓慢后移，木柴缓慢燃烧，并依窑内温度制度要求逐步提高抽力。

回转窑采取间断方式转动，在窑内最高温度达到 550℃ 之前可采用每间隔 10~20min 转窑 1/4~1/3 圈，以力求使窑衬均匀加热，并保证木柴不致熄灭。根据燃烧情况，向窑内补充一定量木柴，木柴从窑头抛入。在木柴烘窑阶段窑头罩可不合上，以便投入木柴，也可以合上窑头罩，打开正面人孔和作业孔进行操作。

待窑内温度上升并稳定在后续烘炉喷入燃料可着火的温度（柴油 450~500℃，重油 500~550℃，烟煤粉 550~650℃）后，在喷吹燃料系统准备妥当后，一次向窑内添加较多的木柴，使木柴堆高超过窑径 1/3，使火焰可布满窑内空间，此后转入喷油烘窑阶段。

木柴烘窑阶段的长短，依据炉衬情况而定，尤其是升温不得过快，一定要防止窑衬爆裂、掉皮现象的发生。木柴烘炉的温度主要依靠窑内气体的抽力（事故烟囱调节阀开度）和加入木柴的数量来控制，必要时辅以窑的转动加以控制（例如：木柴燃烧过烈，温度升高过快，可连续转窑 1~2 转，将火焰压下）。

由于窑体是非连续转动，测温点位置不同，以及木柴为非连续加入，木柴烘窑温度曲线通常是波动的，但平均温度与升温速度应严格按照烘窑曲线操作。

b　喷油烘窑

目的：用燃油来提高烘窑温度，保证烘窑升温曲线严格按要求进行。

方法：当木柴烘窑温度达到 450~550℃，并且窑内有明火存在时，向窑内开始喷油；油量从小到大，逐步调节，开始时为避免升温过快可采用间断给油的方式（注意：间断给油窑内必须维持有明火，即木柴堆明火存在）。

烘窑温度用喷油量、雾化风风量、喷枪位置、窑的抽力等参数进行调节。在喷油烘窑时，窑将逐步转入连续运转状态，开始转速可以用低速，甚至可以用辅助电机转动，并依据窑内温度逐步提高到正常转速的下限。

喷油烘窑可启动主烟道，关闭事故烟囱，调整窑的抽力在适当范围。然后从前向后逐个启动二次风机，调整二次风风量在较小的范围内并依据燃烧情况逐步增加二次风量。目的：一是燃烧未燃尽的可燃物，二是保护二次风管不要过热。

喷油烘窑时间不宜过长，以免花费过多的高价燃油，待窑内温度升到可以点燃喷煤时应转入喷煤烘窑。

c　喷煤烘窑

待喷油烘窑窑内前 10m 内温度升高到 650℃ 以上，可以点燃喷煤时，可转入喷煤烘窑。喷煤烘窑，一是提温，二是全面提高窑内的温度水平，三是填充窑内空间为后续投料做准备。

开始喷煤时，油枪可以不撤，两个枪同时作业，但要保证升温速度。开始喷煤时，煤的粒度可较小（-5mm 粉煤），并随温度升高逐步提高到正常喷煤粒度。喷煤量、喷吹压力根据窑内升温制度要求调节。开始喷煤后二次风的调节是控制窑内温度的重要手段，应从前向后逐步将二次风量加大，窑内呈氧化性气氛（注意：烘窑时窑内不必维持还原性气氛，用氧化性气氛可以节约燃料），使窑温提至 800℃ 以上，并将窑衬充分均匀加热到工作温度，以保证投料后物料的还原。

在喷煤烘窑阶段由于窑衬水分基本排出，升温速度不再是控制的主要因素，而均匀充分加热窑衬是主要目的。这时窑已进入准工作状态，可利用各种手段调整窑内各段温度使窑充分均匀加热。当窑内各段温度基本达到投产温度要求时，应注意二次风的调节使窑内恢复为还原性气氛，并稳定各段温度，准备投料转入生产状态。

### 4.6.1.2 开窑投料

烘窑达到要求后，经检查确认回转窑窑体系统，以及附属设备运转正常、稳定，各辅助系统准备完毕，具备投料生产的条件下方可转入投料作业。若设备等有故障应在未投料前进行处理，避免投料后立即处理其他故障。

**A 制订开窑方案**

通常在制定烘窑方案的同时应制订开窑方案，其内容应包括：开窑料及正常料的各种物料的比例；加料量；窑的转速；窑内温度分布及其调节方案；喷煤制度及其调控方案；冷却筒，烟气系统，成品处理系统，原料准备、供应系统调控方案；产品检测取样检查方案；窑内温度检测校验方案等。

开窑方案应经厂有关领导批准后实行。操作人员应严格按开窑方案执行操作，不得随意变动。

**B 开窑投料作业**

烘窑后窑内物料很少，炉料入窑后会快速向窑头运动，这部分炉料将得不到充分的加热和还原，不能获得合格产品，且有时还会造成炉料黏结等事故的可能。

开窑投料作业可由以下部分组成。

（1）加空料（只有挥发分较低的还原煤而无铁矿原料）。加空料时间1~2h，并视窑内已有烘窑喷入残留煤多少而定。其作用是：1）挡料，减缓随后入窑炉料的前移速度，保证炉料的还原；2）提温，利用加入还原剂的燃烧，提高窑后部温度，减少由于炉料入窑造成窑内温度的下降；3）强化窑内还原性气氛。

（2）加过渡料。过渡料为铁矿石原料，较正常作业量少，相对还原剂量较多的炉料。在窑尾加煤的窑可直接用窑尾煤矿量比加以调节，对窑尾不加煤（无加煤设施）的回转窑则用减少窑尾矿石入窑量、加大窑头喷煤量来实现过渡料配比。

（3）投正常料。待过渡料入窑一段时间后，依据窑内温度、气氛、还原结果的变化，适时改变过渡料配比，直至达到设计的正常料配比，转入正常生产。

过渡料加入时间长短主要取决于窑内温度、气氛及产品还原结果的综合分析，若过渡料入窑后所通过的区域窑内温度、气氛无明显变化，则过渡料加入期可缩短或过渡料可逐步加大矿石量；若过渡料所过之处温度、气氛明显变化，则应考虑减少过渡料中矿石用量，适当延长过渡料加入期。

正常料是指开炉方案中设计的进入正常生产的原料配比，这一配比通常是以经验、对比和分析而设定的，有相当大的可调节余地，因此开窑过程中回转窑进入了相对稳定的生产状态，且主要参数指标达到或接近设计指标，则应认为回转窑进入了正常生产，这时的生产应当视为低水平的生产平衡。

在回转窑过渡料到达窑出口之前应调节回转窑各位置温度、气氛、窑头正压、抽风压力、窑转速、喷煤制度及参数均进入生产状态。期望当过渡料下达窑头出口时，炉料还原良好，产品质量合格。当正常料到达各点时，各点温度、气氛应不发生较大的波动，排出料应达到设计要求，这时虽然回转窑处于低水平的生产平衡中，但生产基本是正常的（产量可能稍低，各项消耗可能偏高），在维持一段时间后则可认为回转窑开窑完毕，维持时间视设备运转和产品质量情况而定。

### 4.6.2  停窑作业

回转窑计划停止生产、计划大修，或窑衬砌砖脱落、窑衬过薄，或某些主要设备故障，非短时可能修复等原因需要停窑，经厂生产指挥部门批准，完成停窑准备工作后方可转入停窑作业。

停窑作业对窑的寿命、设备安全、窑的维修等有重大影响，应给予足够的重视。操作者如对其认识不足，停窑时操作不当，会造成许多重大事故。如影响窑的检修时间，造成严重的窑衬黏结，二次风管损坏，窑衬的过度破坏，回转窑支撑系统故障等。

停窑前应由技术部门制定停窑方案，得到批准之后，由操作人员实施。

停窑作业的原则是迅速将回转窑冷却下来，将窑内的炉料迅速推出回转窑，并保持窑内物料的正常还原，为停窑后的窑内清理创造良好条件。

停窑作业包括：

（1）停止正常料入窑。按计划将供料系统一部分仓位排空后中止向窑内供料，排空仓位应保证窑尾加料系统有足够的加入停窑料的能力。

（2）加入停窑隔离料（返煤，从回转窑排出料中筛出大粒度非磁性物）。加入隔离料是为了避免最后炉料与加入的停窑料混合，影响炉料的还原。

（3）投停窑料。停窑料可采用河砂、返煤等。用返煤可以就地取材，有利于所有炉料还原后回收，但用返煤停窑速度慢，生产环境不好。用河砂停窑需准备河砂，且河砂用后不能再用于建筑，会损失部分砂与料混合的炉料，但停窑迅速，污染小，有利于窑的清理。

投停窑料目的是将窑内炉料推出，故加料速度应不低于原正常加料时的体积速度，即单位时间加入炉料的体积相同。

（4）投停窑料后的回转窑操作。为保证窑内炉料的正常还原并全部回收，在加入隔离料前原操作制度应维持不变，并随隔离料的向前运动，做相应调节：自后向前逐步关二次风；减少喷煤压力，将喷煤落点逐步前拉，并相应减少喷煤量；调整窑的抽力，维持窑头正压；维持隔离料下达各点前的温度，以及迅速降低隔离料下达各点后的温度。

当停窑料下达各点后应采取降温措施，如开全二次风等。但注意在窑内还有未排净的炉料时应先保证炉料还原，当炉料排至距窑头4~5m时，可停止停窑料加入。当隔离料距窑头4~5m时视窑内情况停止喷煤，加大窑转速并且减少前部供风量，加快排料。等停窑料进入窑出料口区后（观察窑内物料状况），可采取全开全部供风、全部窑抽力、快速转窑等手段以最快速度降温排料，待窑内温度降到适当水平，可停止供风，利用事故烟囱自然抽风冷却以节电，并可从窑体人孔排料，待窑头温度降至50℃，停窑作业完成。

（5）在停窑过程中由于负荷及温度的变化，窑的运行情况会发生较大的变化，操作中应特别注意窑的运转情况。如果出现上下窜动情况，要注意确保窑的安全。停窑期间应注意烟气系统的调节和安全。

（6）停窑后应进行必要的检查和记录有以下几项：

1）窑内窑衬状态，有无黏结物、磨损，各区域窑衬厚度，或黏结物厚度、形状等；

2）检查窑头和窑尾的缩口、密封设施、下料管、进料管；

3）检查各窑中供风风管、热电偶、取样孔、窑头喷枪情况，做好必要的测量、记录。

## 4.7　回转窑生产过程检测及其作业

### 4.7.1　检测目的及意义

对直接还原回转窑全系统的投入、产出各种物料（含固、液、气各相）的质量，物流量，各工艺参数的瞬时值、平均值、累计值进行测定，以期获得工艺过程的物料质量的平衡（物料平衡、硫平衡、铁平衡、碳平衡）、热平衡。通过对工艺过程的测试，窑内温度分布、气氛分布的测试，窑内反应过程中物态变化等获取还原过程基本规律及信息、调节控制对还原结果的影响等信息。

通过分析研究这些信息，深化对全过程的一般规律和特殊规律的认识，将促进工艺技术指标的提高和改善。

### 4.7.2　原材料、产品质量及性能检测

#### 4.7.2.1　取样

各种原材料及产出物应设置固定取样点，取样设备、取样规程，确保满足国家标准的取样规范要求。

含铁原料、脱硫剂、还原剂取样按国家有关标准执行。对产品取样国家尚无标准的，通常采用定时、定点取具有良好代表性试样，用综合累积方法取生产产品试样。即定时（如每30min）从产品出口（冷却筒出料口或出料皮带上或经讨

论确定的点上），取出一定量全粒级产品（如 0.5kg），累积一定时间（如 2h，即 4 次），混合后，破碎（-3mm）、缩分、取出成品样送检，这样可以避免人工一次性取样造成的取样误差和人为误差。

### 4.7.2.2 样品制备及处理

不同原材料、产品应按标准用设备缩分，按检验标准制备检验样，不得人为选择试样，或用非标准方法制备检验样。例如，人为手工选几块为试样，这样选的粒度不同，选的形状不同则出现人为偏差。制样应是在缩分取得试样后全部破碎制样，如用破碎机破碎后用筛子筛取细的做合格检验样，粗的丢弃，这样的检验样就完全失去了代表性。

试样加工处理应按标准规程操作，并存留一备用样待查。

不同原材料、产品应按国家标准或厂颁标准用缩分设备缩分，按检验要求制备检验样。样品制备与处理应设置机械化破碎缩分机、筛分机、制样机、干燥箱、样品存放箱等设备。

### 4.7.2.3 样品检验

各种样品检验主要内容有含铁原料，还原剂、燃料，产品（直接还原铁）。

（1）含铁原料：粒度组成、化学成分、冶金性能（热稳定性、还原性、强度、还原粉化、软化温度），对于暂不具备条件的工厂冶金性能检验可外委进行。

（2）还原剂、燃料：粒度组成、工业分析、灰分熔融性、热值。其他性能（结焦性、膨胀性、元素分析、挥发分析出速度）可定期或按来料情况外委进行，在条件不具备时应先满足定期工业分析，如含硫分析。

（3）产品（直接还原铁）：粒度分析、化学成分分析。化学分析中金属铁、全铁、S、C 的含量应随班定时（如 2h）分析，其余成分（$SiO_2$、$Al_2O_3$、$CaO$、$MgO$、P 等）按日定期定时检验。为保证生产的控制需要，建议引进直接还原铁金属化率的快速测定装置——磁性天平。

上述原材料、产品质量及性能检测除取样设备外，应组成一个工厂检验室。该检验室包括试样处理准备室、原材料、产品化学分析室、材料物性检验室和冶金性能检验室。

## 4.7.3 工艺参数、操作参数检测及记录

为了对直接还原回转窑进行系统测试，回转窑除常规计器计量设备外，应设置提供物料平衡、热平衡所需数据和参数，回转窑生产投入和产出各分项计量检测的接口和设备。除常规计器计量设备外，应设置工艺参数专门测试设备及对常规计器计量仪表（如热电偶、压力传感废气成分分析仪）进行在线标定的接口

和装置，保证能提供回转窑各种工艺参数的平均值、瞬时值或累计值。

### 4.7.3.1 投入、产出量的计量

投入量应计量：入厂原燃料量、入窑原燃料量；矿石（球团矿）准备处理损失量和粉末量；还原煤破碎筛分损失量，粉末量，实际入窑量。

产出量应计量：各产出物（成品 DRI、磁性粉、返煤、废渣即 1~3mm 非磁性物）的量，烟气及烟尘量（包括各收尘点的粉尘量）。其中，烟气及烟尘量的计量应予注意，这是许多测试实践未能很好解决的课题。

### 4.7.3.2 回转窑作业参数的检测

常规的回转窑参数检测包括：沿窑长各点温度、窑头及窑尾温度和压力、窑尾废气成分、废气含尘量、冷却筒进出料温度、冷却水量、水温差，回转窑全系统电耗、窑及冷却筒转速，喷吹系统的喷吹气压力、流量、喷吹量等。对于回转窑供风系统检测最为重要，一次风和二次风的压力、流量是工艺参数中最重要的参数。

窑长各点温度测量使用热电偶，在设计结构合理条件下是安全可靠的。但由于窑内物料冲击、热电偶裸露部分黏结等问题，窑身测温需经常进行更换与校正检查，因而要求窑身测温热电偶设计应保证在窑运转时可以方便地更换，每个测温热电偶有固定的在线校正、标定装置接口（校正偶孔及其固定等设施）。为保证灵敏反应窑内温度，建议采用厚壁铠装热电偶，不设封头保护钢套的新结构。

对于二次风风量及压力计量应力争进行在线连续测量与记录，但二次风机在旋转的窑体上直接计量困难。新建回转窑采用二次风变频调速方式调节风量（同时可附加节流阀辅助调节），通过在线检测和标定进行修正，实现对各二次风管供风量平均值、瞬时值和累计值的自动测量与记录。

## 4.7.4 工艺过程的测试

正常生产的回转窑通常不进行工艺过程的测试工作。为了深化对工艺过程的认识，探讨在新原材料、新的工艺变化时工艺过程的变化情况，或在做开发研究工作时需要进行工艺过程的测试。其测试的主要内容有：

（1）回转窑内各部位物料的状态及其物理、化学变化，测试窑内的物理化学变化过程。例如，物料的组成、粒度、强度、外观形态，物料还原过程（还原程度）、脱硫、黏结变形等。

（2）回转窑内各部位的温度及温度场，气相成分及气相氧势分布。

（3）回转窑内物料运动及速度，料面形状，填充率等。

（4）回转窑内废气成分（$CO$、$CO_2$、$H_2$、$SO_2$、$SO_3$、$COS$、$H_2S$）、含尘量，

烟尘的组成、废气压力等。

对于试验窑和承担开发研究任务的生产窑必须在设计时就装备这些检测必备的设备和接口。例如，筒体必须按工艺过程检测需要预留取样、测温孔等检测孔，由于这些取样、测温孔的存在影响筒体刚度和强度，在设计中应予以充分考虑。

### 4.7.5  直接还原回转窑的测试作业

#### 4.7.5.1  测试条件

测试工作可分为正常稳定窑况系统测试和异常窑况测试两种：

（1）正常稳定窑况系统测试。这种测试目的是获取回转窑正常稳定生产的完整数据，为完整评估生产过程和深入研究工艺过程中的变化及改进生产提供依据。

正常稳定窑况系统测试应保证测试工作在稳定正常的窑况下进行。配料在测试前 8~10h 不得调整，主要操作控制参数（料量、配料、温度及其分布、气氛条件）应未做人为改变性调节，设备未发生重大故障，未发生停窑故障。

有时窑况难以长时间稳定，在窑况相对稳定条件下可实施跟踪式测试。测试从物料入窑开始，跟踪物料在窑内的运动轨迹进行测试，这种测试花费时间较长，需要有一定的经验，才能保证跟踪准确，这种测试结果代表性和可对比性强。

通常为简化测试过程，避免对窑操作的过高要求，可以采用并行式测试。在窑况基本稳定的条件下，同时或在很短时间内对窑各部位进行测试。

（2）异常窑况测试。这类测试是在窑况发生异常时进行测试，目的是弄清异常窑况的状态，探查发生异常窑况的原因、异常程度和解决问题的方向和方法。

这类测试要求迅速，能即时取出数据，通常不进行系统性测试，只进行局部性和某些参数的测试。这类测试应特别注意，即时和测试前条件的记录。

#### 4.7.5.2  测试准备

（1）测试条件准备。测试前应做好测试条件准备，对正常窑况的测试应记录测试前 8~10h，测试即时及测试后 1~2h 的原料条件、操作参数等。

（2）设备及器材的准备。测试所需设备、器材应做好准备，如测温仪器仪表，专门的取样工具、取气管，可密封和速冷的取样罐（筒），测量杆，试样筒等。某些器材需预先按测试要求设计加工，如断面温度测量电偶束（用于同时测定窑横断面直径上各点温度），沿径向取气管等。对于试验性回转窑设计和制造应提供测试必备器材，首先在设计中应予考虑。

（3）测试试样检验准备。测试前应预先安排，准备试样的处理检验，因为工艺过程中许多测试样不能长时间保存，必须立即处理、检验，例如，过程气样、废气样；窑中过程物料样如长时间保存其成分会发生变化，或物料的形态、强度发生变化（如石灰吸水粉化）。

### 4.7.5.3　测试作业

回转窑测试工作期是回转窑试验或生产中特殊作业时期，是获取数据的时期，对试验和生产具有特殊意义。测试工作应注意：

（1）有周密的计划，充分的准备，良好的组织，精干的队伍。若无这样的条件，或得不到完整的数据，无法对窑进行完整、系统的分析，或影响生产和窑的正常运转。

（2）应按计划分工负责，边测试边核对，避免漏测、误测和测混事故。

（3）系统测试应力求"集中兵力打歼灭战"，避免非计划性拖延测试期。

（4）测试工作在窑体运转条件下进行，应特别注意人身和设备安全，要避免如触电、高温、CO 等危险。

### 参 考 文 献

[1] 赵庆杰，史占彪. 直接还原回转窑技术 [M]. 北京：机械工业出版社，1997.

[2] 叶匡吾. 结圈的机理与结圈的防止和消除 [C]. 中国金属学会全国直接还原铁生产及应用学术交流会论文集，冶金部直接还原开发中心，1999.

[3] 马敬喜. 关于链篦机-回转窑热工系统的探讨 [C]. 中国金属学会全国直接还原铁生产及应用学术交流会论文集，冶金部直接还原开发中心，1999.

[4] 陶江善. 天津钢管 DRC 回转窑直接还原工艺技术的特点 [C]. 2020 年中国非高炉冶炼新工艺高峰论坛，2020，12：102~112.

# 5 回转窑设备、构造及其维护

煤基直接还原回转窑法是以回转窑为还原反应器，以煤为还原剂和热源进行铁矿石（或铁矿石球团）直接还原的工艺。煤基直接还原回转窑系统包括：回转窑，冷却筒，供配料系统，产品处理系统等四个部分。

## 5.1 回转窑

### 5.1.1 概述

回转窑是冶金工业，尤其是有色冶金工业、耐火材料工业、水泥工业、化工工业广泛使用的对散状物料和浆状物料进行加热处理的热工设备，它在工业上使用历史已超过百年。直接还原回转窑基本结构与一般回转窑相似，为满足还原的要求做了一些改造，有某些独特的特征。直接还原回转窑是一个筒体内砌有耐火砖衬，以低速回转的圆筒类设备，通常按逆流原理工作，一般具有一定的倾斜度，直接还原窑倾斜度一般为 2% ~ 3%。物料从较高的窑尾端加入，燃料及助燃空气由较低的窑头端入窑，物料与热气流在窑内呈逆流方式运动。回转窑结构示意图如图 5-1 所示。当窑体转动时，物料由于重力和摩擦力的作用随窑衬被带到一定高度（见图 5-2，由 $D{\rightarrow}E$），当物料向下的重力大于摩擦力时，物料受重力作用沿重力方向下滑（由 $E{\rightarrow}D_1$）。由于窑体有一定倾斜度，物料每被带起和落下一次时，物料就向窑头（低端）前进一定距离（$s$）。

物料在不断翻动的过程中由窑尾向窑头移动，并被逆向流动的窑气所加热。经过料层内物料的预热、分解、还原等多种反应，最终得到合格产品与过剩还原煤、煤灰、焙烧过的脱硫剂等一起从窑头排出回转窑，排出料经冷却、筛分、磁选得到最终产品直接还原铁（DRI）。

直接还原回转窑独有特征是：在窑身上背有向窑内供风的若干台二次风机，以满足直接还原工艺对窑内温度及气氛的要求。另外，为了满足直接还原工艺的要求，直接还原回转窑与其他回转窑相比具有以下特点：

（1）填充率大，窑头窑尾均有缩口，因而回转窑的负荷大，所以相对要求筒体强度，刚度要大；支撑系统工作负荷较大。

（2）回转窑筒体上有二次风机数台及其相应的二次风管，所以回转窑筒体及金属附属结构、力矩的平衡应着重考虑。

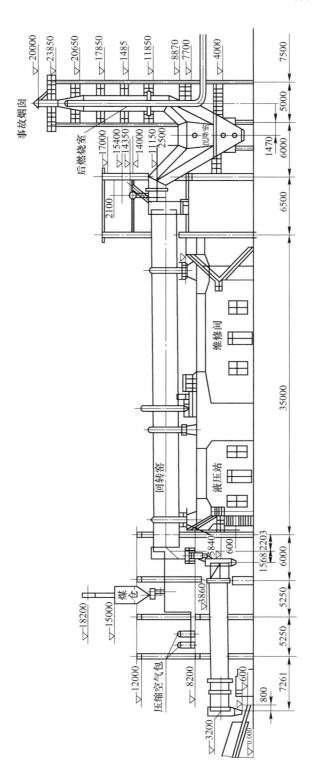

图 5-1 回转窑结构示意图（单位：mm）

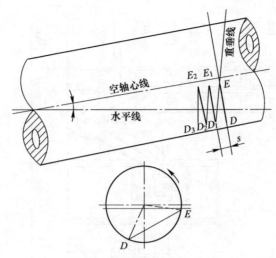

图 5-2 回转窑物料运动状态

（3）由于筒体上有较多设备以及供电滑环、测温滑环，筒体外的设备及装置的布置除满足工艺要求之外，还应考虑机械传动的对称、安全等因素。

（4）还原性回转窑对窑头、窑尾与冷却筒的过渡连接等都要求严格密封，尤其是窑头必须保证能维持足够的正压。

直接还原回转窑由筒体，窑衬，支撑系统，传动装置，润滑，废气系统，附属设备，供风系统及喷煤系统等九部分组成。

### 5.1.2 回转窑基本参数

#### 5.1.2.1 回转窑的直径和长度

回转窑通常用筒体直径（或有效内径）与长度来表示其大小，如 $\phi 2.9m$（$\phi 2.4m$）×40m，$\phi 5.0m$（$\phi 4.55m$）×80m，$\phi 4.8m$（$\phi 4.35m$）×74m。回转窑长度（$L$）与直径（$D$）之比称为长径比（$L/D$），一般在 12~18 范围内，在过去曾有 $L/D>18$ 的窑，但实践证明 $L/D$ 过大的回转窑对提高窑的容积利用率，降低原燃料消耗并非有益。目前，新建的直接还原回转窑通常 $L/D$ 为 12~15，多数在 13~14 范围内。

#### 5.1.2.2 斜度

回转窑倾斜安装，以转速 $n$ 回转，使物料在窑体内由高端向低端做前进运动，满足窑内反应所需的停留时间，维持一定的料层厚度以及炉料翻动的要求。回转窑的斜度通常用窑轴心线与水平线的斜度来表示，即用窑轴线斜角 $\alpha$ 的正弦sinα 来表示，如图 5-3 所示。通常还原窑的斜度为 2.0% ~ 3.0% ，而氧化窑的斜度为 2.5% ~ 4.0% 。

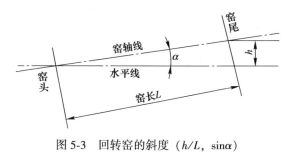

图 5-3 回转窑的斜度（ $h/L$ ，sinα ）

### 5.1.2.3 转速

回转密的转动起着翻动物料、保证物料自窑尾向窑头移动的作用。提高转速有利于物料翻动，有利于物料与气流间的传热，有利于加快物料向前的移动速度。过高的转速使物料翻动过大，将窑内自由空间的氧化性气氛带入料层，炉料向下运动速度过快，在高温还原区停留时间缩短，不利于还原过程。通常直接还原回转窑的转速为 0.35 ~ 1.25r/min。窑的直径越大，转速越低，小直径的窑转速偏高。

回转窑的转速是重要的操作调控手段之一，因而其转速必须是可调的，一般回转窑转速调节比为 2~4 。

### 5.1.2.4 物料在窑内的停留时间

物料在窑内的停留时间受窑的结构（斜度，直径，出料口缩口直径），炉衬状况，物料的物理特性及状态，窑的转速等因素影响。

对回转窑内物料移动进行过各种研究测试，推出了不少经验公式，但不同窑、不同工艺、不同物料，得出的物料移动速度公式差距较大，都不具备普遍实用性。现列举如下：

$$v_m = \frac{Dn\alpha}{1.77\sqrt{\theta}} \qquad (5-1)$$

$$v_m = \frac{324Dn\sin\alpha}{24 + \theta} \qquad (5-2)$$

$$v_m = \frac{3.13Dn\sin\alpha}{\sin\theta} \qquad (5-3)$$

式中　$v_m$——物料在窑内的移动速度，m/min；

$D$——窑内有效内径，m；

$n$——窑转速，r/min；

$\alpha$——窑的倾斜度；(°)；

$\sin\alpha$——窑的斜度；

$\theta$——物料的静态自然堆角，(°)，见表 5-1。

**表 5-1　回转窑用各种物料的堆密度及堆角**

| 物料名称 | 堆密度/t·m⁻³ | 动态堆角/(°) | 静态堆角/(°) |
|---|---|---|---|
| 赤铁矿富矿块 | 2.00~3.20 | 30~35 | 40~45 |
| 磁铁矿富矿块 | 2.00~3.20 | 30~35 | 40~45 |
| 铁矿球团 | 1.50~2.00 | 27~30 | 30~35 |
| 烧结矿 | 1.50~2.00 | 34~36.5 | 40~48 |
| 烟煤 | 0.8~1.0 | 30 | 34~45 |
| 无烟煤 | 0.7~1.0 | 27~30 | 27~45 |
| 石灰石 | 1.5~1.75 | 30~35 | 40~45 |
| 白云石碎块 | 1.6 | 35 | 40 |

自然堆角 $\theta$ 与物料的形态、水分、粒度等各种参数相关，因而在窑内不同区域物料的 $\theta$ 是不同的，通常温度高的区域的 $\theta$ 较大。

上述经验式通常是在不考虑物料的物理化学变化、物料粒度均匀、窑衬光滑的条件下测定推导得到的，与各种实际窑的情况差距较大。

东北大学针对直接还原窑做了大量试验，提出了物料轴向运动速度计算公式：

$$v_{\mathrm{m}} = \frac{4}{3} \cdot \frac{R\alpha n}{\Phi} \sin^3 \psi_0 \tag{5-4}$$

式中　$v_{\mathrm{m}}$——物料轴向运动速度，mm/min；

　　　$R$——窑内衬半径，mm；

　　　$\alpha$——颗粒运动综合参数，与窑的倾角 $\alpha$、物料运动角 $\theta_1$、料面与窑轴夹角 $\gamma$ 有关；

　　　$n$——窑的转速，r/min；

　　　$\psi_0$——物料占有面所对应中心角的 1/2，即充填角，(°)；

　　　$\Phi$——充填率，$\Phi = (\psi_0 - \sin\psi_0 \cos\psi_0)/\pi$。

这些公式虽是针对直接还原回转窑的，但仍与实际情况有较大的差距。

物料在窑内的停留时间 $t$：

$$t = \frac{L}{v_{\mathrm{m}}} \tag{5-5}$$

$$t = \frac{1.77\sqrt{\theta}L}{Dn\alpha} \tag{5-6}$$

$$t = \frac{(24 + \theta)L}{324Dn\sin\alpha} \tag{5-7}$$

$$t = \frac{L\sin\theta}{3.13Dn\sin\alpha} \tag{5-8}$$

从上述各式可知,物料在窑内的停留时间与窑的长径比($L/D$)成正比,与斜度及转速成反比。

而实际生产窑内物料在不同温度区段,窑的不同部位,在单位窑长的停留时间是不同的,而且差别很大。根据试验研究表明:物料在窑内沿轴线方向上的移动速度是不均衡的,与料的物理性能、温度、窑的转速、窑头窑尾挡料圈高度等多种因素密切相关,根据直接还原条件窑内物料分布大致如图5-4所示。

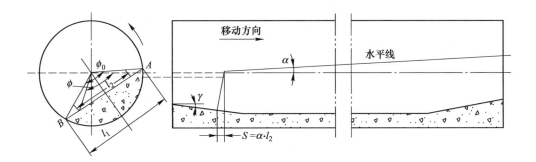

图 5-4 回转窑内物料沿轴向运动和分布示意图

### 5.1.2.5 填充率

在回转窑内炉料体积占回转窑内空间的比例称为填充率。由于沿回转窑轴线不同位置料层的厚度不同,被窑衬带起的高度不同,因此在各段的填充率是不同的,通常讨论回转窑问题时所用的填充率均指回转窑的总的填充率。对于某一截面上的填充率则用这一截面上物料层的截面积与整个截面积之比来表示。

$$\psi = \frac{F_{m}}{\frac{\pi}{4}D^2} = \frac{G_{m}}{60\gamma v_{m}\frac{\pi}{4}D^2} \tag{5-9}$$

式中　$F_{m}$——物料层截面积,$m^2$;

　　　$G_{m}$——物料流通量,t/h;

　　　$\gamma$——物料的容积密度,$t/m^3$;

　　　$D$——窑衬内径,m;

　　　$v_{m}$——物料运动速度,m/min。

### 5.1.2.6　回转窑的缩口及其大小

由图 5-4 可知，回转窑的进料端、出料端都有一缩口，这一缩口的大小影响着窑的填充率，物料在窑内分布、运动速度和物料在窑内的停留时间，换句话说回转窑的缩口大小影响回转窑内物料的运动过程，是直接还原回转窑的重要参数。由于直接还原回转窑内是还原过程，要求料面上有 CO 保护气膜。希望有较厚的料层，这是直接还原回转窑与其他（如氧化窑，熔烧窑）窑的重大区别。

窑头缩口直径为窑内径的 0.45~0.6，即 $d_{出}/D = 0.45~0.6$，在条件允许的情况下应减小 $d_{出}/D$ 比值，增大窑内的填充率。但必须注意，缩口应保证窑口处有足够的操作空间。

窑尾缩口一般与窑头缩口相似或稍大于窑口直径，窑尾缩口应保证进料装置（下料管或下料槽）的运转安全和足够的烟气通道面积，以减少窑内废气带走过多的粉尘及细颗粒原料。

## 5.1.3　筒体

筒体是回转窑的基体。筒体应具有足够的刚度和强度，在安装和运转中应保持轴线的直线性和截面的圆度，即保持筒体的良好同心度及较小的椭圆度，这是保证回转窑内衬的寿命，减少运转阻力及功率消耗，减少不均匀磨损和机械事故，保证长期安全高效运转的关键。筒体的刚度主要是筒体截面在巨大的横向切力作用下抵抗径向变形的能力，如图 5-5 所示。

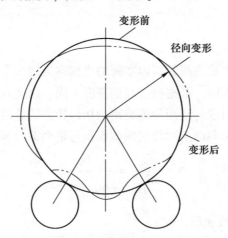

图 5-5　筒体截面的变形

运输、安装、砌砖过程中对筒体的刚度都有一定要求。回转窑筒体在运转中筒体上每一点的径向变形是变化的，过大的径向变形，必然导致砌砖的松动，影响炉衬的使用寿命。

研究表明：筒体的径向变形（以椭圆度 $\omega$ 来衡量）在支点处（即滚圈处）最大，在两个支点的中点最小，从支点到中点逐渐减小，衰减速度随筒体厚度 $\delta$ 与直径 $D$ 的比值增大而加快。

筒体的刚度、强度主要用钢板的足够厚度来保证，但过厚的钢板将造成钢材的浪费，设备质量异常增大，通常 $\phi 4.0$m 以下窑筒体钢板厚小于 30mm，而 $\phi 4.0$m 以上回转窑筒体钢板厚将超过 30mm，合理的钢板厚度由刚度计算来确定。

筒体的强度主要表现在筒体在载荷的作用下产生裂纹，尤其是在滚圈附近。通常筒体内每平方厘米存在数千牛顿的应力。

保证和保持筒体轴线的直线性，或称为筒体各截面的同心度，是回转窑的制造、安装、使用和维修工作的主要任务，即使安装十分准确，经过一段时间的运转，基础可能发生不均匀沉陷，托轮轴瓦、托轮、滚圈内外圆的磨损，各处温度的变化都可能使筒体在各支点处的中心位置产生变化。因此，必须根据窑的运行情况，对轴线进行检查和校正。

目前筒体通常由钢板焊接而成，为了加强筒体刚度和强度，在滚圈附近加设加固圈。桦甸厂所用 40m 窑的加固圈是滚圈处加焊一厚钢板圈结构。

筒体在生产过程中，将受到热的强烈作用，特别是筒体高温带可达 200~350℃，自窑头到窑尾筒体温度可由 200~350℃ 逐步降至 80~150℃。筒体在温度的作用下，其长度与直径均将发生变化，同时必然导致筒体上的滚圈、大齿轮，以及窑头窑尾密封装置的相对位置的变化。因此，在设备安装和生产运行中都应充分考虑筒体受热后的变化。

筒体受热将发生伸长，伸长的长度 $\Delta L$：

$$\Delta L = \alpha \cdot (T - T_0) \cdot L \tag{5-10}$$

式中　$\alpha$——筒体钢板的线膨胀系数（即钢板在温度变化 1℃ 时，每米长度上的变化），桦甸 40m 窑使用的筒体钢板可取 $1.322 \times 10^{-5}$ mm/（m·℃）；

　　　$T$——筒体的温度，℃；

　　　$T_0$——环境温度，℃；

　　　$L$——筒体长，m。

筒体各点温度不同，粗略估算可以用筒体最高温度点温度 $T_{max}$ 和窑尾筒体最低温度 $T_{min}$ 的平均温度 $T = (T_{max} + T_{min})/2$ 来代替筒体温度。在精细计算时，应取各段的筒体温度分段计算。

在工作状态时，安装正确的滚圈应处于各组托轮的中间。而在冷态时，除有挡轮的那一道滚圈之外，各滚圈应不在托轮宽度的中间。安装时滚圈和托轮的位置应通过精确计算来确定。设计、安装中通常将筒体大齿轮和传动小齿轮的啮合中点作为基点，让筒体向窑头和窑尾两端伸长。某些回转窑因对筒体热膨胀估计不足，加之对筒体温度取值过低、安装不准确、托轮宽度不足等因素，造成生产中滚圈不能全部落在托轮上的现象，导致滚圈、托轮不均匀磨损。

筒体损坏的因素很多，其主要因素如下。

（1）氧化腐蚀，筒体长期裸露在空气中，受到空气中 $O_2$ 与 $H_2O$ 的作用产生锈蚀，尤其是生产中筒体温度高达 200~350℃ 使氧化锈蚀加快。生产中维持筒体温度不至于过高，在非生产期喷刷防腐涂料是保护筒体、延长筒体寿命的主要措施。

（2）生产中造成热变形，生产中筒体未能连续转动（因突然停电、机械、电气故障等），筒体上下部受热条件不同，其加热严重的一面比加热差的一面伸长得多，或因热或因重力的作用筒体产生弯曲。当重新运转时，筒体受到额外负荷的作用，可造成筒体焊缝开裂等现象，甚至危及托轮、传动机构的安全，因而大型回转窑必须有备用电源和辅助安全传动装置，以确保回转窑的连续运转。

（3）窑衬过分磨损和局部窑衬脱落，窑衬过分磨损使窑衬过薄，或局部窑衬脱落造成筒体面部过热，甚至发生红窑事故（局部筒体钢板被烧红），这不仅造成筒体的氧化，而且可能造成局部变形产生凸凹不平、焊缝开裂等现象。

生产中筒体的维护主要是按规程操作，经常检查，确保筒体温度在允许范围内运转。从安装开始注意保护筒体的结构及其完整性，特别注意除不得已情况之外，不能随意在筒体上加焊结构件或开口打洞。

筒体两端，即窑的进料端及出料端，有专门设计的缩口装置，以保证窑内物料填充率。

窑尾缩口由于温度较低，且没有物料的冲刷磨损，因而较易处理，通常采用直的挡料钢板圈外砌耐火材料方式，如图 5-6 所示。

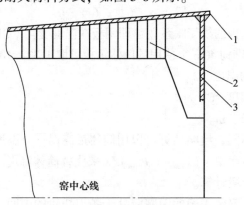

图 5-6   窑尾挡料圈结构示意图

1—筒体钢板；2—窑衬耐火材料；3—挡料钢板圈

窑头缩口由于受高温、料流冲刷，工作条件十分恶劣，极易损坏，应做特殊处理。较理想的是耐热铸钢制造的窑头缩口钢结构件，内衬高强度、耐高温耐火材料，缩口与筒体用固结件紧固连结。但耐热钢的造价过高，通常用锅炉钢板制造，用耐火材料保护，用风冷却，改善缩口的工作条件，延长缩口工作寿命，其结构如图5-7和图5-8所示。缩口部分通常采用耐火材料浇注方式砌筑，一般使用磷酸盐耐火混凝土。

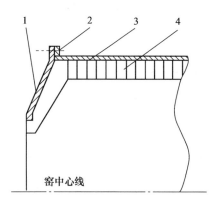

图 5-7 窑头缩口装置结构示意图
1—耐热钢铸件；2—紧固件；3—筒体；4—窑衬

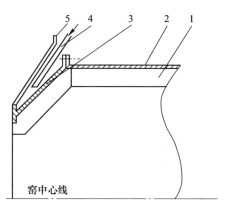

图 5-8 窑头缩口装置结构示意图
1—窑衬；2—筒体；3—窑头缩口件；
4—冷却风管；5—窑头风冷套

## 5.1.4 窑衬

### 5.1.4.1 影响窑衬寿命的主要因素

回转窑窑衬的寿命主要受以下因素影响：

(1) 窑体结构是否合理，筒体有无变形，筒体刚度是否足够；

(2) 衬砖质量是否合格，耐火砖的物理性能（耐火度，抗急冷急热性，膨胀收缩性，强度）以及耐火砖的外形尺寸是否符合设计要求；

(3) 砌筑质量，砌筑是否符合设计要求，砌筑的砖缝是否符合要求，各种应留的膨胀缝是否留了、留够等；

(4) 烘炉质量，烘炉不当会造成耐火衬表面龟裂、裂纹、剥皮，烘炉作业中是否有超温或过大的急冷急热；

(5) 高温和炉料冲刷；

(6) 外部损坏，清除窑皮时是否损坏窑衬；

(7) 操作生产中，由于长时间停窑造成窑的弯曲等。

在筒体强度、刚度足够，窑衬材料选择及砌筑合理，生产管理和操作正确条件下，直接还原回转窑窑衬可以使用几年，窑后部低温区窑衬寿命可长达 10 年，也有的回转窑由于操作不当等造成窑衬寿命仅数月。

### 5.1.4.2 直接还原回转窑窑衬材料

根据直接还原回转窑的工作条件，窑衬材料通常可采用黏土砖砌筑或耐热混凝土捣制或浇注。所使用的耐火材料要求耐火度高于 1600℃，耐火材料荷重软化点（开始点）高于 1250℃，有较好的耐急冷急热性，常用的耐火材料及主要特性见表 5-2。

**表 5-2　直接还原回转窑用耐火材料主要特性**

| 名称 | 耐火度 /℃ | 荷重软化开始点 (20N/cm²) /℃ | 使用温度 /℃ | 常温耐压 /N·cm⁻² | 体积密度 /g·cm⁻³ | 耐急冷急热（水冷次数）/次 | 重烧收缩率 /% |
|---|---|---|---|---|---|---|---|
| 黏土砖 | 1610~1730 | 1250~1400 | <1400 | 1250~5500 | 1.8~2.2 | 5~25 | 0.5(1350℃) |
| 高铝砖 | 1750~1790 | 1400~1530 | 1650~1670 | 2500~6000 | 2.3~2.75 | 5~6 | 0.5(1550℃) |
| 磷酸盐耐火混凝土 | >1800 | 1300~1530 | 1400~1500 | 3000~4000（烘干后） | | 50~80 | |

| 名称 | 导热系数 /J·(m·h·K)⁻¹ | 比热容 /J·(kg·K)⁻¹ | 热膨胀系数 /m·(m·℃)⁻¹ | 残存线变形 /% |
|---|---|---|---|---|
| 黏土砖 | $\left(0.6+\dfrac{0.5t}{1000}\right)\times4186.8$ | $\left(0.2+\dfrac{0.63t}{10000}\right)\times4186.8$ | $(4.5\sim6)\times10^{-6}$（200~1000℃） | |
| 高铝砖 | $\left(1.8+\dfrac{1.6t}{1000}\right)\times4186.8$ | $\left(0.2+\dfrac{0.56t}{10000}\right)\times4186.8$ | $6\times10^{-6}$（20~1200℃） | |
| 磷酸盐耐火混凝土 | | | $(5\sim6.8)\times10^{-6}$ | -0.1~+0.1（1400℃） |

表 5-2 中的磷酸盐耐火混凝土组成：胶结料——磷酸（质量分数为 40%~60%）为 6.5%~18%，掺加料——矾土熟料为 25%~30%；骨料——矾土熟料（粒度 -1.2mm）为 35%~40%，矾土熟料（粒度 1.2~5mm）为 30%~40%，湿容密度约为 2700kg/m³。胶结料也可以用质量分数 40% 的磷酸铝溶液，磷酸铝溶液用质量分数 40% 的工业磷酸与工业 Al(OH)₃ 按质量比 7:1 调制。

通常直接还原回转窑使用黏土砖砌筑，窑尾部分可以使用价格较低廉的三级黏土砖，窑头部分使用二级或一级黏土砖砌筑。在生产操作正常条件下，黏土砖砌筑的窑衬寿命可长达数年。

由于窑体上有许多开孔，如二次风管、取样孔、测温孔、人孔等，为砌筑方便，通常在开口部分用高铝耐热混凝土浇注。这不仅可以简化砌筑工艺，而且可以方便地将筒体开孔与砌体孔对中，避免和减少在窑运行时砌体将风管、热电偶等切断的事故发生。

用高铝耐火混凝土浇注的窑衬由于材料便宜，窑衬整体好，也颇受欢迎，但窑衬浇注工艺较复杂，施工速度通常不如砌筑，因而一般不采取窑体一次浇注。多采用在窑外预制大块件，在窑内组装，这样可获得造价低砌筑快的效果。

用高铝磷酸盐为黏结剂的高铝耐火材料捣固可获得耐火度高、强度好的窑衬，且耐火捣固后固结速度快、易于施工。但这种材料价格较贵，除有特殊需要，如修补窑衬、窑头缩口的砌筑等，一般不用于砌筑窑体的主体。

### 5.1.4.3 窑衬的砌筑

回转窑窑衬由于处于不断的转动条件下工作，在窑启动、停止、调速时，窑衬与筒体由于惯性的作用发生很大的切向力，可引起窑衬与筒体的相对位移，这与一般静止状态的窑炉不同。因此要求砌筑必须严格按回转窑砌筑工艺进行，对砖型、砖的尺寸、砖缝都有严格要求。同时，必须指出的是直接还原回转窑的窑衬在正常工作状态下不会黏挂窑皮，这与水泥窑不同。因而直接还原回转窑的砌筑砖缝必须小于水泥窑。同时应避免依赖砖缝加入铸铁片加固的做法。

窑衬的砌筑方法和砌筑质量直接影响窑衬的寿命，合理的砌筑方法和良好的砌筑质量是保证窑衬寿命的最重要环节。

回转窑的砌筑方式有两种：纵向交错砌和环砌，如图5-9所示。生产实践表明，纵向交错砌比环砌优越，纵向交错砌砖较为牢固，砖与砖之间咬合较好，掉砖的可能比环砌要小。当窑衬某处出现个别砖脱落时，仍可坚持一段时间，不会发生环状掉砖，也不会危及筒体安全。

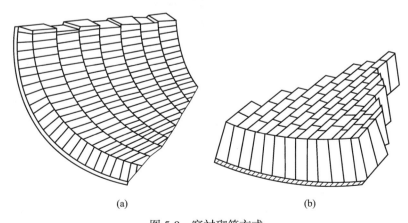

(a)　　　　　　　　(b)

图 5-9　窑衬砌筑方式

(a) 环砌法；(b) 纵向交错砌砖法

A　砌筑前准备

(1) 根据不同砌筑方式，按厚度（交错砌），或按长度（环砌）将耐火砖分类，砌筑时按类分别使用，以减少砖缝。对于砖的外形尺寸符合国家标准的砖可以不先进行分类。

(2) 清理筒体内壁的渣屑、灰尘，内壁不必要的焊件应清除并做认真填补，打平或加固。

(3) 凡计划筒体上的开孔、预置件（二次风风管保护套，热电偶保护管，取样孔钢管）应进行校正，保证其位置及对中性。与筒体焊接的部件四周应认真清理，保证可以砌筑。若这些开孔和预置件计划用耐火混凝土捣固则应留出加焊挡砖板的位置，准备好顶砖部件。

(4) 画线，在筒体内表面对称画出四条纵向直线及若干条圆圈线。纵向线严格平行于筒体轴心线，圆圈线平面要严格垂直于窑轴心线。这些线作为砌筑的标线以提高砌筑质量，减小砌缝。

B　砌筑

砌砖按窑的长度分为数段，采用转动窑体的方法进行平行和流水作业，不允许采用支设拱胎的方法砌筑窑体。

通常直接还原回转窑内衬采用纵向错缝湿砌，砖和窑壳间填上与所用砖同类性质的填充料。只在窑头及改变直径（即锥体段）或设计另有规定时，才可以环砌。当黏土砖及高铝砖采用水泥——耐火泥泥浆砌筑时，为了减少耐火砖大量吸收泥浆中的水分而降低泥浆的强度及黏结力，砌筑前应将砖放入水中浸湿。但浸水时间不得超过 10min，润湿或浸湿后的砖要随即砌入砌体中。

窑体纵向砖缝与窑轴方向应一致，其允许扭曲不得超过 3mm/m，在同一砌筑段的全长内则不应超过 30mm，纵向砖缝厚度不大于 2mm。为抵偿窑衬纵长方向在高温时膨胀，横向砖缝的厚度为 3mm。用大型预制块砌筑的窑衬，其砖缝厚度均按设计规定。窑衬的内半径与设计的误差不许超过 0.5%。

窑体每段的第一列砖从窑体下半部开始，准确地按画在窑壳上的纵向直线和以窑壳为导面进行砌筑。其次，以第一列砖为标准，沿圆周方向同时均衡地向两边砌筑。每砌数列砖后，用 2m 长靠尺和弧形样板检查，防止砖列倾斜和保证窑衬内表面平整。在窑壳内壁有突出的铆钉头或钢板处，砌砖时应将砖与铆钉头或钢板相碰的地方仔细凿去。窑体砌砖超过半周 1~2 列后，即暂停砌砖，开始做转窑的准备工作。

待砌体的泥浆基本凝固后，沿内衬的最后几列砖设置木板或方木，木板应压住最外列砖砖厚的四分之三。在木板之间，每隔 1.2~1.4m 用丝杠（见图 5-10）或 12~15cm 的方木（或圆木）支撑，方木的长度略长于两木板间的距离。全部支撑完毕后，要反复检查支撑是否坚固，并在木板和砖之间的缝隙内用木楔楔紧。当砌筑直径较大的回转窑时，为防止内衬因转动塌落，应在转动方向最外的砖列，沿窑壳的长度方向每隔 1.2m 左右，紧靠砖面焊一个规格不小于 120mm×120mm 的角钢条（见图 5-11(a)），然后进行第一次转窑。

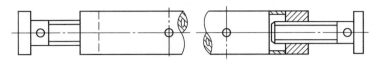

图 5-10 支撑窑衬用的丝杠

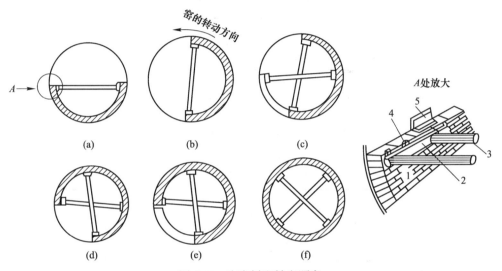

图 5-11 砌窑衬和转窑顺序

（a）～（f）窑转动的位置

1—内衬；2—木板；3—圆木；4—木楔；5—角钢

转窑是利用窑体的传动装置进行，或者将窑体缠以两道以上的钢丝绳，借绞磨带动旋转。

转窑的速度必须缓慢，以便控制旋转位置。当转到预定位置时，立即在滚圈和托轮间垫塞木楔，防止因窑的偏重而自行回转。

每段砌体转窑分三次进行，第一次转窑是将窑体旋转其圆周的四分之一（见图 5-11(b)），随即检查砌体是否有因转窑而产生松动、裂缝以及与窑壳脱离的情况，发现后应予补救和纠正。然后开始从窑体下半部沿圆周方向，继续将内衬砌至窑的水平直径以上 1~2 列砖处，并再行支撑加固（见图 5-11(c)）和第二次转窑（见图 5-11(d)），最后砌筑剩余的四分之一周窑衬（见图 5-11(e)）。当窑衬剩有 6~7 列砖时，即干排剩余的砖列以检验砌体的锁口是否合适。锁口处的锁砖应具有正确的楔形和平整的表面，楔形的小头朝向窑内，其厚度不小于整砖厚度的 2/3。

　　窑衬在最后 2~3 列砖处锁口。砌锁口砖前，在锁口的位置用短的木柱或角钢支撑砌体（见图 5-12），并第三次转窑（见图 5-11(f)）。锁口处的 2~3 列砖要同时砌筑。锁砖从侧面打入，并随时将木柱或角钢取出。每段最后的一块锁砖，不能从侧面打入时，可将该锁砖加工，并从上面打入，但其底部和侧部均用速凝耐火砂浆严密填实。耐火砂浆的推荐成分见表 5-3。

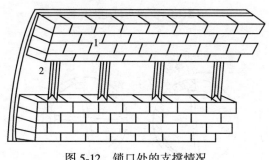

图 5-12　锁口处的支撑情况

1—内衬；2—木柱

表 5-3　耐火砂浆的推荐成分

| 材料名称 | 规格 | 配比（质量比）/% | |
|---|---|---|---|
| | | 第一种 | 第二种 |
| 黏土砖或高铝砖颗粒 | 粒径为 0~4mm | 50 | 30 |
| 黏土质耐火泥或高铝质耐火泥 | 中粒耐水泥 | — | 20 |
| 硅酸盐水泥或矾土水泥 | 标号为 300 号以上 | 50 | 50 |

**C　砌筑注意事项和要求**

　　(1) 窑衬砌筑可将长度分为数段，采用平行流水作业，同时采用转窑作业。

　　(2) 窑衬不允许支设拱胎的方法砌筑。

　　(3) 高温区不允许用水泥窑常用的铁板，钢板为填缝加固材料。

　　(4) 砌体中不得使用原砖尺寸 1/2 以下的砖，如需要原砖尺寸 1/2 以下的砖可用两块或三块砖加工代替。

　　(5) 砌体纵向砖缝与炉体中心线方向应一致，扭曲长不得超过 3mm/m，在同一砌体中全长内不得超过 30mm。

　　(6) 纵向砖缝小于 2.0mm，横向砖缝不得超过 3mm。当采用干砌时纵向砖缝不得大于 1.0mm，横向砖缝不得超过 2mm。窑衬内径与设计值误差均小于 0.5%。

### 5.1.4.4 耐火混凝土浇注

目前回转窑砌筑中,各窑体上的开口(取样口,测温孔,二次风风管),窑头、窑尾缩口多采用耐火混凝浇注或捣固方式砌筑。直接还原回转窑通常采用磷酸盐耐火混凝土,操作温度低的部位也可采用矾土水泥耐火混凝土。

**A 矾土水泥耐火混凝土**

a 原料矾土水泥

原料矾土水泥应符合国家标准 GB/T 201—2015,标号不得低于 400 号。在运输和保管期间严防受潮,如发现水泥有结块,应立即进行水泥物理性能检验和混凝土试块检验,确认无问题后,清除坚硬结块,打碎松散的结块后方可使用。

可以用焦宝石熟料、矾土熟料、黏土砖或高铝砖碎块等作骨料,并以其磨细的细粉作掺合料。骨料和掺合料的种类应依据使用条件选定,其粒度依据混凝土的大小、形状及成型方法选择-10mm 或-5mm 的骨料和-0.088mm 占 85% 以上掺合料。

混凝土用水应是无酸、无碱、无油的净水。

b 配比

矾土水泥:掺合料:骨料=1:1:5(质量比)或矾土水泥:掺合料:骨料=15:15:70,并可依据混凝土的大小、要求,以及骨料与掺加料的粒度及组成,适当地调整掺合料与骨料的比例。

加水依施工条件确定,用捣固机的外加水 8%,用振动台及捧式插入式振捣器外加水量为 10%~12%。但应注意在可以保证成型的基础下,水分应尽可能地减少,以确保有足够的烘干速度。注意,以上所列加水量均以骨料、掺合料为干料,实际加水应扣除骨料、掺合料中的水分。

c 搅拌混合料

可采用人工搅拌或搅拌机捣拌,使用搅拌机捣拌的效果比人工搅拌要好。人工搅拌时,先将水泥与掺合料混拌均匀,然后再与骨料混拌均匀,最后加水混拌均匀。用机械搅拌时可将水泥、掺合料、骨料一次加入搅拌机,干混一段时间后再加水搅拌混匀。

冬季施工时应保持物料一定温度,使用温水搅拌,但水温应控制在40~50℃。

d 成型与养生

如果采用窑外成型可采用一般成型设备,振动台,平板振动器,捣固机等成型设备。应特别注意,矾土水泥是快硬性水泥,搅拌后的混凝土料必须在 20~25min 之内完成成型。

混凝土振捣成型后,在20℃左右的环境下自然养护 4~6h,表面凝固后即可浇水养护，并可脱模。

成型16h后，可浸入水中或大量浇水或淋雾养护，大型混凝土预制块发热，表面温度超过40℃应及时浇水降温，以免产生裂纹和影响混凝土强度；冬季养护水温应保护在25~30℃，矾土水泥耐火混凝土不宜用蒸汽养护。

浇水或漫水养护时间，自成型时算起不少于3天。

e 烘烤

耐火混凝土使用前的烘烤是决定使用寿命的关键，烘烤的目的是排出混凝土内的游离水和结合水，在120~150℃可排除游离水，在450~550℃可排除化合结合水。

烘烤的原则是缓慢升温，保证水分安全排除，而混凝土不因烘烤而产生裂纹或爆裂。在120~150℃及450~500℃应长时间保温，以保证水分的脱除，保温时间及升温速度取决于混凝土的厚度，尺寸越大则烘烤应越缓慢。建议矾土耐火混凝土的烘烤制度见表5-4。

表5-4 矾土耐火混凝土烘烤制度

| 温度阶段 | 不同厚度的混凝土烘烤升温、恒温制度 | | | | | |
|---|---|---|---|---|---|---|
| | <200mm | | 200~400mm | | >400mm | |
| | 升温速度 /℃·h⁻¹ | 保温时间 /h | 升温速度 /℃·h⁻¹ | 保温时间 /h | 升温速度 /℃·h⁻¹ | 保温时间 /h |
| 常温~150℃ | 20 | 7 | 15 | 9 | 10 | 13 |
| 150℃恒温 | — | 24 | — | 32 | — | 40 |
| 150~350℃ | 20 | 10 | 15 | 13 | 10 | 20 |
| 350℃恒温 | — | 24 | — | 32 | — | 40 |
| 350~600℃ | 20 | 13 | 15 | 17 | 10 | 25 |
| 600℃恒温 | — | 16 | — | 24 | — | 32 |
| 600℃~工作温度 | 35 | — | 25 | — | 20 | — |

用矾土耐火混凝土捣固成的窑体烘烤时，要注意观察，在350℃左右温度时，混凝土表面可能出现水珠或大量蒸汽，表明此时排水十分激烈，应减缓升温速度和延长保温时间。

B 磷酸盐耐火混凝土

a 原料

原料为40%~45%工业磷酸，密度1.27t/m³，可用85%工业磷酸按1:1加入到热水中混合配制。

以焦宝石熟料或矾土熟料为骨料，以矾土熟料经粉碎后的细粉为掺合料。

骨料可采用-10mm 自然粒度，或按使用要求，用不同粒级骨料配制，掺合料-0.088mm 的应大于 85%。

以矾土水泥为促凝剂。

b　配料、混合配料及困料

按骨料 70%、掺合料 30% 配制，外加磷酸 5%~6%，混合均匀，于 15~25℃下堆放 16h 以上。困料的目的是使料与磷酸充分作用，产生的氢气在成型前排出，以免混凝土成型后膨胀。

二次混合，经困料后的料，按质量外加 2%~3% 的矾土水泥作促凝剂，充分搅拌均匀，再加磷酸（外加 8%~9%），并调到合适稠度，立即成型。磷酸总加入量为 13%~15%。

矾土水泥促凝剂加入量，随气温及施工要求变化，气温高可适当少加，要求凝固速度快的可适当多加。对于成型后要求立即缓慢加热的捣固体可以不加矾土水泥促凝剂。

c　成型、养护

混合后的料，应尽快成型，以免料凝固。若需脱模时应在模内衬水泥袋纸以免黏模。

磷酸盐耐火混凝土成型后，于 20℃干燥环境中自然养护至凝固，环境温度不可过低，更不准受冻。

d　烘烤

磷酸盐耐火混凝土件在使用前必须烘烤，以排除水分，提高强度。烘烤制度可参考矾土水泥耐火混凝土件的烘烤制度。

## 5.1.5　回转窑的支撑系统

回转窑的支撑系统包括滚圈（轮带），托轮组，底盘，基础等部分，支撑系统承受回转窑全部质量、炉料重及动载荷的作用。因此，保证支撑系统的安全可靠运转是回转窑设计、维护的重要任务。

### 5.1.5.1　滚圈（轮带）

回转窑筒体、窑衬、窑内物料的质量全由筒体上的滚圈（轮带）传递给托轮组。筒体被传动的大齿轮带动转动时，滚圈与托轮做相对滚动。

滚圈通常是用铸钢加工而成的，一台回转窑上滚圈的数量，安装位置是由筒体的长度、直径以及筒体强度和刚度所确定的。在可能的条件下应力争减少滚圈的数量，因为每增加一个滚圈，其基建投资、加工量将大幅度增加，生产中维修费用也会增加。通常直接还原窑 40m 以下设两道滚圈，40m 以上的窑设置两道以上的滚圈。

滚圈结构主要有两种形式：矩形断面和箱式断面，如图5-13所示。

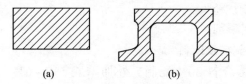

图5-13 滚圈断面形式
（a）矩形；（b）箱式

矩形断面滚圈铸造简单，加工容易，运转可靠，所以被广泛采用。箱式断面的轮带与同质量的矩形轮带相比，刚度大，但铸造复杂，质量不易保证，运转可靠性不如矩形断面滚圈，所以采用较少。

少数回转窑使用剖分式滚圈，但剖分式滚圈加工量大、刚性小，一般不使用。仅在滚圈直径过大、运输有困难时，为便于运输不得已时采用，如图5-14所示。有些回转窑为了简化制造工艺，增强筒体强度和刚性，采用筒体加固板、筒体和滚圈合在一起的结构，如图5-15所示。

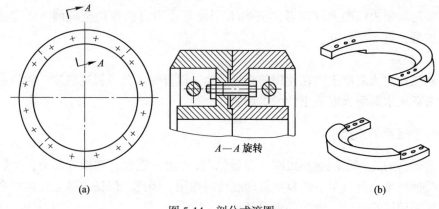

图5-14 剖分式滚圈
（a）四剖分式；（b）两剖分式

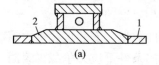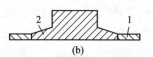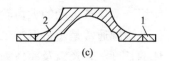

图5-15 滚圈与筒体的联合
1—筒体；2—滚圈

滚圈与筒体的固定有两种方式：松套式，即滚圈活动套在筒体上；铆焊式，即滚圈铆或焊在筒体上，采用固定式安装。

松套式安装是将滚圈松套在筒体上，筒体与滚圈间衬以垫板，垫板与筒体焊在一起。垫板用来将筒体载荷传递给滚圈，使筒体不直接与滚圈相磨损。垫板的块数按筒体均布计算，垫板总宽应占圆周长的 60%~70%，垫板厚 30~60mm，垫板是内径与筒体外径曲率相同的弧状板，垫板的外圆与滚圈内圈之间留有适当间隙，允许筒体自由膨胀。合理选择间隙大小，使之既可控制热应力，又可充分利用滚圈的刚性，对筒体起加固作用。滚圈的轴向位置由滚圈两侧交错安置的挡环来定位，限制滚圈对筒体的轴向窜动（见图 5-16），目前回转窑多采用松套安装。

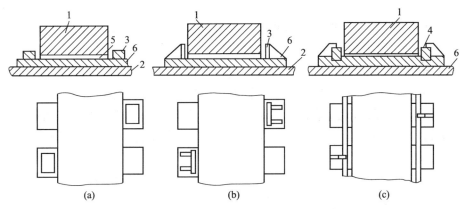

图 5-16　松套式滚圈安装及挡板形式
1—滚圈；2—筒体；3—挡板；4—挡圈；5—间隙；6—垫板

由于活动套装轮带的温度与筒体温度不同，轮带与筒体的膨胀值也不同，特别是烧成带热端更为显著，所以必须使轮带与筒体垫板间留有适量间隙。其大小由下式计算：

$$\Delta D_1 - \Delta D_2 = \alpha\left[(t_1 - t_2)D_1 - (t_3 - t_2)D_2\right] \qquad (5-11)$$

式中　$\alpha$——线膨胀系数；钢为 $1.2\times10^{-5}\text{℃}^{-1}$；

　　　$D_1$——筒体外径，mm；

　　　$D_2$——轮带内径，mm；

　　　$t_1$——筒体温度，℃；

　　　$t_2$——所在车间室温，℃；

　　　$t_3$——轮带平均温度，℃。

由于在开窑点火后一段低温阶段，长期运转的磨损，其间隙会逐渐增大，达到十几甚至二十几毫米。轮带一侧的挡环也会显著磨损，甚至由于干摩擦或受力不均，轮带与挡环之间还会发出"嗒、嗒、嗒……"的响声。轮带活动套装在筒体上，因其内径稍大于垫板外圆的直径，所以筒体运动后，垫板与轮带内表面会产生相对移动。当轮带与筒体为滚动时，每旋转一圈移动量为：

$$\Delta L = \pi(D_2 - D_1) \tag{5-12}$$

但实际上轮带与窑筒体既滚动又滑动，式（5-12）可修正为：

$$\Delta L = 2(D_2 - D_1) \tag{5-13}$$

式中 $\Delta L$——移动距离，mm；

$D_1$——筒体垫板外径，mm；

$D_2$——轮带内径，mm。

移动量 $\Delta L$ 越大，说明轮带与垫板之间的间隙越大，而间隙大除加快磨损外，还使轮带起不到加固筒体的作用，所以最好是定期更换垫板来调整间隙。另外，随着运转时间的延长，窑衬逐渐磨薄，筒体表面温度升高，再加上轮带内圆加工的误差，轮带内圆与垫板外圆往往不能达到理想的配合，有时安装窑时就发现其间隙过大。但是间隙过小，又要造成现场安装困难和运转过程中对筒体的约束；而且垫板的加工、焊接工作量较大，轮带处又要采用很厚的钢板，造成筒体卷制困难。所以，目前活动套装轮带的结构仍不够理想。为了进一步合理利用材料、简化制造、安装工作，降低造价，在提高筒体刚性的前提下，又朝着筒体、轮带一体化的方向发展。

铆固式安装（见图 5-17），可充分发挥滚圈对筒体的加固作用。但这种安装限制了筒体的热膨胀，使筒体及滚圈内产生很大的热应力，且这种安装仅适用于箱式滚圈，这种安装方式目前已很少采用。

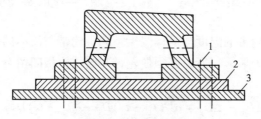

图 5-17 铆固式滚圈
1—铆钉；2—垫板；3—筒体

### 5.1.5.2 托轮与轴承

托轮装置承受整个回转窑回转部分的质量（包括筒体、窑衬、物料、滚圈、窑体大齿圈），并使筒体、滚圈能在托轮上平稳转动。托轮组由托轮、托轮轴以及挡圈等组成，如图 5-18 所示。托轮直径通常为滚圈的 1/4~1/3，即 $D_滚/D_托 =$ 3~4，一般大窑取小值，小窑取大值。

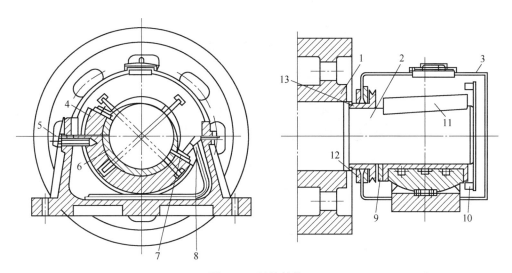

图 5-18 托轮结构

1—托轮；2—托轮轴；3—托轮轴承壳；4—球面衬瓦；5—固定螺丝；6—轴瓦；7—压板；
8—水冷管；9—端瓦；10—油勺；11—油槽；12—油封；13—推力环

托轮的宽 $B_托 > B_滚 + 2v$，式中 $B_托$、$B_滚$ 分别为托轮及滚圈宽，$v$ 为筒体最大轴向窜动距离，一般为 20~40mm。托轮宽度应保证筒体轴向窜动时，滚圈仍在托轮之上，避免滚圈超出托轮造成不均匀磨损。

托轮通过托轮轴轴颈支撑在轴承上，托轮轴受力很大，极易损坏，通常用45 号锻钢加工而成。

托轮装置按所用轴承可分为滑动轴承托轮组（见图 5-19）、滚动轴承托轮组（见图 5-20）及滑动—滚动轴承托轮组（径向为滑动轴承，轴向为滚动轴承），滚动轴承托轮组又可按轴转与轴不转分为转轴式及心轴式。

滚动轴承托轮组具有结构简单，维修方便，摩擦阻力小，可减少电耗，制造简单等优点，但托轮负荷可达数吨，轴承尺寸很大，供货困难。旧的回转窑多使用滑动式轴承托轮组，其结构如图 5-19 所示。

图 5-19 中，轴承座（件 15）用铸铁铸成，轴承座内铸有凸台并加工成凹球面，在这个球面上安放球形轴承瓦或下部水箱（件 16）。件 16 是自动调心式球形瓦，可减轻托轮因轴承座或轴瓦安装误差的影响和满足托轴调节时的需要。轴瓦工作面为半圆的青铜套（件 18），青铜套可以更换。为了防止轴瓦因接触面间的摩擦力而随轴一起转动，窜出球面瓦，在轴承座上拧入一固定螺丝，在球瓦上设压板（件 12）。轴瓦与水平线成 30°角，保证整个轴瓦面承受压力。轴瓦的润滑油由轴端的油勺（件 9）将轴承座内的润滑油提起，倒入油盘（件 7）内进入轴瓦，轴瓦用流水冷却。

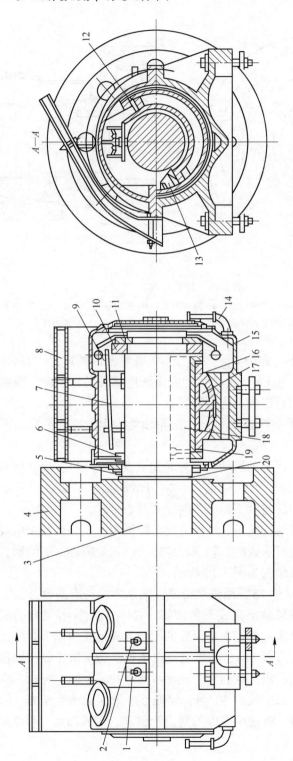

图 5-19 滑动轴承托轮组

1—冷却水进水口；2—冷却水出水口；3—轴；4—托轮；5—密封圈；6—刮油器；7—油盘；8—隔热罩；
9—油勺；10—止推环；11—卡环；12—压板；13—压块；14—油面计；15—轴承座；
16—球面瓦；17—冷却水通路；18—轴瓦；19—回油孔；20—轴上台阶

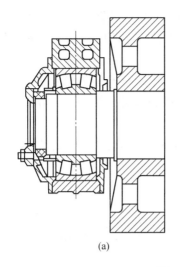 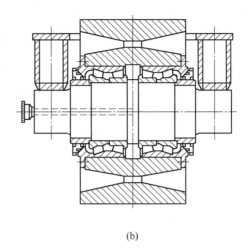

(a)　　　　　　　　　　　(b)

图 5-20　滚动轴承托轮组

（a）转轴式；（b）心轴式

　　托轮的安装必须保证装在筒体中心线（轴线）水平投影相等距离的位置，即图 5-21 中，$l_1 = l_2$。一对托轮之间的距离应是通过托轮断面中心 $O_1$ 和筒体断面中心连线长，即 $O_1O_2 = l_1 + l_2 = R + r$。通过托轮中心和筒体断面中心所连成的两直线夹角应当等于 60°，这样才可保证筒体在托轮上的稳定性和筒体所受的侧向力最小，托轮的表面应具有与筒体相同的倾斜度。

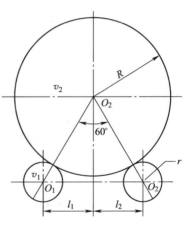

图 5-21　托轮组安装示意图

### 5.1.5.3　平轮（挡轮）

　　回转窑是倾斜安装的，在运转过程中由自重及摩擦产生轴向力，又因滚圈和托轮轴线不平行而产生附加轴向力，形大体重的筒体的轴向位置建议是固定的，应当允许沿轴向往复窜动。同时，为了使宽度不等的托轮和滚圈的工作表面磨损均匀，也要求筒体能有轴向窜动，窜动一般允许每 8h（一班）为 1~2 次。挡轮则起限制或控制轴向窜动的作用，挡轮通常有信号挡轮和受力挡轮两种。

　　A　信号挡轮

　　在靠近传动装置附近的滚圈两侧各设置一个挡轮，作为信号装置，与滚圈保持 20~60mm 的间隙。在正常生产情况下，滚圈可在此范围内移动。当窑体窜动上（或下）移时，与上（或下）挡轮接触，使挡轮开始旋转，以表示需要采取措施，使窑筒体下（或上）移，达到新的平衡状态，这种信号挡轮一般能够抵挡住筒体滚圈给予的暂时压力。信号挡轮按其结构可分为以下两种：

（1）滑动轴承型挡轮（见图5-22）。它在生产中运行不够平稳，主要是由于挡轮的圆周速度较小，致使轴与轴瓦之间形成油膜和润滑分布不均，容易磨损轴瓦。所以轴瓦磨损较快，经常须检修或更换。

（2）滚动轴承挡轮（见图5-23）。这种轴承的特点是运转平稳，结构简单，检修方便，易于操作，既省电又省油。

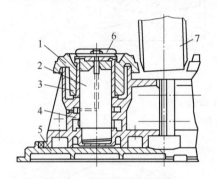

图5-22　滑动轴承型挡轮

1—挡轮；2—挡轮轴；3—轴瓦；4—挡轮座；
5—底座；6—压盖；7—轮带

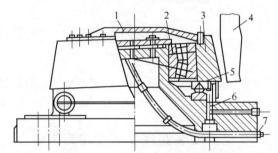

图5-23　滚动轴承型挡轮

1—盖；2—滚动轴承；3—挡轮；4—轮带；
5—推力轴承；6—挡轮座；7—润滑系统

### B　受力挡轮

受力挡轮可分为固定受力挡轮和液压推力挡轮两种。

（1）固定受力挡轮，其结构与上述信号挡轮的结构相同。当仅有信号挡轮时，由于窑筒体的滑推力需由数对歪斜托轮所产生的向上推力来抵消，托轮与滚圈的轴线互不平行，造成接触面压力不均和轴向滑动现象，导致过早和不均匀磨损，而且歪斜托轮还使传动功率提高。固定受力挡轮可承受筒体的下滑推力，允许托轮中心线与筒体中心线平行安装，使托轮与滚圈在整个宽度上接触，可消除局部接触所引起的过大接触应力，减少磨损。但由于挡轮位置固定、托轮与滚圈接触位置不变，经长期磨损，在托轮或滚圈上将出现台肩，不利于筒体的自由伸缩，也增加了一些检修工作量。

（2）液压推力挡轮（见图5-24），由挡轮、液压缸、液压站等三部分组成。挡轮夹持在导轨上。当窑筒体启动时，液压泵电动机和电磁换向阀右边的电磁铁也同时动作，电动机带动高压油泵从油箱中将油吸出，经过过滤器进入单向阀，再流进组合阀，调节油量及控制系统中的安全压力。此时由于电磁换向阀的右边电磁铁已接通电源，它将滑阀推向左边，使组合阀与液压缸形成通路。高压油经过电磁换向阀流入液压缸，推动活塞迫使筒体和轮带向上移动。当挡轮座的碰块移动到限位开关相碰时，使液压泵电动机的电源和电磁换向阀右边的电磁铁电源切断，此时液压泵停止供油，并接通电磁换向阀左边的电磁铁电源，将滑阀推向右边；切断了液压缸和组合阀的通路，于是挡轮不再向上推动，液压缸的油液也无法回入组合阀，而与调节截止阀构成通路。这时窑筒体在重力作用下开始缓慢向下滑动并将油缸的油液排出，经调节截止阀流回油箱。当筒体下滑使挡轮座的碰块碰到限位开关时，液压泵电动机又接通电源，电磁换向阀换向，使挡轮重新推动筒体向上移动。筒体向上移动的速度是用组合阀控制流出的油量来改变的；筒体下滑的快慢，是用调节截止阀来控制的。

对只有三个托轮组的窑，在传动装置附近设置一个液压推力挡轮即可，一般在 8~12h 内筒体上下窜动 1~2 次。上推速度控制在弹性滑动速度（大约

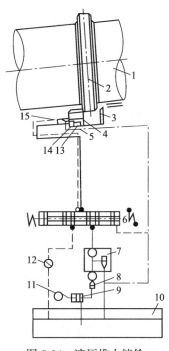

图 5-24　液压推力挡轮

1—回转窑；2—轮带；3—挡板；4—挡轮座；
5—油缸；6—电磁换向阀；7—组合阀；8—单向阀；
9—高压油泵；10—油箱；11—液压泵电机；
12—调节截止阀；13，14—限位开关；15—碰块

4mm/min）范围内，因上升速度过快，使托轮和轮带表面产生相对滑动，造成轴向刻痕。所以，采用液压推力挡轮，让托轮与筒体中心线平行安置，使托轮与轮带的磨损均匀，克服了由于托轮歪斜所产生的不良后果，延长了使用寿命；而且操作维护简单，免去了繁重的托轮调整工作，减少了维修费用，并为回转窑的长期安全运转创造了条件。

此外，无论什么型式的挡轮，为了使轮带与挡轮接触面摩擦力最小，轮带应与挡轮滚动接触。但有的旧窑上挡轮与轮带工作面都是圆柱形，接触点处两轮的线速度不一，形成滑动摩擦，使轮带与挡轮接触面易于磨损。

当挡轮轴瓦磨损时，旋转的轮带施于挡轮的压力，使其轴承中心线偏离一侧，其压力的分力会使挡轮受一个向上推力，甚至造成挡轮上抬，影响回转窑的正常运转。所以，轮带与挡轮工作面一般为易于加工的圆锥形，圆锥形的延长线与挡轮、轮带中心线交于 $O$ 点，如图 5-25 所示。此时，托轮与轮带接触面点各直径之比为常数：

$$\tan\alpha = \frac{d}{D} \qquad (5\text{-}14)$$

接触点处两轮圆周速度相同，避免几何滑动，形成滚动接触，此时摩擦力最小，接触面磨损最少。轮带给予挡轮的压力的分力向下，不会引起挡轮上抬现象，简便了操作，减轻了维护工作。

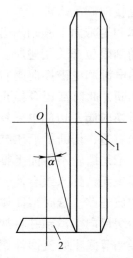

图 5-25　挡轮、轮带工作面
1—轮带；2—挡轮

### 5.1.5.4　托轮的调整

根据生产中维护回转窑的经验，要保证回转窑机械设备长期安全运转，关键在于调整托轮。

正确地调整托轮的目的是：(1) 维持回转窑轴线的直线性；(2) 使窑体能沿轴向正常地往复窜动；(3) 可使各组托轮均匀地承担筒体载荷。

**A　窑身上下窜动原理**

窑身有一定的倾斜度，它在托轮上回转时，如果托轮与滚圈的向下滑动摩擦力大于或等于窑身向下滑动的力，运转时窑身就可稳定在原来位置上而不会下滑。

使窑体向下移动的力是窑回转部分重力的一个分力，这个分力由下式算出：

$$P_{移} = G\sin\alpha \qquad (5\text{-}15)$$

式中　$G$——窑体及所有的零件、内衬和窑内物料的质量。

　　　$\alpha$——窑体倾斜度。

如果所有托轮的纵轴都和窑体的纵向中心线平行，那么托轮及滚圈工作面之间的滑动摩擦力（见图 5-26）就是阻止窑体移动的力：

$$F = fG\cos\alpha \qquad (5\text{-}16)$$

式中　$f$——钢与钢之间无滑润油的滑动摩擦系数。

当滑动摩擦系数 $f = 0.15$、窑的最大倾斜角 $\alpha = 3°$ 时，摩擦力及使窑体移动的力之间的关系可由下式表示：

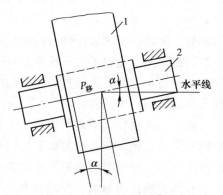

图 5-26　托轮上力的分析
1—滚圈；2—托轮

$$K = \frac{P_{移}}{F} = \frac{G\sin\alpha}{fG\cos\alpha} = \frac{\tan\alpha}{f} = 0.35 \qquad (5\text{-}17)$$

计算证明，使窑体移动的力仅仅是阻止窑体移动的力的 35%，故窑是不会滑下来的。

由于各个托轮与滚圈接触情况不同而产生的摩擦力的大小也不同，也就是说当托轮与滚圈之间向下滑动摩擦力大于窑体向下移动的力时，窑身就不会向下移动；如果托轮与滚圈之间向下滑动摩擦力小于窑身向下移动的力时，那么窑体就会向下移动。

但是，当托轮产生歪斜，托轮与滚圈相对运动时，将产生附加的作用力，这个力可使窑体向上或向下移动。图 5-27 和图 5-28 即为调整托轮角度而使窑身向上或向下移动的示意图。

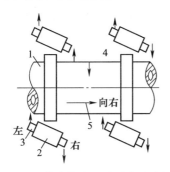

图 5-27 使窑体向上移动的示意图
1—窑体；2—托轮；3—顶丝动作方向；
4—窑身向转方向；5—窑身移动方向

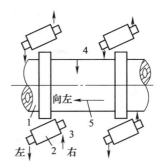

图 5-28 使窑向下移动的示意图
1—窑体；2—托轮；3—顶丝动作方向；
4—窑身向转方向；5—窑身移动方向

托轮轴线与窑轴线在垂直面上的投影不平行称为倾斜，在水平面（严格说是窑安装的斜平面）上的投影不平行称为歪斜。调整托轮使窑体上窜可做如下分析：

设置普通挡轮时，需依靠托轮轴线相对于滚圈歪斜产生使窑体上窜的力，当它大于窑体自重的下滑分力时，窑体能上窜；反之，使窑体下滑。而在推力挡轮和液压挡轮的情况下，要求托轮轴线与滚圈轴线平行。

托轮调斜产生窜动力的原理如图 5-29 所示。在托轮与滚圈的接触点处，由于托轮轴线是固定的，因此速度方向为 $u_t$。滚圈的圆周速度方向为 $u_r$。$u_r$ 与 $u_t$，方向的不同，就对滚圈产生

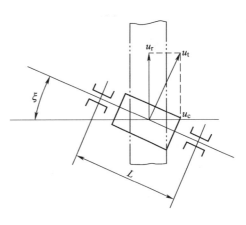

图 5-29 托轮调斜

了窜动速度 $u_c$，以及相应的窜动力；并可知，窜动力的大小随歪斜角度 $\zeta$ 而增减。

为了获得上窜力，托轮歪斜方向与窑回转方向关系如图 5-27 和图 5-28 所示。托轮歪斜的角度一般不大于 0°30′。应使获得的上窜力稍大于窑体的下滑力，在窑的运转过程中，使滚圈经常是上窜的。为使窑体下滑，可在受力较大的托轮面上抹少量油，减少摩擦系数。一般每班使窑体往复窜动 1~2 次即可。

B　调整托轮的步骤

采用一般方法不能使窑身处于要求的位置时，就必须调整托轮顶丝。托轮工调整顶丝是在技术上最难掌握的一项工作，特别在托轮较多的窑更是如此，所以在动顶丝前应对窑的运转情况详细研究，找出窑身位置不正常的真正原因，再确定调整哪几道顶丝。调整顶丝须经领导同意。调整窑身的具体方法与步骤如下：

（1）详细检查各托轮受力情况，应先从受力大的托轮着手，因受力大的托轮其摩擦力必大，所以先调此托轮，则使窑移动的效果表现得很快；

（2）动顶丝之前先准备好适合的扳手、锤子等工具，而后将轴承座的地脚螺栓松开，根据情况调整；

（3）顶托轮时绝对防止将托轮顶成"八"字形（见图 5-30），因"八"字形托轮在运转时两个托轮之间所产生的力是相反的；

（4）调整顶丝，一次最好不超过 1mm，防止校正过度而引起反作用；

（5）调整顶丝必须在转窑时调整，以防托轮与滚圈受损或顶丝折断。

（6）调整顶丝完毕，要即时将地脚螺栓上紧，并要特别注意窑的回转情况是否有好转或恶化，以便及时掌握。

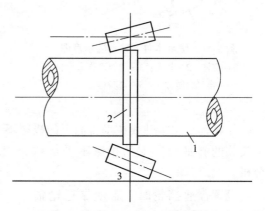

图 5-30　"八"字托轮的滚圈形式
1—窑体；2—滚圈；3—托轮

综上所述，可总结调整托轮的法则：调整者面对着转动的滚圈，滚圈的最低点向调整者转动。若使窑体向右窜动，则将靠近调整者的那个托轮的右轴承和远离调整者的那个托轮的左轴承向炉体中心线移动，同时使另外两个轴承向远离中心线方向移动；向左，则反之。

用油润滑托轮和滚圈工作面，减少其摩擦力，可使筒体下窜。将上过油的托轮和滚圈擦干或向托轮工作面涂抹粉末可使筒体上窜。但是，用这种方法很难使窑体在托轮上达到稳定位置。一般在正常操作中，托轮和滚圈工作面必须是干燥、清洁的。

### 5.1.5.5 回转窑与托轮机械的操作与维护

**A 开车前应进行的准备工作**

开车前的准备工作是非常重要的，因为托轮等机械决定窑能否转动，因此往往由于在开窑前，一些准备工作做得不周，而延长了开窑时间或窑已开而被迫停车，在整个生产上造成被动，影响很大，所以托轮工对开窑前的准备工作应非常重视。其应针对所负责机械进行有次序的检查，应检查的机件如下：

（1）各个地脚螺栓有无松动现象，各个齿轮键和大齿轮的对口螺钉、挡轮的拉杆螺钉是否紧固，否则立即上紧，以免开车后因螺钉松动而影响运转。

（2）各个齿轮吃牙深度及齿啮合情况，一般窑身大齿轮（如模数 $m=40$）要保持 $7\sim9mm$ 的牙隙（窑径 $3.0\sim3.6m$），各齿轮有无损坏，安全罩是否完好，以免发生事故。

（3）详细检查各托轮轴瓦及传动轴瓦内有无防碍运转的杂物。油内是否清洁，有无砂子、铁屑，油是否变质；冷却水是否畅通，有无漏水的现象。如发现有以上异常情况时，应立即处理，否则不能开车。

（4）检查减速齿轮箱、循环液压泵以及过滤器与压力表等设备是否完好。冷却水管是否畅通好用，以免开车后回转部分温度升高。

（5）将本岗位所用油脂准备好，如某轴瓦油量不足，应先加足油后，方可开车（油量足否要根据各轴瓦所设的油标装置判定）。

（6）滚圈有无杂物及破裂的现象。

（7）检查各顶丝位置是否正常（有无松动及歪斜现象），并须将顶丝旁杂物清理干净，将顶丝用黏油涂上，避免开车后将丝口碰伤，调整不灵活。

（8）通知电工检查电器设备绝缘是否良好。

（9）点火前应与看火工联系空试车 $30\sim60min$，以便及时发现问题，加以解决。

（10）如在冬季，点火之前最好在各滚圈下部用木柴燃烤 $2\sim3h$（翻动烘烤），以免窑内点火后，升温过快，使滚圈内外温差过大而由于热应力造成滚圈破裂。此问题应根据各地气候掌握。

（11）窑体所设的测温系统应安装齐备，窑各部取样孔应与看火工结合检查是否好用，有无堵塞现象；另外，将本岗位所用工具准备好。以上情况经检查完全无问题后将检查情况记入记录本，同时汇报值班长或通知看火工"可以随时开车"。

B 运转中托轮的操作

机械传动回转部分的使用寿命的长短取决于其润滑情况的好坏，润滑好则能减轻回转部分的磨耗，也就增长其设备的使用寿命。否则润滑不良则增加回转部分的磨损而降低设备的使用寿命。所以润滑是操作者对设备维护的一项重要任务，下面对托轮正常操作中应注意的问题加以说明。

（1）在正常运转中尽量使窑身数小时跑上而数小时跑下，这样，回转摩擦部分的工作面普遍均匀，不致使较小的局部过分磨损，而降低回转机械的寿命，特别是滚圈与托轮的工作面。如果窑体长期上行或下行，则应调整托轮，或用抹油和撒料面的方法调整在托轮上的位置。

（2）每小时应对各个轴瓦详细检查油量是否充足，有无变质，瓦温度是否超过规定温度（一般轴瓦温度，钢瓦不得超过80℃，五金瓦不得超过60℃），轴有无磨沟及起丝的现象。如果有磨沟及起丝等现象，则证明此瓦中，瓦与轴之间有铁屑或砂子等物，应立即清除。冷却水是否畅通，减速箱的液压泵运转是否正常（注意，油压表的压力一般应为$10\sim20N/cm^2$），及检查油路是否畅通，传动有无异常杂音及震动现象，其温度夏季不得超过55℃、冬季不得超过45℃。

检查窑壁温度。将测得温度记入班报上，如有超过350℃或窑体某处局部过热者，应及时报告看火工使其注意窑衬，以免造成窑衬烧损而产生红窑事故。

（3）如果用干油瓦（用钠基滑润脂），约需每4h加油一次。齿轮组如果是油浸槽者，可4h加油一次。稀油瓦应根据油量情况加入，总之要保持有良好的滑润，一般的换油期与清洁工作见表5-5。

**表5-5 润滑与清洁工作制度**

| 部位 | 使用油类 | 清洗时间 | 换油日期 |
|------|---------|---------|---------|
| 齿轮箱 | 齿轮油 | 12个月清洗过滤一次 | 每年换油一次，如冬季<br>用油不同要换两次 |
| 托轮轴承 | 维字24号气缸油 | 6个月清洗一次 | 6个月换油一次 |
| 传动齿轮 | 循环齿轮油 | 每年清洗一次 | 2个月换油一次 |
| 挡轮 | 钠基润滑脂 | 4h拧一次 | |

（4）回转窑因故障停车（尤其是雨天停车），应督促看火工按时翻窑，以免窑体处在高温下其刚性减低，受重力作用而使窑体弯曲，或因一部分突然遇雨受到急剧冷却收缩，窑体上下冷却不一致，形成窑身弯曲，严重时会使回转窑无法运转。

（5）除详听各机械传动声音是否正常之外，还要随时听窑内有无振动声音。如果有与以往不同的异常声音，应立即报告看火工，判断窑内是否形成大球或窑皮与耐火砖等脱落，以及窑内风管脱落等事故的产生。

C 事故处理

当发生任何事故时，操作者应立即设法找出原因，然后针对原因解决问题。托轮一般可能发生如下故障。

（1）轴瓦发热的原因及处理方法。

1）轴瓦用油规格不对，或油内有水或杂物而引起变质失去滑润作用，增加轴与瓦的摩擦力致使轴瓦发热。因此，应立即换油或清洗瓦内杂物。

2）瓦内油勺不正或油槽孔眼下油不均匀、堵塞等，应酌情调整油勺及拨通油槽的漏油眼。

3）托轮受力不均，一般每组托轮所承受的滚圈和窑体的质量约为数十吨，如托轮吃力不均，则吃力大的托轮所承受的负荷大，所以轴对瓦的压力就大，从而隔绝了润滑油的进入，增加摩擦力，致使瓦变热，一般这种现象不多。除润滑不良外，大多数是由于托轮受窑上下移动的力，使托轮被压向与窑移动相反的方向。这种推力给托轮轴根（即轴靠托轮的部位）与瓦座的边缘增大了摩擦力，而将热传到瓦内致使整个瓦发热。如果遇托轮瓦发热，应首先考虑这个问题，发现因上述原因引起的轴瓦发热，应立即根据窑身向上或向下移动的时间，用加油或撒料面的方法加以调整。而后可根据瓦热的发展情况，加以调整，并采取换油及隔绝窑体辐射热的办法，改善轴瓦工作条件。

（2）托轮在运转中产生震动，这种现象大部分是由于托轮与滚圈的工作面产生了滑动而引起的，因此应该检查托轮面上是否有油脂等润滑物，如果有则应立即擦掉或撒料面增加滚圈与托轮之间的摩擦力使其滑动消失，减少震动。

如果是由于托轮吃力不均，产生歇轮而使窑身转动时发生跳动，致使滚圈与托轮震动，这种情况应酌情将该托轮向里顶，直至与其他的托轮吃力相等为止。顶托轮时应考虑在未顶前窑身跑上或跑下的情况，如跑上力大时，则可有意识地将使窑向上的顶丝少顶一点，而将使窑向下的多顶一点。如窑身跑下力大时，可用与上述相反的方法调整。如窑身跑上跑下尚适当的情况下，应将该托轮的两顶丝平行向里顶，数量要适合托轮受力情况的要求。当齿轮组传动不正常时，如果齿轮啮合不好，地脚螺栓松动，使传动力不一致，则能引起窑在运转中发生震动，所以当窑震动时，除检查各托轮外，还应考虑窑的传动设备是否正常。

窑身震动的原因大多不一样，往往窑在最初点火下料时，由于窑内物料少而使窑身在运转中产生震动。如遇此种情况不要惊慌，待窑内料多后就会好转，但此时应加强机械的维护，以免因窑身跳动过大而损坏机件。

（3）压力表打不起来，一方面可能是油压表不好用，另一方面可能是液压泵有故障。如果是液压泵有故障，则应立即停车处理，以免减速箱因缺油损坏齿轮或轴瓦而影响运转。

（4）滚圈断裂的修理，滚圈断裂时应停窑修理，一般都是采用补焊，或在滚圈的断裂缝处的断面上凿一个两端大中间窄的工型槽，再做一块与工形槽材质、形状相同的铁块置于槽内后将所有缝满焊、修平，如图 5-31 所示。

（5）窑身弯曲的防止和处理。如窑身弯曲时，则在运转中滚圈与托轮面之间有半周接触而另半周不接触。这种现象的产生主要是因窑身弯曲所致，窑身弯曲的主要原因是窑体在高温时突然停车，而且停车时间较长，未曾翻动，致使窑体下沉，造成弯曲。如遇上述情况时，在操作中可将窑弯处记上，待下次停窑时，可将有记号处

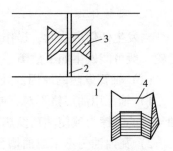

图 5-31　滚圈断裂修补方法
1—滚圈；2—裂缝；3—凿槽；4—铁块

的弯背有意识地停在上部，使其再下沉回至原来的状态。但这是一种消极的补救办法，积极的预防办法是遇停车时注意及时翻窑，特别是雨天更应如此。一般窑在高温时停下，在前 2h 内，最少要每 30min 翻一次，每次翻半圈；雨天要每 10min 翻一次。2h 后根据情况延长翻动的间隔时间，如因动力故障不能翻时，则应组织人力翻窑。但是，一般的较轻曲弯是不需要调整托轮的。根据经验，一般经过 8~16h 的运转，即会慢慢校正过来，如超 24h 仍无好转时，则可想法调整托轮，以免歇轮过久，其他机件负荷过大而发生意外故障。

（6）窑身大齿轮与其所接触小齿轮吃牙过深时（即牙隙过小）的纠正。如遇上述情况，在托轮的操作中，一般是采取顶窑，即根据齿啮合的情况和角度的关系，采用将各挡轮的顶丝向里适当顶入的办法。但要力争保持托轮原来与滚圈所接触的角度位置的吃力情况和窑中心线的正确，且要根据窑的增高程度而适合齿轮吃牙深度的需要。如果齿轮半部吃牙情况尚可而半部过深时，可将吃牙过深的半部方向所属的托轮统一向里顶入，使窑身半部起高适于吃牙过深的半部牙轮的接合情况的需要。

（7）窑身大齿轮与其啮合的小齿轮啮合太浅时的纠正。如遇上述情况，在托轮的操作中，一般采用落窑的方法。根据齿轮啮合情况和其角度的关系，将各挡轮的顶丝适当地向外松出，松出的量要适于齿轮啮合情况，且使托轮位置要保持原有与滚圈相接触的情况相同，使窑的中心线正确。如窑的大齿轮吃牙不均，当吃牙小于 1/2 时，应调整轴瓦座，使齿吃力均匀。

（8）窑身偏斜的纠正。此问题在操作上表现的窑头可能与窑头罩密封圈的左边或右边相摩擦，窑尾可能与密封圈的右边或左边相摩擦。上述情况的调整，可以采用以托轮的位置来纠正的办法，即将窑摩左边一端的左面顶丝向里顶入而右边顶丝向外松出。其量要符合窑的中心线。而另一端右边顶丝向里顶入，而左面顶丝向外松出，其量要符合窑的中心线，如图 5-32 所示。

上面所说的操作法是过去水泥厂所用的土办法，目前可用仪器测量，依测得

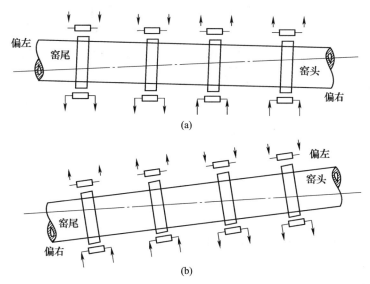

图 5-32 窑身偏斜的情况

（a）窑头偏右，窑尾偏左；（b）窑头偏左，窑尾偏右

（↑表示托轮顶丝的动作方向）

数据进行调整。

D 用水平仪法检查窑轴线——测量窑中心线

测量窑中心线的方法有水平仪灯光法和水准仪法以及激光测位法等。因水准仪及灯光法误差相当大，而且手续复杂，所以常用水平仪法辅以钢丝测量水平位置，计算出窑体弯曲部分大小，根据牙轮及托轮等情况进行调整。

举例说明：有一窑为三个滚圈，如图 5-33（a）所示。在测量时首先量出三个滚圈直径及滚圈之间的距离。测量滚圈直径有以下两种方法。

第一种方法：用钢皮尺量出滚圈周长，切忌偏歪，然后将周长除以圆周率 π，即得滚圈直径，计算公式如下：

$$滚圈直径 = \frac{滚圈周长}{\pi}$$

第二种方法：用横杆置于窑体上，切忌偏歪和不水平现象，横杆两端各系一根线和窑体相切，如线垂摆动，则将线垂放于油罐中待其稳定后，再量出两线间的距离，即为滚圈直径，如图 5-33（b）所示。

在测量两滚圈的距离时，钢尺要拉紧并和窑的中心线平行，否则误差会过大，在将滚圈直径与其间的距离量出后，即可置一水平仪于窑尾固定处（须和窑体不接触，如窑体过长则置于大牙轮附近）再选择一标准塔尺；如其尺寸过大不够精密，则可在其上置明显清晰的钢卷尺，将塔尺分别置于各滚圈上，水平仪记

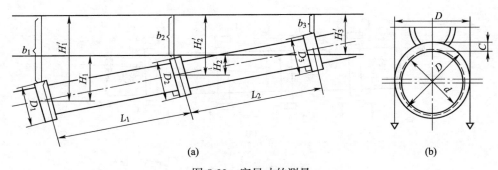

图 5-33　窑尺寸的测量

(a) 测量数据的位置；(b) 量滚圈直径方法

下其刻度尺寸，水平仪的视线为第一辅助线，即各滚圈至第一辅助线的距离参考图 5-33 (b) 的数据位置，可按下式进行计算。

已知：$D_1$、$D_2$、$D_3$、$L_1$、$L_2$；

量出：$b_1$、$b_2$、$b_3$；

计算出第一辅助线至窑的滚圈中心的高度 $H'$：

$$H'_1 = b_1 + D_1/2, \quad H'_2 = b_2 + D_2/2, \quad H'_3 = b_3 + D_3/2。$$

再做第二水平线通过后滚圈的中心，至第二辅助线高度为 $H$：

$$H_1 = H'_1 - H'_3, \quad H_2 = H'_2 - H'_3, \quad H_3 = 0。$$

如果以第二水平辅助线和各滚圈中心各点连接，即可划出一相似三角形（见图 5-34)，但实测计算的 $H_2$ 却不一定能划出相似三角形。

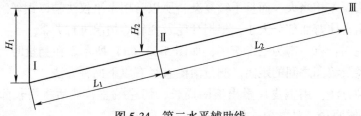

图 5-34　第二水平辅助线

在 Ⅰ～Ⅲ 线上的 Ⅱ 点，应当以 Ⅰ、Ⅲ 两点为标准，用比例法求出理论上 Ⅱ 点至第二水平辅助线的高度 $H'_2$，其与实际计算出 $H_2$ 差即为中挡高出或低下的距离，如图 5-35 所示。

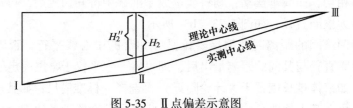

图 5-35　Ⅱ点偏差示意图

$H_2''$ 的求法如下：

$$H_2'' = \frac{L_2 \cdot H_1}{L_1 + L_2}$$

$H_2'' - H_2$ 即为实测窑的中心线与理论中心线在Ⅱ滚圈处的差值。如上述的窑身垂直位测法和计算，至少应每隔90°测一次，方可看出其实际情况。同时，也应当量出在每种位置时滚圈与垫板的间隙，作为调整窑时参考。在调整之前还应测量其在水平位置的偏差度，如图5-36所示。

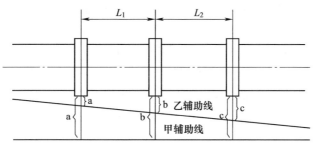

图5-36　水平位置的偏差度测量

甲乙辅助线为拉紧钢丝的位置（20号钢丝），甲辅助线采取与窑中心线的平行线，其至滚圈距离为 $a$、$b$、$c$，如计算时再加上滚圈半径 $R_1$、$R_2$、$R_3$，即可看出窑的滚圈中心的相对位置是否在一条直线上；乙辅助线为不平行于窑中心线的钢丝，其至各滚圈的切线距离为 $a$、$b$、$c$，计算方法与垂直面计算相同，量滚圈至辅助线的距离可以用两线垂及钢尺量。

将水平位置及垂直位置量出后，还须量出托轮的现在位置（见图5-37），在量托轮位置时，可根据窑安装的中心线找出，并将滚圈及托轮宽窄等记下，综合垂直位置、水平位置偏差及滚圈与垫板间隙 $C$，现在托轮吃力及磨耗情况，决定如何调整每个托轮。通常窑中心线允许误差为不大于5mm，可以保证窑的安全运转，而不影响窑衬的安全和寿命，最好是在运转中调整，否则设备将受到损失。

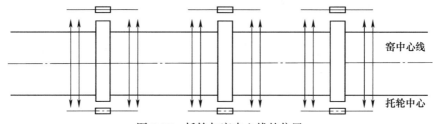

图5-37　托轮与窑中心线的位置

E　用铅丝试验法检查窑轴线——测量窑中心线

用经纬仪或激光检查回转窑的方法均要求停窑并冷却，测出的仅是静止和冷态的情况，往往与窑运转的热态的情况不符。铅丝试验法则是一种在窑运转情况下检查窑体轴线及托轮位置的方法。

铅丝试验法是将铅丝放入滚圈和托轮的接触面（见图 5-38），通过对直径 2mm 左右的铅丝（最好用电工保险丝）碾出形状，来判断托轮位置和托轮受力情况，进一步分析出窑轴线的状况，据此制订调整托轮的方案。

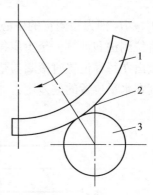

图 5-38　铅丝试验法
1—滚圈；2—铅丝；3—托轮

a　托轮在垂直面内倾斜方向和水平面内歪斜方向的判断

图 5-39 中 1~6 挡示出了托轮不同斜向与铅丝碾压形状及托轮窜动方向的关系，说明如下：

1 挡，托轮轴线与窑轴线平行，托轮与滚圈接触表面上的压力沿托轮宽度均匀分布，因而压出铅丝为长方形。

2、3 挡，托轮轴线在水平面内歪斜，此时接触表面上的压力分布是中心点最大，压出铅丝呈菱形。根据窑的转向及托轮窜动方向（由止推环与轴瓦的间隙 $e$ 在那一边确定），可判定歪斜方向，如图 5-39 所示。

4 挡，托轮仅在垂直面内发生倾斜，接触面上的压力为一侧最大，压出铅丝呈三角形。根据托轮无窜动，可知其在水平面内不歪斜。

5、6 挡，托轮在垂直面内倾斜，在水平面内歪斜，接触面上的压力分布，由于垂直面内倾斜起主要作用，使压出铅丝呈三角形。如 2、3 挡一样，由窑的转向及托轮窜动方向可判定歪斜方向，如图 5-39 所示。

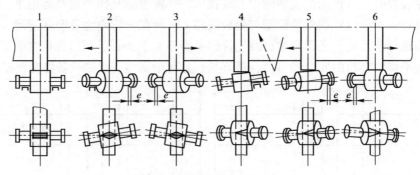

图 5-39　铅丝试验法示意图

b　托轮受力情况和窑轴线状况的分析

为进一步掌握托轮受力情况、窑轴线是否有弯曲及偏心位置，以表 5-6 为例进行测定和分析。

表 5-6 铅丝试验法测定数据汇总表 （mm）

| 挡别 | | 1挡 | | 2挡 | | 3挡 | | 4挡 | |
|---|---|---|---|---|---|---|---|---|---|
| 托轮 | | 左托轮 | 右托轮 | 左托轮 | 右托轮 | 左托轮 | 右托轮 | 左托轮 | 右托轮 |
| 托轮窜向 | | — | — | 向窑尾 | 向窑尾 | 向窑头 | 向窑头 | 向窑头 | 向窑尾 |
| 项目 | 测点 | b　t | b　t | b　t | b　t | b　t | b　t | b　t | b　t |
| 解压后铅丝宽 $b$ 和厚度 $t$ | I | 11　0.34 | 10.5　0.35 | 13　0.3 | 16　0.27 | 17.5　0.25 | 17　0.25 | 12　0.31 | 12.5　0.31 |
| | II | 10.5　0.35 | 10.5　0.35 | 12.5　0.31 | 14.5　0.29 | 18　0.24 | 18　0.24 | 16　0.27 | 15　0.28 |
| | III | 10.5　0.35 | 10.5　0.35 | 16　0.27 | 18　0.24 | 16　0.27 | 16　0.27 | 13　0.3 | 13　0.3 |
| 碾压后铅丝形状 | | | | | | | | | |
| 各测点 $b$ 值为纵坐标连成折线图 | | | | | | | | | |
| 托轮位置图 | | | | | | | | | |

（1）测定方法。

将滚圈在圆周上分成三等份（或更多等份）并编号，各挡滚圈的相同编号应位于窑体同一母线上，比托轮宽度稍长的铅丝拉平后从滚圈各编号位置送入。将碾压后的铅丝宽度、厚度数据以及观察到的托轮窜动填入表 5-6 中。以滚圈周长等分为横坐标，铅丝碾压后宽度为纵坐标作出折线。

（2）分析。

1 挡，托轮与窑轴线平行，而且反力较小。

2 挡，由铅丝压成菱形，可知托轮轴线在水平面内歪斜，由窑的转向及托轮窜向窑尾，可确定歪斜方向。同时，还可以观察到右托轮下碾压出铅丝宽度比左托轮下碾压出铅丝宽度更宽，说明用右托轮位置更靠近窑轴线，即窑轴线在水平面内弯曲。另外，在测点 III 处碾出铅丝为最宽，说明用 2 挡处窑体弯曲并凸向 III 点。

3 挡，由碾压出铅丝呈菱形，可说明托轮仅有歪斜无倾斜，歪斜方向见表 5-5。从左右两托轮下碾压出来宽度基本相等，说明两托轮受力相等；与相邻两挡比较，3挡碾压铅丝较宽，说明3挡支座反力较大，即3挡左右两托轮都太靠近窑轴线而抬高了筒体；还可看出，窑筒体在Ⅱ处略有凸出。

4挡，由碾压出铅丝呈三角形以及托轮均有窜动，可知该挡托轮既有倾斜又有歪斜。由三角形大端方位可知，左右托轮均向高端翘起。由于窜动方向相反，可得出左右托轮的歪斜方向是相反的，两轴线呈"八"字形，并可知窑筒体凸向Ⅱ点。

由以上分析，可以画出垂直面和水平面内的托轮位置图，也可以知道窑筒体最大弯曲点所在位置。如果需更准确地知道最大弯曲点位置，可在已测得的最大弯曲点两旁增加测定点作进一步的测定。

　　c　制订调整托轮方案

通过上述试验，掌握了各个托轮在垂直面和水平面内的位置等情况后，即可制订出调整托轮的方案，以达到预定的目的。

（1）推力挡轮和液压挡轮　要求无论在水平面还是垂直面内，托轮轴线都平行于窑轴线，则应使碾压出铅丝形状均呈长方形。

（2）普通挡轮　要求所有托轮处于下方推动窑体向上窜动，即间隙e在下端；同时所有托轮都稍微歪斜，以免个别托轮的推力过大，不允许出现"大八字"（见表6-5中2挡和3挡的托轮歪斜方向）和"小八字"（见表6-5中4挡的左右托轮歪斜方向）摆法；在垂直面内没有倾斜。因此，要求所有托轮碾压出的铅丝形状呈菱形。

（3）托轮倾斜的清除　当碾压出铅丝形状呈三角形时，说明托轮轴线在垂直面内倾斜，这就要求在托轮轴承座下加垫片，消除倾斜。

（4）托轮受力不均的消除　如果某个托轮比其他托轮辗压出铅线过宽或过窄，则说明该托轮受力过大或过小，也就是该托轮太靠近或远离窑轴线。这样，可以向外移或向里顶该托轮来解决。

由于回转窑托轮状态是很复杂的，铅丝试验法又是一种间接的测量判断方法，只能定性查明情况，不能定量。因此要对具体情况做具体分析，往往需经过几次试调托轮后，才能掌握托轮轴承座的顶丝的调整量和铅丝碾压后宽度变化的关系，才能掌握好这个方法。

　　F　托轮安全规则

（1）停窑修理时在窑未停稳之前，不得进行检修工作，同时在检修中必须与窑头操作工联系好，以防开窑或翻窑造成事故。

（2）清扫走廊时，防止水喷入电气设备，或扫下重物到机械或人身上。

（3）禁止用手摸运转中的牙轮，托轮与滚圈的接触面和轴瓦内的带油勺，以免伤人。

（4）一切加油和危险地点，必须有良好的照明。

（5）一切传动系统或回转轴等必须设安全防护罩，否则不得开车。

（6）如有人到窑顶上工作时，必须事先与窑头操作工联系好，并应系安全带或设保险杆，禁止穿硬底鞋在窑顶上走，以防滑倒跌下。

### 5.1.6 回转窑的传动装置

#### 5.1.6.1 回转窑传动装置特点

（1）回转窑载荷特点是在正常作业条件下阻力矩与转速无关，即恒力矩。起动力矩大，起动往往在满载条件下进行。此时托轮轴承内未形成油膜，阻力矩也大，一般认为起动力矩是正常运转时力矩的 3.5~4 倍，甚至更高。因而对电机要求严格，同时要求电机能适应高温辐射、多尘的工作环境。

（2）回转窑是慢速转动机械，一般转速为 0.5~2.0r/min，即 30~120s/r。由于使用低速电机，减速机传速比高达 50~100，因而传动装置的零部件尺寸都较大。

（3）回转窑要求能在较大范围内均匀调速，这是设计与调试回转窑传动系统最重要的任务之一。

（4）要求有辅助传动装置，以保证在电机发生故障或停窑检修时，可缓慢转动筒体，准确的回转某一角度，防止因窑内高温造成筒体永久弯曲，并可在砌砖或检修时使筒体准确的停止在指定位置。一般窑均有自备的独立事故电源或自备发电机组，保证向辅助传动供电。

（5）为确保运转可靠，通常驱动电机功率比实际使用功率要大得多。

#### 5.1.6.2 传动装置的结构

一般回转窑主传动采用主电机—主减速器—小齿轮—筒体大齿圈方式传动，在缺乏足够变速比或容量的减速机时，可在减速器和齿轮齿圈中间增加一级半开式齿轮传动或在电机减速器间加一级皮带传动，如图 5-40 所示。桦甸从福州搬迁来的 40m 窑采用图 5-40（b）所示的传动。

图 5-40（a）的传动采用三角皮带，制造简单，材质要求不高，减震性能好，传动装置如超载荷会引起三角皮带打滑，不会使传动装置损坏，起保险作用。但三角皮带长短不易一致，安装松紧程度不同，受力不一，使用寿命短，需经常更换，维修工作量较大。

图 5-40（b）的传动采用大型减速机，传动布置紧凑，占地小，速比恒定，安装调整方便，传动效率高，密闭润滑好，使用寿命长，维修工作量小。但减速机较大，其设计、制造、加工均要求严格，专门设计制造单位才能承担，而且离窑体近，易受窑体热辐射的影响，一般检修时其上盖不易起吊。

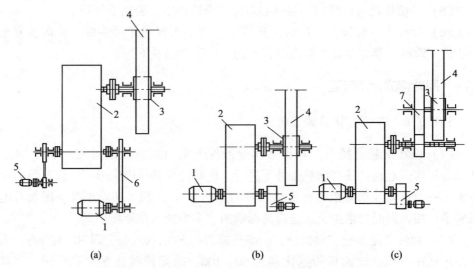

图 5-40　回转窑传动系统类型

1—电动机；2—减速器；3—小齿轮；4—筒体大齿轮；

5—辅助传动系统；6—三角皮带；7—半敞开式齿轮组

图 5-40（c）的传动低速段增加一对半敞开式齿轮，使减速机速比相对缩小，中心距缩小，便于选型和制造加工，传动装置的总质量也相对减轻。由于增加一对半敞开式齿轮，减速机可以离窑体远些，减少受窑体的热辐射，而且减速机位置易于布置，检修时不必移动下座，即能打开上盖检修各部件。

对于大型回转窑传动功率很大，由于大功率、大速比减速器设计制造困难，因而较大窑均采用双传动，如图 5-41 所示。双传动除了能解决大型电动机、减速器的选型外，还能减轻齿圈质量；一侧传动件发生故障时，可降低产量用另一侧继续运转；同时啮合的齿对数增加，传动更为平稳等优点。其缺点是：零件数量增加，安装维修工作量增大。确定单传动还是双传动主要依据是传动功率，电机功率小于 150kW 均为单传动，大于 250kW 一般为双传动，在 150~250kW 之间则单、双传动都有，视具体条件而定。双传动时电机的同步问题应注意保证，用直流电动机驱动的同步问题是完全可以保证的。

辅助传动的原动机多数为电动机，它与主电动机分别用不同的电源供电；也可以用内燃机，以省掉一套电源。在辅助电动机与主减速器之间有辅助减速器，以达到增大速比的要求。辅助电动机上应配用制动器，防止窑在电动机停转后由于在物料、砌砖的偏重作用下反转。窑反转速度往往接近甚至超过正常转速，此时若辅助传动未脱开，减速器变成了增速器，会使辅助减速器、电动机转速过高，达到每分钟上万转，以致发生危险。因此，要求制动器与辅助电动机同时接通或断电。制动器可采用电磁铁型或 YWZ 液压推杆制动器。由于慢速下托轮、挡轮及传动部分轴承润滑不良，长时间使用辅助传动是不适宜的，一般连续运转不宜超过 15min。

在辅助减速器的出轴和主减速器的入轴间设有离合器，在窑正常运转时，使辅助传动与主传动脱开。对离合器无特殊要求，常用的有斜齿式（牙嵌式）和柱销式等，也可以用超越（单向）离合器。超越单向离合器可将辅助电动机的力矩传入主减速器，如果同时主电动机按同一方向以更高转速驱动轴，离合器将处于脱离状态，起到了脱开两者的作用。除了使用超越离合器外，主电动机与辅助电机在离合器不脱开情况下不允许同时转动。为此，要求两者间有电气连锁。为保证操作的安全可靠，在离合器与主电机间还应有机械—电气连锁装置，以防在离合器未脱开之前启动电机。

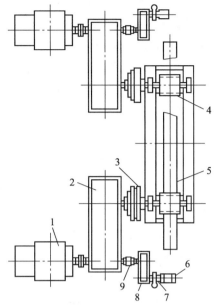

图 5-41　回转窑的双电机传动

1—主电动机；2—主减速器；3—低速轴联轴器；
4—齿轮；5—齿圈；6—辅助电动机；7—制动器；
8—辅助减速器；9—离合器

### 5.1.6.3　齿轮的配置

传动装置运转的可靠性，还决定于安装质量。大齿轮必须安装得和筒体断面中心同心，小齿轮及其传动部分又必须平行于筒体中心线，防止不正确的安装引起筒体的振动。一旦传动装置安装完毕，托轮支承部分的安装及调整也要考虑大小齿轮啮合位置及适当间隙，不得任意调整。回转窑传动装置通常应安装在筒体中部稍离热端，对两道以上滚圈的回转窑，筒体大齿轮通常与一滚圈相接近，以便安置在一个基础墩上。

大小齿轮的配置在单传动时，齿轮配置中心角 $\alpha'$（见图 5-42），一般为 20°~45°。$\alpha'$ 的大小影响传动装置的横向尺寸及减速器与筒体的距离。当减速器与齿圈间有半开式齿轮时，$\alpha'$ 宜小；没有半开式齿轮时，$\alpha'$ 应略大，以保证检修减速器时能吊起减速器箱盖等部件。大齿轮与小齿轮配置的位置，一般小齿轮应在筒体向上旋转的一侧，即两齿轮中心连线与垂线成一定角度，这样小齿轮对大齿轮及至筒体的作用力偏向上方，可减轻托轮轴部分载荷。同时，大齿轮对小齿轮的反作用力偏向传动轴承下座，而不是作用于轴承上盖，因而减轻了小齿轮传动轴承固定螺钉及地脚螺栓的载荷，与小齿轮配置于筒体下部的型式相比，可使减速机和电动机稍离筒体，减轻筒体的热辐射影响。

双电机传动时，中心 $2\alpha'$ 内包含齿圈齿数的尾数应为 0.5，使两侧齿轮的啮合过程相差半个周期：一侧在齿顶啮合，一侧在齿根啮合，使各瞬时的同时啮合因数的差别减为最小，提高了啮合重迭系数，有利于提高传动的平稳性。如 $\phi 3.5\text{m} \times 145\text{m}$ 窑，齿圈齿数 192，$2\alpha'$ 为 $60°56'15''$，在 $2\alpha'$ 内包含齿数 $\dfrac{60°56'15''}{360°} \times 192 = 32.5$。

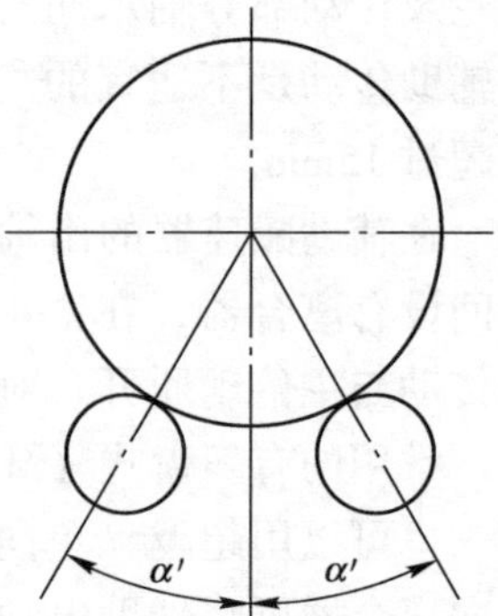

图 5-42  传动齿轮的配置

### 5.1.6.4  大齿轮的固定

（1）切向弹簧板固定，按切向弹簧板与大齿轮联接方式可分为以下两种。

1）螺纹联接。切向弹簧板，以螺栓固定在大齿轮内轮缘的平台上，如图 5-43（a）所示。

2）销钉联接。在切向弹簧板末端联接板和齿轮内轮缘的凸台上分别钻有孔，通过销钉联接，齿轮一侧磨损后可翻面使用，如图 5-43（b）所示。

（2）纵向弹簧板固定，如图 5-43（c）所示。一般回转窑采用切向弹簧板型式，因其固定在筒体上富有弹性和减振性能力，特别是托轮调整不当时，对传动装置影响较小，对窑弯曲和安装不正的适应性较强，又允许筒体自由膨胀。大齿轮离窑体远，本身温度不高，温差较小，热应力小，质量轻，耗用金属较少，只是加工制造较复杂，安装时需用一些专门的找正工具，大齿轮与筒体同心度找正较困难，密封不易处理。纵向弹簧板型式，安装找正较方便，但质量大，耗用金属多，故很少采用。

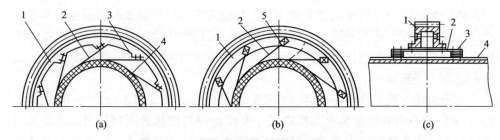

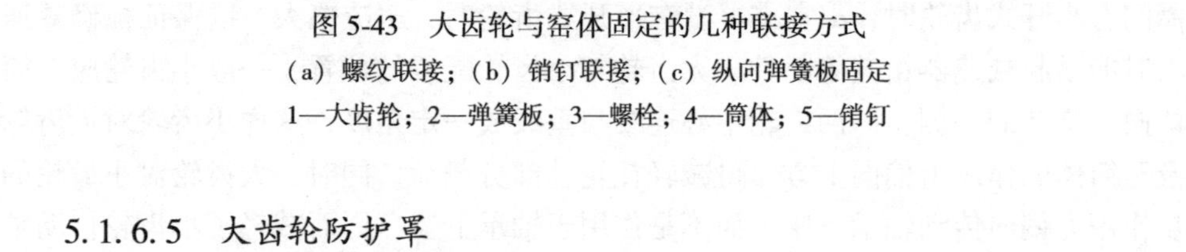

图 5-43  大齿轮与窑体固定的几种联接方式

（a）螺纹联接；（b）销钉联接；（c）纵向弹簧板固定
1—大齿轮；2—弹簧板；3—螺栓；4—筒体；5—销钉

### 5.1.6.5  大齿轮防护罩

齿轮罩的结构有全封闭和半封闭两种（见图 5-44）。全封闭齿轮罩严密性好，漏出的油少；但往往大量油滴在筒体上，当该段筒体因故过热时，会引起着火事故。半封闭齿轮罩便于观察弹簧板的工作情况，有利于齿圈的散热，并耗用钢材少。如果该部分露天配置，要注意防止雨水漏入，确定齿轮罩宽度时，必须考虑筒体的轴向窜动量。在齿轮罩结构上应注意防止漏油。在侧壁和周壁上适当部位开观察孔，以便检查和测量齿的啮合情况，如果齿轮罩为全封闭，则还应有能观察弹簧板铆钉、销轴及齿圈对口螺栓的联接是否牢固的观察门。

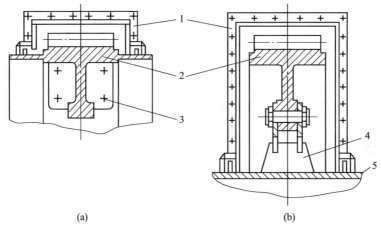

(a)                     (b)

图 5-44　齿轮罩剖面示意图

（a）半封闭；（b）全封闭

1—齿轮罩；2—齿圈；3—对口螺栓；4—弹簧板；5—筒体

### 5.1.6.6　回转窑传动系统的设计，安装及维护

回转窑传动系统的设计是回转窑设计中最重要的组成部分，需要经过认真仔细的计算和比较，准确确定有关参数。

齿圈的分度圆直径 $d_{i2}$，在使用弹簧板固定时为筒体直径的 1.5~1.8 倍；当筒体直径大于 3.5m 时取较小值 1.5~1.6，当筒体直径小于 3.5m 时取较大值 1.6~1.8。

齿圈模数 $m$，通常按计算出的回转窑驱动电机的功率来确定。当双传动时按单侧功率计算，目前趋势是缩小模数，增加齿数。模数 $m$ 与功率关系见表 5-7。

表 5-7　模数 $m$ 与功率的对应关系

| 功率/kW | >200 | 200~150 | 100~55 | 40~28 | <25 |
|---|---|---|---|---|---|
| 模数 $m$/mm | 45、40 | 40、36 | 33、30、28 | 25、20 | 20 |

小齿轮齿数一般为奇数 17~23，其宽度通常要比大齿圈宽度宽，能保证窑体窜动时大齿圈全宽度仍在小齿轮上。

为适应回转窑传动中存在齿面滑动现象，设计中齿轮都采用一定的变位系数 $\zeta_1$，采用正角变位齿，期望降低齿的滑动系数、比压系数，提高接触强度和弯曲强度，延长齿轮的使用寿命。

回转窑传动系统中的减速器通常经过计算选用标准减速器。

回转窑传动系统的安装对系统的使用寿命有很大的影响，大齿轮应严格与筒体中心线同心，小齿轮、减速器等应与筒体中心线具有相同的斜度，这是安装工作中必须严格遵循的原则。

齿轮安装时应考虑到工作状态大齿圈的径向跳动和受热膨胀，安装中心距应稍大于理论中心距，以保证齿轮啮合正常的侧隙和顶隙。

传动系统的维护工作是保证润滑。

### 5.1.7 回转窑部件的润滑

要使回转窑长时稳定运行，各运转部件保持良好的润滑条件是十分重要的一环。回转窑的润滑有以下特点：

(1) 低速重载，如托轮的转速一般为 5~15r/min，而托轮轴承受的压力为几十万牛顿至几百万牛顿。

(2) 环境温度高，回转窑筒体表面温度往往在 200℃ 以上，向周围辐射大量的热量。

(3) 环境粉尘多，回转窑的各密封点及窑尾烟囱均向周围散落灰尘；窑倾斜安装，使低端轴承容易漏油，这些特点对润滑系统提出了更高的要求。

选用润滑油的一般原则：

(1) 低速、重载、温度高、承受冲击载荷时，应选用黏度大的润滑油。

(2) 高速、轻载、温度低时，应选用黏度小的润滑油。

(3) 承受压力大的机件选用耐高压的润滑油。机件受温度影响较大时，除黏度外，还应考虑润滑油的闪点和凝点。在下列条件下宜选用润滑脂：1) 避免灰尘进入轴承内的部件；2) 不需经常检查；3) 某些低速、重载和温度高的机件。在潮湿的环境中应采用钙基润滑脂，在高温条件下必须使用钠基润滑脂。

以下回转窑部件的润滑应注意：

(1) 托轮、传动轴承的润滑。托轮、滑动轴承均采用润滑油，用油勺提油，使油在轴承和油池间连续循环。为使油得到冷却，还要在油池中的球面瓦内通过冷却水。托轮和传动采用滚动轴承时，则用润滑脂，并且定期更换。

(2) 减速器的润滑。回转窑减速器的润滑，为简化起见，往往采用浴油飞溅润滑。由于转速比较大，特别是三级减速器，因此各级间的浴油情况不易兼顾。在减速器受到窑体辐射热的情况下，若因浴油飞溅、润滑不能满足散热要求时，应考虑附设润滑冷却措施，较简单的方法是在油池内敷设蛇形管。有些窑设置了稀油冷却润滑站，由电动机、齿轮泵、冷却器、过滤器等组成，它不仅能保证各轴承、齿轮润滑点的正常供油，而且又能使润滑油得到冷却。大功率圆柱齿轮减速器推荐用油池润滑，若工作情况不良，再考虑接冷却水管或配稀油冷却润滑站等措施。

（3）密封装置的润滑。在金属—金属接触式的密封面上，如能添加润滑剂，对延长使用寿命和增强密封效果都有好处。带有压紧装置的密封结构，密封摩擦片间的润滑尤为重要。当使用压轮压紧结构时，由于压轮的转速可达 $80 \sim 90 r/min$，更需要进行有效的润滑。一些水泥厂均用十二嘴黄油泵对压轮轴承进行润滑，但这种泵较复杂，且非定型设备。

（4）齿轮齿圈的润滑。除表 5-8 所列浴油润滑外，沈阳润滑设备厂和唐山水泥机械设计研究所等还试验成黄干油喷雾润滑，用 $4.5 kg/cm^2$ 压缩空气将黄干油雾化直接喷到工作齿面上。其型号为 GWZ-4（4 为喷嘴数量，可为 $1 \sim 6$，视齿宽而定），某铜矿使用效果良好，每班加油一次，耗油量 1kg。

（5）其他各部件润滑，可按一般方法进行。各部件常用的润滑剂及其要求见表 5-8。

表 5-8 回转窑润滑表

| 序号 | 润滑部位 | | 润滑剂名称与牌号 | 润滑剂性能 | | | | | 加油量 | 更换周期 | 备注 |
| | 名称 | 方式 | | 润滑油 | | | 润滑脂 | | | | |
| | | | | 黏度 °E100 | 闪点 /℃ | 凝点 /℃ | 滴点 /℃ | 针入度 25℃ | | | |
| 1 | 主减速器 | 浴油 | 汽油机润滑油 HQ-15 | 2.26~2.48 | 210 | -5 | — | — | 按油位指示器 | 6个月 | 冬季用 |
| | 主减速器 | 浴油 | 齿轮油 HL-20 | 2.7~3.2 | 1710 | -20 | — | — | 按油位指示器 | 6个月 | 夏季用 |
| 2 | 辅助减速器 | 浴油 | 汽油机润滑油 HQ-15 | 2.26~2.48 | 210 | -5 | — | — | 按油位指示器 | 1年 | |
| 3 | 托轮轴承（滑动） | 油勺连续润滑 | 饱和汽缸油 HG-24 | 2.95~3.95 | 240 | 15 | — | — | 按油位指示器 | 6个月 | |
| 4 | 托轮轴承（滑动） | 浴油 | 齿轮油 HL-20 | 2.7~3.2 | 170 | -20 | — | — | 按油位指示器 | 6个月 | 冬季用 |
| | 托轮轴承（滑动） | 浴油 | 齿轮油 HL-20 | 4.0~4.5 | 180 | -5 | — | — | 按油位指示器 | 6个月 | 夏季用 |

| 序号 | 润滑部位 | | 润滑剂名称与牌号 | 润滑剂性能 | | | | | 加油量 | 更换周期 | 备注 |
| --- | --- | --- | --- | --- | --- | --- | --- | --- | --- | --- | --- |
| | 名称 | 方式 | | 润滑油 | | | 润滑脂 | | | | |
| | | | | 黏度 °E100 | 闪点 /℃ | 凝点 /℃ | 滴点 /℃ | 针入度 25℃ | | | |
| 5 | 托轮、挡轮、传动轴承（滚动）挡轮轴承（滑动） | 油杯或油嘴 | 二硫化钼润滑脂2号 或 钠基润滑脂 ZN-4 或 膨润土润滑脂 J-4 | — | — | — | 240 | 180 ~ 220 | 浸2/3 轴承 | 6个月 | — |
| | | | | — | — | — | 150 | 175 ~ 205 | | | |
| | | | | — | — | — | >250 | 175 ~ 205 | | | |
| 6 | 齿轮与齿圈 | 带油轮（连续润滑） | 黑机油 | — | — | — | — | — | 按油位指示器 | 1年 | 可利用减速器、托轮轴承换下的废油 |
| 7 | 托轮、挡轮与滚圈表面 | 涂抹 | 减速器、托轮轴承废油 | — | — | — | — | — | 根据需要 | — | — |
| 8 | 密封摩擦圈、摩擦圈压轮滚动轴承、其他各轴承 | 油杯或油嘴 | 钠基润滑脂 ZN-4 | — | — | — | 150 | 175 ~ 205 | 适量 | — | — |

## 5.1.8 回转窑附属设备

### 5.1.8.1 窑头罩

经过回转窑还原了的物料，从回转窑的窑体经过固定的窑头罩进入冷却筒。窑头罩与筒体间有密封装置。窑头罩设有喷煤口、一次风管口、观察孔、取样孔及检修人孔，侧面开有事故处理口，观察孔位置以能方便地看到窑内状况为准，各开孔均应可以方便地加以密封，减少从开口处向外泄漏煤气及粉尘。

窑头罩内砌耐火砖或喷涂耐火混凝土。进入窑内检修设备及窑衬砌筑需将窑头罩整体拉开。大型窑窑头罩过于笨重的，整体拉开有困难时，可在窑头罩正面设计一个大型的可移动的窑门，以保证检修人员出入和运输器材，如图 5-45 所示。

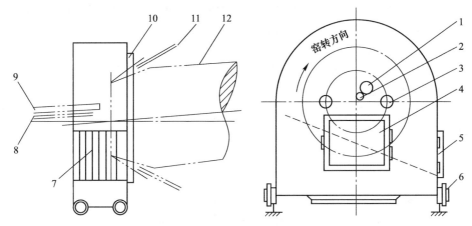

图 5-45　窑头罩示意图

1——次风口；2—喷煤枪；3—观察孔；4—人孔；5—大块料排出口；6—轮子；
7—条筛；8—煤枪；9——次风；10—密封；11—窑头冷却风；12—窑体

直接还原窑窑头罩开孔与一般窑有明显区别，即喷煤枪孔、一次风管孔均不在窑中心线上，而是尽量使煤枪和一次风管远离料面，以保证喷吹入窑煤粒的运动，减少燃烧火焰对料面气体保护膜的侵扰和破坏。

直接还原窑要求杜绝外界空气进入窑头罩，以防止高温还原物料的再氧化。因而要求严格的密封，窑头罩下料口与进入冷却筒进料端密封罩溜槽间用活动砂封方式进行密封，其结构如图 5-46 所示。

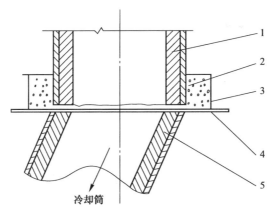

图 5-46　窑头下料口砂封示意图

1—窑头罩下料口；2—河砂；3—活动密封圈；4—溜槽砂封托环；5—溜槽

窑头罩与窑头间的密封因关系到能否避免产生窑头物料的再氧化，能否维持窑头微正压操作条件，关系到直接还原窑最终还原的结果，因而需要特别注意。目前，直接还原回转窑的密封已成为其重大特征之一。

为防止回转窑排出料中大块料（>50~80mm）进入溜槽和冷却筒，在窑头罩下料口上设置用耐热铸件或耐火材料制成的条筛或格筛。为排除格筛上大块料，在窑头罩侧开有事故处理口。

窑头罩内的温度、压力对回转窑系统的操作及工况有重大影响，因而窑头罩应设有测温及测压孔。

40m窑窑头罩是架设在铁轨上安装调试后加以定位，以保证密封件的正常工作。

### 5.1.8.2 窑尾罩及下料管

窑尾罩是联接窑体和窑废气处理系统的中间体，窑的下料管安装在窑尾罩上，窑尾罩同时也是窑废气第一级除尘器。窑废气以较高速度从窑尾流出，进入窑尾罩后体积突然膨胀，气流速度突然减小，废气中大颗粒粉尘因重力而沉降在窑尾罩集灰斗中，并被定期排放。窑尾罩及下料管结构如图5-47所示。

大型回转窑可使用下料溜槽代替下料管，溜槽用水冷钢结构和耐火材料的混合结构，并可以方便地在不中止生产条件下更换。下料管也可以采用水冷套管结构，但要求加工质量好，确保不会因漏水而影响生产。

下料管或下料溜槽质量都很大，需要中间加以支持，支持件可以采用水冷结构。

窑尾罩和筒体间设有与窑头密封相似的窑封系统。

### 5.1.8.3 回转窑工艺参数检测系统

直接还原回转窑是一个复杂的热工、冶金装置。为了保证工艺稳定需测量回转窑各区域的温度、废气的压力等参数，主要由以下几部分组成。

A 物料量计量

大宗入厂物料，出厂物料使用SCS-50型无基地衡。入炉物料，产出物料利用皮带电子秤或圆盘给料机等设备计量。

a 圆盘给料机

（1）用途：圆盘给料机（工厂称为配料盘或磨盘机）是目前容积配料中广泛采用的一种配料设备。其作用是在一定的时间内，从料仓中放出一定数量的物料，以保证得到预定成分的混合料。

（2）构造原理：常用的圆盘给料机，按其传动机构封闭的形式不同，分为封闭式与敞开式两种，如图5-48和图5-49所示。

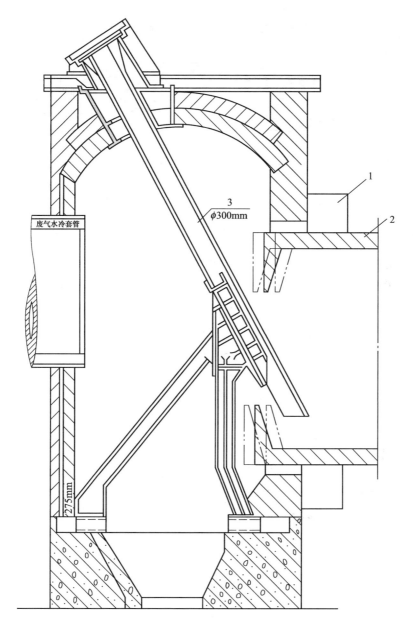

图 5-47 窑尾罩及下料管示意图

1—密封装置；2—回转窑；3—装料管

整个设备是由转动圆盘、套筒、调节排料量大小的刀闸以及传动机构组成。套筒下缘靠近盘面容易磨损，为了便于修换，将套筒下缘做成另一较短的套筒，磨损后可以随时拆换。目前套筒大多做成"蜗牛型"，如图 5-50 所示。

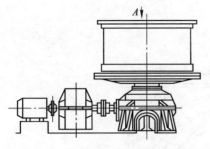

图 5-48 封闭式圆盘给料机示意图

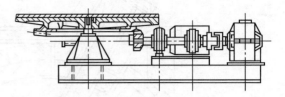

图 5-49 敞开式圆盘给料机示意图

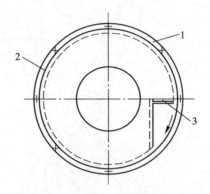

图 5-50 "蜗牛型"套筒示意图

1—圆盘；2—套筒；3-出料口

调节排料量大小除用闸门外，还有的用刮刀来调节。

当圆盘转动时，料仓内的物料在压力的作用下向出口方向移动，经闸刀或刮刀卸到皮带运输机上。

（3）技术特性：圆盘给料机适用于细粒物料，粒度范围是-50~60mm。其技术性能见表5-9。

表 5-9 圆盘给料机

| 型号 | 型式 | 圆盘直径/mm | 给料能力/m³·h⁻¹ | 圆盘速度/r·min⁻¹ | 物料粒度/mm | 电动机型号 | 功率/kW | 总重/kg |
|------|------|------|------|------|------|------|------|------|
| DB600 | 封闭吊式 | 600 | 0.69~3.9 | 8 | ≤25 | Y90L-6 | 1.1 | 600 |
| DB800 | 封闭吊式 | 800 | 1.18~7.65 | 8 | ≤30 | Y90L-6 | 1.1 | 800 |
| DB1000 | 封闭吊式 | 1000 | 2.59~16.7 | 7.5 | ≤40 | Y100L-6 | 1.5 | 827 |
| DB1300 | 封闭吊式 | 1300 | 13~27.9 | 6.5 | ≤50 | Y132S-6 | 3 | 1240 |
| DB1600 | 封闭吊式 | 1600 | 22.7~48.6 | 6 | ≤60 | Y132M1-6 | 4 | 2830 |

| 型号 | 型式 | 圆盘直径/mm | 给料能力/m³·h⁻¹ | 圆盘速度/r·min⁻¹ | 物料粒度/mm | 电动机 型号 | 电动机 功率/kW | 总重/kg |
|---|---|---|---|---|---|---|---|---|
| DK600 | 敞开吊式 | 600 | 0.6~3.9 | 8 | ≤25 | Y90L-6 | 1.1 | 400 |
| DK800 | 敞开吊式 | 800 | 1.18~7.05 | 8 | ≤30 | Y90L-6 | 1.1 | 550 |
| DK1000 | 敞开吊式 | 1000 | 2.59~16.7 | 7.5 | ≤40 | Y100L-6 | 1.5 | 790 |
| DK1600 | 敞开吊式 | 1600 | 7~28.6 | 6 | ≤60 | Y132M1-6 | 4 | 2120 |
| DK2000 | 敞开吊式 | 2000 | 13.6~38 | 5 | ≤80 | Y132M2-6 | 5.5 | 3140 |
| KR1000 | 敞开座式 | 1000 | 14 | 7.5 | ≤50 | Y112M6 | 2.2 | 740 |
| KR1500 | 敞开座式 | 1500 | 25 | 7.5 | ≤50 | Y132M2-6 | 5.5 | 1280 |
| KR1700 | 敞开座式 | 1700 | 50 | 7.5 | ≤50 | Y132M2-6 | 5.5 | 1320 |
| KR2000 | 敞开座式 | 2000 | 100 | 7.5 | ≤50 | Y160L-6 | 11 | 1750 |
| BR1000 | 封闭座式 | 1000 | 13 | 6.5 | ≤50 | Y132S-6 | 3 | 1220 |
| BR1500 | 封闭座式 | 1500 | 30 | 6.5 | ≤50 | Y160M-6 | 7.5 | 2710 |
| BR2000 | 封闭座式 | 2000 | 80 | 4.79 | ≤50 | Y160L-6 | 11 | 5230 |
| BR2500 | 封闭座式 | 2500 | 120 | 4.72 | ≤50 | Y200L1-6 | 18.5 | 7740 |
| BR3000 | 封闭座式 | 3000 | 180 | 1.3~3.9 | ≤50 | Y200L2-6 | 22 | 13350 |

设备产量 $Q$ 的计算包括以下两个方面。

1）当采用刮刀卸料（见图 5-51）时：

$$Q = 60 \times \frac{\pi h^2 n \gamma}{\tan\theta} \times \left(\frac{D_1}{2} + \frac{h}{3\tan\theta}\right) \quad (5\text{-}18)$$

$$= 188.4 \times \frac{h^2 n \gamma}{\tan\theta} \times \left(\frac{D_1}{2} + \frac{h}{3\tan\theta}\right)$$

式中　$Q$——产量；t/h；

$h$——套筒离圆盘高度，m；

$n$——圆盘转速，r/min；

$\gamma$——物料堆密度，t/m³；

$\theta$——圆盘上物料的倾角（可用安息角），(°)；

$D_1$——套筒直径，m。

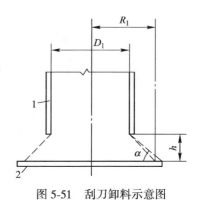

图 5-51　刮刀卸料示意图
1—套筒；2—圆盘

2）当采用闸刀卸料（见图 5-52）时：

$$Q = 60\pi n (R_1^2 - R_2^2) h\gamma \quad (5\text{-}19)$$

$$= 188.4 n (R_1^2 - R_1^2) h\gamma$$

式中　$Q$——产量，t/h；

$n$——圆盘转速，r/min；

$R_1$，$R_2$——排料口内外侧与圆盘中心距离，m；

$h$——排料口闸门开口高度，m；

$\gamma$——物料堆密度，t/m³。

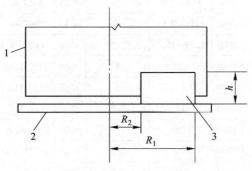

图 5-52　闸刀卸料示意图

1—套筒；2—圆盘；3—排料口

（4）优缺点及操作维护：圆盘给料机的优点是给料均匀，调整容易，管理方便。封闭式与敞开式比较，封闭式有载荷大、能耐高温、检修周期长等优点，大厂较多采用；但它有设备重，价格较高，制造较困难等缺点，所以一般中小型厂多采用设备较轻，便于制造的敞开式圆盘给料机。

采用刮刀卸料比用闸刀卸料控制性较差，但它在物料水分大、粒度小时，也是适用的。

圆盘给料机的主要缺点是当物料的粒度、水分以及料柱高度变动时，容易影响其配料准确性（采用"蜗牛型"套筒可以减少料柱高度的影响）。

为了使配料准确，应注意几点：

（1）在安装时，应保证圆盘的中心与料仓的中心在同一垂直线上，圆盘应平正，盘面粗糙程度一致，并经常维护圆盘及套筒结构的完整性。

（2）在操作上，应保证料仓内压力均匀，实现往料仓内多点给料，料柱高度应经常保持恒定（最好装一半料）。

（3）料仓及套筒附近黏料时，应在停车或检修时，有计划放空及时清理。

（4）盘面工作一段以后，因磨损变光滑，甚至有凹坑，应及时处理。目前采用在盘面焊上方钢维护盘面的方法，对排料也是适宜的。

b　电子皮带秤

（1）用途：电子皮带秤是一种称量设备，能够测量、指示物料的瞬时输送量，并能累计显示物料的总量。它与自动调节系统配套，则可以实现物料输送量的自动控制。因此，电子皮带秤在烧结球团厂被广泛地应用在自动配料上。

（2）构造原理：电子皮带秤由秤框、传感器、测速头及仪表所成。秤框用来决定物料有效称量，传感器用来测量质量并转换成电量信号输出，测速头用来测量皮带轮传动速度并转换成频率信号，仪表由测速、放大、显示、积分、分频、计数、电源等单元组成，用来对物料质量进行直接显示及总量的累计，并输出物料质量的电流信号作调节器的输入信号。

（3）电子皮带秤基本工作原理：按一定速度运转的皮带机有效称量段上的物料质量 $P$，通过秤框作用于传感器上，同时通过测速头，输出频率信号，经测速单元转换为直流电压 $u$，输入到传感器，经传感器转换成 $\Delta u$ 电压信号输出（见图 5-53）。这些参数之间的关系是：

$$\Delta u = kPu \tag{5-20}$$

式中　$k$——仪表特征常数，与传感器灵敏度及结构有关；

　　　$P$——传感器荷重量，即有效秤量段上物料质量；

　　　$u$——传感器共桥电压，与皮带速度成正比。

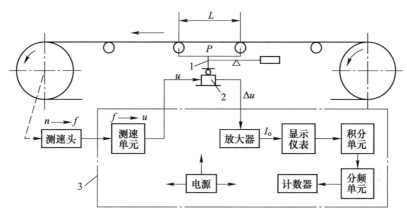

图 5-53　电子皮带秤结构与工作原理示意图
1—秤框；2—传感器；3—二次仪表

电压信号 $\Delta u$ 通过仪表放大后转换成 $0\sim10\text{mA}$ 的直流电 $I_0$ 输出，$I_0$ 的变化反映了有效称量段上物料质量及皮带速度的变化。通过显示仪表及计数器，直接显示物料质量的瞬时值及累计总量，从而达到电子皮带秤的称量及计算的目的。

皮带秤自动控制系统简图，如图 5-54 所示。

由上面的分析得知，反映物料质量的电压信号 $\Delta u$ 通过放大转换成电流信号 $I_0$ 输出，此信号通过仪表显示物料质量的瞬时值及累计总量，同时还作为调节器的输入信号 $I_1$，与给定值 $I_2$ 比较。当给料量等于给定值时，则调节器偏差信号 $\Delta I = I_1 - I_2 = 0$，因而调节器没有指令信号输出。若 $I_1 \neq I_2$ 时，则调节器有一偏差信号 $\Delta I$ 输入，相应的输出一指令信号。通过可控硅整流调速器，改变直流电

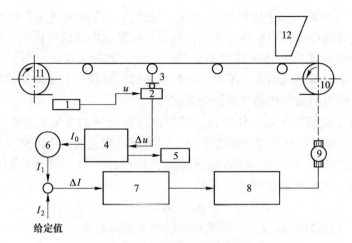

图 5-54　自动控制系统简图

1—测速头；2—传感器；3—秤框；4—电子皮带秤；5—累计量；
6—现场显示表；7—调节器；8—可控硅整流调速器；9—直流电动机；
10—主动轮；11—从动轮；12—料仓

动机的输入电流，即改变电动机转速，从而改变皮带机的速度，使给料量改变，直至给料量恢复到给定值时，调节器的输入偏差信号又等于零。这时直流电动机便稳定在工艺所要求给料量的转速上，从而控制给料量的稳定。我国某烧结厂采用电子皮带秤进行铁精矿的恒定配料，其方法是：在最后一个精矿圆盘后面的集料皮带上安装一台电子皮带秤，得出皮带机每米上精矿的质量，将该秤输出的电信号（$W_{反}$）输给调节器，以控制某一个精矿圆盘变速电机的转速，达到保持每米皮带上精矿的质量为恒值。圆盘给料调节系统简图如图 5-55 所示。该厂还采用悬臂式电子皮带秤称量燃料，图 5-56 为该秤的结构简图。经生产实践证明：该秤灵敏度较高，精度可在±1.5%，不受皮带拉力的影响，配上小型传感器，可作为小料量的称量设备。

采用电动滚筒作为传动装置，秤的结构简化，操作简单可靠，维护量小，经久耐用，这种秤要求配上均匀给料装置，组成自动调节系统。

B　温度测量

测温仪表采用热电高温计，由热电偶、电气测量仪表和连接导线组成。热电高温计测温具有结构简单、精度高、使用方便、便于远距离测量和自动控制等优点。

a　热电偶工作原理

热电偶是热电高温计中的敏感元件，工作原理是：在一个由两种不同金属导体 A 和 B 组成的闭合回路中，这个回路两个接点保持在不同温度 $t_1$ 和 $t_2$ 时（见

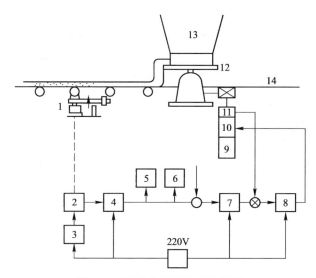

图 5-55 圆盘给料调节系统简图

1—皮带电子秤；2—压头（传感器）；3—稳压器；4—毫伏变送器；5—质量指示器；

6—累计表；7—调节器；8—放大器；9—交流电机；10—转差离合器；

11—测速电机；12—圆盘给料机；13—料仓；14—皮带机

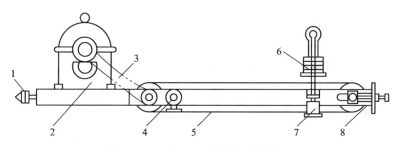

图 5-56 悬臂式电子皮带秤结构简图

1—平衡锤；2—传动装置；3—链条；4—轴承支座；5—皮带；6—标定砝码；7—传感器；8—秤架

图 5-57），只要能保持两个接点有温度差，回路中就会产生电流，即回路中存在一个电动势——热电势 $E_{AB}$（塞贝克温差电动势），导体 A、B 称为热电偶的热电极。接点 1 通常焊接在一起，工作时置于被测温场中，称为工作端（热端，测量端，热接点）。接点 2 要求恒定在某一温度下，称为自由端（冷端）。总的来说：热电偶是一种换能器，它

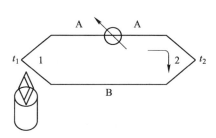

图 5-57 热电偶工作原理图

将热能转换为电能，用所产生的热电势来计量温度。

热电偶具有以下特性：

（1）当热电极材料确定后，热电偶的热电势仅与两个接点的温度有关；

（2）热电偶两根热电极若是用两种均质导体组成，热电偶的热电势仅与两个接点温度有关，而与沿热电极温度分布无关；

（3）在热电偶测温回路内串接第三种导体，只要其两端温度相同，则热电偶所产生的热电势与串接的中间金属无关；

（4）在热电偶测温回路中，工作端温度为 $t_1$，连结导线各端点温度分别为 $t_n$、$t_0$（见图 5-58），若 A 与 A′，B 与 B′ 的热电性质相同，则其热电势仅取决于 $t_1$、$t_0$ 的变化，与热电偶自由端温度 $t_n$ 变化无关。实际测温线中，用补偿导线来补偿电偶自由端温度变化的影响。

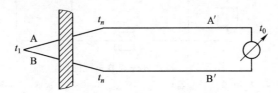

图 5-58　用导线连接热电偶的测温回路示意图

A，B—热电偶电极；A′，B′—补偿导线或铜线

b　回转窑常用热电偶

回转窑常用热电偶有以下几种：

（1）铂铑 10-铂热电偶（LB），热电偶由贵金属制造，价格昂贵，故电偶丝很细（$\phi 0.3 \sim 0.5 mm$），易于损坏，且热电势较小，平均 $9\mu V/℃$，1600℃ 时为 16.45mV，故需配灵敏度高的显示仪表。该种热电偶不能在还原气氛中工作，对测量环境要求严格，使用不当很容引起热电偶变质损坏。

（2）镍铬-镍硅（铝）热电偶（EU），这是一种较廉价的金属热电偶，适于在氧化性及中性气氛下工作，其测温范围短期为 1200℃，长期为 1000℃。当热电偶的电极中添加某些合金元素后，其最高使用温度可提高到 1300℃，热电势率比 LB 提高 4~5 倍，且温度与热电势关系近似直线；缺点是热电势的稳定性及热电极的均匀性不如贵金属热电偶。

（3）镍铬-镍铝电偶，与镍铬—镍硅电偶热电特性几乎完全一样，但高温下易氧化，还原气氛下易变质，我国通常不再使用镍格-镍铝热电偶。

c　回转窑测温电偶结构

热电偶通常需要用保护管加以保护，使热电极不直接与被测介质接触，保护管不仅可延长热电偶的使用寿命，还可以起支撑和固定热电偶的作用。一般铂铑-铂热电偶采用刚玉保护管。在回转窑中为了防止物料对刚玉保护管的侵蚀和冲击，多在刚玉保护管外又加上一金属套管。多层保护管的热阻使热电偶的灵敏性大幅度下降，为提高测温热电偶的灵敏度，可采用铠装热电偶，如图5-59 所示。

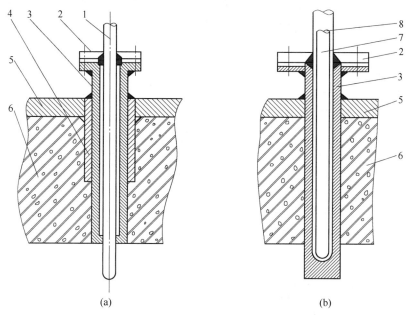

(a)                                      (b)

图 5-59    回转窑窑身测温热电偶结构示意图

（a）建议结构；（b）原结构

1—铠装热电偶；2—密封盖；3—金属套管；4—加强套管；5—窑壳钢板；

6—炉衬；7—铂铑-铂热电偶；8—刚玉保护套

铠装热电偶即为有金属套管的陶瓷绝缘电偶，也称套管热电偶。铠装热电偶的外套管通常是不锈钢管，其内装有电熔 MgO 绝缘的热电偶丝，三者经组合加工，由粗管坯逐步拉制成为绝缘层十分致密的、坚实的组合体，即铠装热电偶线。将此电偶线按所需长度截断，对其自由端和工作端进行加工，即成铠装热电偶。按其工作端形式分为露头型、接地型和非接地型三种（见图 5-60），回转窑窑身通常采用非接地型热电偶。

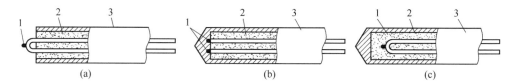

(a)                        (b)                        (c)

图 5-60    铠装热电偶工作端结构形式

（a）露头型；（b）接地型；（c）非接地型

1—热电偶工作端；2—MgO 绝缘材料；3—不锈钢外套管

铠装热电偶基本技术数据，见表5-10。

**表5-10 铠装热电偶基本技术数据表**

| 种类 | 分度号 | 套管材料 | 直径 d /mm | 常用温度 /℃ | 最高使用温度 /℃ | 允许误差 测量范围 /℃ | 允许误差 允差值 | 公称压力 /kg·cm⁻² 固定卡套装置 | 公称压力 /kg·cm⁻² 可动卡套装置 |
|---|---|---|---|---|---|---|---|---|---|
| 镍铬-考铜（WRKK） | EA-2 | 不锈钢 1Cr18Ni9Ti | 2 | 500 | 700 | 0~400 | ±6℃ | <500 | 常值 |
| | | | ≥3 | 600 | 800 | >400 | 测定温度的 ±1.5% | | |
| 镍铬-镍硅（WRNK） | EU-2 | 1Cr18Ni9Ti Cr25Ni20 | 2 | 700~800 | 850~900 | 0~400 | ±6℃ | | |
| | | | ≥3 | 800~950 | 950~1050 | >400 | 测定温度的 ±1.5% | | |
| 铂铑-铂（WRPK） | LB-2 | 耐温不锈钢 GH39 | 2 | 1000 | 1100 | 0~600 | ±3℃ | | |
| | | | ≥3 | 1100 | 1200 | >600 | 测定温度的 ±0.5% | | |

窑身热电偶的引出线经窑身上滑环导出，用补偿导线引至仪表室的仪表上，窑身热电偶的滑环是窑身测温系统的重要环节。它由窑身上支撑装置、绝缘装置、滑环、电刷系统组成，如图5-61所示。

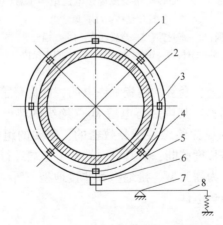

图5-61 窑身滑环系统示意图

1—窑衬；2—筒体；3—支撑装置；4—绝缘装置；
5—滑环（铜质）；6—电刷；7—支点；8—电刷支撑系统

### 5.1.8.4 回转窑窑头、窑尾密封

直接还原回转窑产品为高金属化率的海绵状金属铁，具有很高的活性，在高

温下极易发生氧化。为此，窑头排料端必须维持微正压操作（0~60Pa），要求窑头有严格的密封，既防止外界空气进入系统，也防止系统内气体外泄污染环境。窑尾以及冷却筒的两端均要有严密的密封装置。

对密封装置的要求：密封性能好，特别是窑尾，负压有时高达 600Pa，空气易被吸入；能适应筒体的形状误差（圆度、偏心等）和窑在运转时沿轴向往复窜动；磨损轻，维护和检修方便；结构尽量简单，对窑头密封装置还要求能耐高温。

**A 迷宫式密封装置**

迷宫式密封装置分为轴向迷宫式和径向迷宫式两种，如图 5-62 所示。

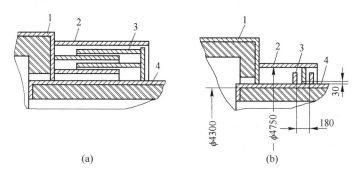

图 5-62 迷宫式密封装置
（a）轴向迷宫式；（b）径向密封装置
1—窑头；2—静止迷宫环；3—活动密封环；4—筒体

这种密封装置主要由静止迷宫环 2 和活动迷环 3 构成，前者固定在窑头罩上，后者固定在筒体上。其优点是结构简单，密封效果与间隙大小成反比，与迷宫环数量的平方根成正比，只能用在负压很小的部位。

**B 接触式密封装置**

接触式密封装置为较常用的一种密封装置，也分为轴向接触式和径向接触式两种。

图 5-63 为径向接触式密封装置，由沿圆周若干个弹簧 2 通过压紧块 3 将石棉绳 4 压紧以达到密封目的。空气冷却室 5 与筒体 7 焊接在一起，石棉绳一般用 $\phi$80mm 含有石墨的石棉绳，主要靠石棉绳与筒体上的空气冷却室接触密封，当窑尾负压不大时，也可用在窑尾密封。

图 5-64 为玻璃布补偿轴向接触式密封装置，主要靠活动摩擦环 2 与静止摩擦环 3 接触密封。用经硅胶处理的柔软的玻璃布（共用两层），折成波纹状，见图 5-64。这种密封可允许窑头摆动 40mm，也可沿轴向往复窜动。

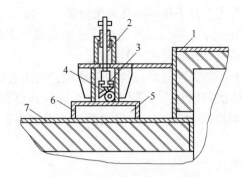

图 5-63　径向接触式密封装置

1—窑头罩；2—弹簧；3—压紧块；4—石棉绳；5—空气冷却室；6—气孔；7—筒体

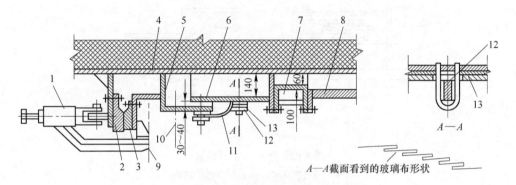

图 5-64　玻璃布补偿轴向接触式密封装置

1—压紧辊；2—活动摩擦环；3—静止摩擦环；4—窑筒体；5—活动套筒；
6—固定套；7—冷却水箱；8—窑头罩上法兰；9—活动套支撑耳轴位置（两侧）；
10—集尘斗位置（底箱）；11—玻璃布；12—压紧楔铁；13—压紧板

### C　端面摩擦密封

　　上述两种密封有时难以满足直接还原窑的密封要求。通常大型直接还原窑要求密封装置的密封性能较高，一般采用端面摩擦密封装置。图 5-65 是目前使用最普遍的石棉绳套筒端面接触密封装置。固定在筒体上的活动摩擦环 2 与固定在活动套筒上的静止摩擦环 3 接触密封，用沿圆周均布的 8~12 个弹簧压轮将两环压紧，保持良好的接触。套筒能轴向移动，其与窑尾沉降室之间的密封是利用一端固定而另一端用重锤或弹簧张紧的石棉绳 5 来实现的。

　　图 5-66 密封装置的结构与图 5-65 大体相同，只是改变了两环的压紧形式。从图 5-66 中看到，由于沿圆周均布的 12 个压紧弹簧的压紧力将随窑的窜动而变化，故宜将弹簧设计"软"一些。这种结构摩擦面均匀接触，密封效果好，磨损轻微。有的工厂采用这种结构，使用 5 年仅磨损 5mm。

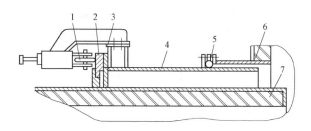

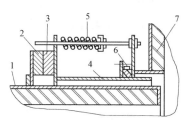

图 5-65　石棉绳套筒端面接触密封装置

1—弹簧压轮；2—活动摩擦环；3—静止摩擦环；

4—活动套筒；5—石棉绳；6—窑尾沉降室墙；7—筒体

图 5-66　弹簧压紧端面接触密封装置

1—筒体；2—活动摩擦环；

3—静止摩擦环；4—套筒；5—压紧弹簧；

6—石棉绳；7—窑尾沉降室墙

　　大型现代回转窑的密封通常采用端面接触式密封，但两个摩擦环的材料、摩擦环间的润滑，以及两个摩擦环的压紧装置有了长足的进步。桦甸直接还原厂回转窑的窑头、窑尾、冷却筒两端的密封均采用高温钙基润滑脂润滑摩擦环，液压油缸压紧装置的端面摩擦密封，如图 5-67 所示。

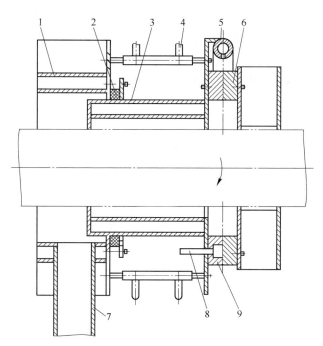

图 5-67　高温润滑脂润滑液压缸压紧式端面摩擦密封

1—固定侧水冷管；2—填料密封；3—轴向密封套筒；4—液压油缸；5—淋水冷却管；

6—活动摩擦环；7—排尘管；8—润滑脂供应管；9—固定摩擦环

美国 Allis 公司在直接还原窑上采用了多个弹簧片组成的弹性钢板摩擦密封，据介绍使用效果良好，如图 5-68 所示。国内回转窑密封已广泛采用此项技术。

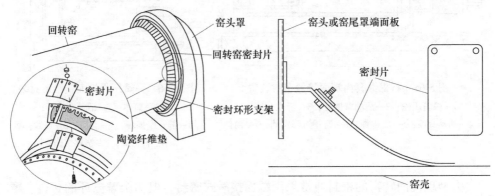

图 5-68　弹性钢板摩擦密封

### 5.1.9　回转窑的供风系统

　　直接还原回转窑供风系统包括两个部分，在窑头的一次风供风系统及窑身二次风供风系统。一次风系统由一台离心式鼓风机、风量调控装置及一次风风管组成，结构简单。风量依据窑头部分的燃烧情况，温度及气氛、窑头正压大小进行调控。

　　二次风系统由窑身若干台二次风机（40m 窑为 8 台）、窑中供风管（二次风管）、风量调控装置、二次风风机供电及安全保护设施等组成，如图 5-69 所示。风机多为离心式鼓风机，风管多为耐热钢构件，主要形式有带旋流片的（图 5-70），带导流片的结构（图 5-71（b））。其中，旋流片或导流片的作用都是保证从出口排出的风是一个流股，

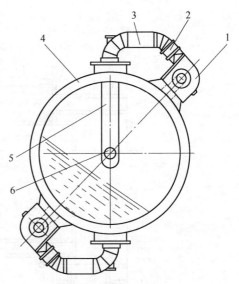

图 5-69　二次风系统
1—风机；2—调节阀；3—风管；
4—窑衬；5—二次风管；6—二次风风口

这个流股能保证二次风沿窑轴线向前，而不偏向任何一方。

　　二次风管由于受到高温作用、炉料的冲刷以及从窑头喷入煤粒的冲击作用极易损坏，因而要求二次风管必须用耐热钢制造，并期望能承受煤粒的冲击而不破坏。为减少煤粒的冲击，风管采用 180° 对称方式布置。靠近窑头的二次风管应采取保护

措施，如风管外形铸造成流线形，或外部加上耐磨耐冲击保护层，如图 5-71 所示。

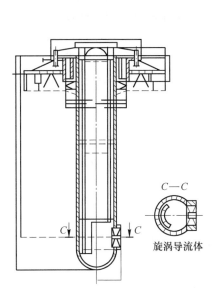

图 5-70　带旋流片二次风管

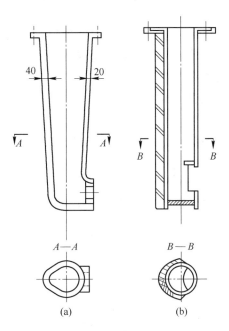

图 5-71　二次风管前部保护
（a）不等壁厚铸造；（b）外部加保护层

　　二次风风量的控制，过去的回转窑主要采用手动蝶阀来调控，目前也有建议采用对二次风机电源调频调速来调控二次风风量。

　　用手动蝶阀控制，可采用风机进风口调控阀和二次风进入风管前调控阀二次调控。手动调控操作困难，劳动强度大，调控重现性差，在紧急状态时难以适应快速操作的要求。

　　调频调速可控制好，调控重现性好，可实现自动化控制。

　　窑身二次风机通常由独立的电机驱动。多数回转窑窑身风机统一由供电系统集中供电，当采用变频调控时，各风机应由独立的变频电源调控和供电。

　　手动调控二次风机的风量均采用冷态测定曲线对比估算，无法采用在线连续测定。因而二次风系统安装完后必须逐一进行冷态标定、计算，做出有关调控曲线、参数，以供操作者使用。

## 5.1.10　回转窑的喷煤系统

　　回转窑窑头喷煤是直接还原回转窑技术的重要组成部分，喷煤系统的工作决定着窑的全部过程和最终结果，喷煤系统应保证设备作业率 100%。因喷煤系统的故障将造成窑整个系统工作状况的变化和破坏，往往喷煤系统仅数分钟的故障，造成回转窑工况数小时的变化，故喷煤系统的稳定、安全作业是极为重要的。

桦甸直接还原厂40m窑的喷煤系统为：粒度5~15mm还原煤堆场→1t装载车→提斗机→窑头喷煤仓（储4h）→φ800mm圆盘给料机→螺旋输送机→喷煤混合室→喷枪。

喷煤用压缩空气由空压机站输送到窑头平台两个储气罐经稳压和减压后，送入喷煤混合室，压缩空气的流量与压力要测量、记录，喷煤压缩空气的压力及流量是喷煤的主要调控参数，要求能稳定，压力能连续方便的调节。

### 5.1.10.1 喷煤枪原理及结构

喷煤枪系统简图如图5-72所示。喷枪的基本结构如图5-73所示。

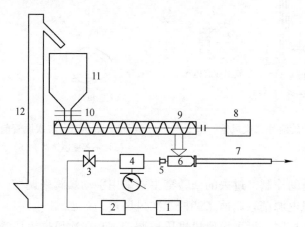

图5-72 喷煤枪系统示意图

1—空气压缩机；2—储气罐；3—调压阀；4—压力表；5—工作喷嘴；6—混合室；7—输送管；
8—螺旋给料机控制系统；9—螺旋给料机；10—闸板阀；11—喷吹料仓；12—提斗机

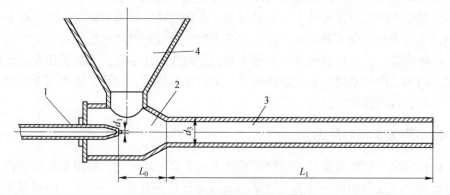

图5-73 喷煤枪的基本结构简图

1—工作喷嘴；2—混合室；3—输送管（喷煤枪）；4—漏斗

喷煤枪是一种利用高速气流的动能来输送固体物料的正压物料输送装置。其工作原理为：压缩空气从工作喷嘴中以高速喷出，在混合室工作喷嘴前形成负压，自动从漏斗中抽取物料和部分空气，从工作喷嘴喷出的高速气流将部分动能传递给煤粒，并随着吸入的空气，被输送的煤粒在枪身管中被加速到输送所需要的速度。

喷煤枪有以下特征：

(1) 喷吹入窑的煤粒沿窑长方向的质量分布基本符合正态分布规律。

(2) 为使煤粒在窑内分布均匀和达到较远的喷吹距离，应选择适宜的工作喷嘴直径、喷煤枪管的直径和长度。

(3) 喷吹气体的压力、风量是调节煤粒在窑内分布的有效手段。

(4) 在喷吹速度一定时，煤粒越大，喷射的距离越远。因此在喷吹压力、喷吹设备一定的条件下，改变喷吹煤粒的粒度大小及组成将影响煤粒在窑内的分布。

### 5.1.10.2 喷煤枪设计和安装要点

喷煤枪设计时需要考虑的参数和几何尺寸主要有喷射系数、喷煤枪的效率、喷煤距离、各横断面的几何尺寸和形状以及轴向几何尺寸等。

**A 工作喷嘴出口与输送管（喷枪管）入口的距离**

工作喷嘴出口与喷煤枪管入口的距离对喷煤枪的工作环境性能有一定影响，影响喷煤枪的效率。确定此尺寸的原则是：从工作喷嘴流出的高速流体的流动规律基本上符合自由射流的规律，工作喷嘴出口的位置应当遵守自由流速的终截面积与输送管（喷煤枪管）入口的截面积相等这一基本条件。图 5-74 为自由流束图，所谓自由流束的面积与输送管（喷煤枪管）入口的面积相等，也就是如图 5-75 所示的那样，自由流束终端直径 $d_2$ 与输送管（喷煤枪管）入口直径 $d_3$ 相等，其距离为 $l_0$。

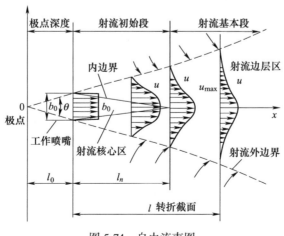

图 5-74 自由流束图

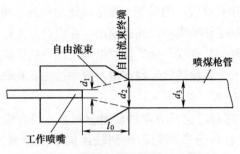

图 5-75    喷嘴与喷枪管距离示意图

为了正确地选择工作喷嘴的位置，设计时进行自由流束长度和直径的计算是必要的。但实验研究结果表明，最佳的喷嘴出口位置还受到其他的因素影响，所以一般将喷嘴设计成可调节距离的。

图 5-76 为喷煤枪最大吸入压力与喷嘴位置的关系，图上曲线有一峰值，它所对应的喷嘴位置即为工作喷嘴的最佳位置。曲线是根据测试数据绘制的，测试时把混合室漏斗上方封死，从漏斗测压管分别测出 0、10mm、20mm、30mm 四个位置所对应的最大吸入压力。

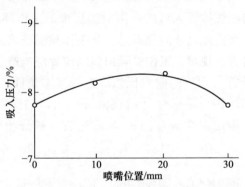

图 5-76    喷嘴位置对喷枪吸入压力的影响

（工作风量 165m³/h）

**B    喷煤枪的直径与长度**

对于气体喷射器来说，比值 $f_3/f_1$ 起主要作用。其中，$f_3$ 为喷煤枪截面积，$f_1$ 为工作喷嘴的截面积。

当比值 $f_3/f_1$ 不大时，喷射器是高压的，它形成高的压缩比，但其特点是喷射系数比较小。喷射系数是随该比值增大而增大，最佳比值一般是用下面关系式求出：

$$f_3/f_1 = \frac{k_1 \pi_{1*}}{2} \times \frac{\varphi_1 \varphi_2 \lambda}{\Delta p_3 / p_1} \tag{5-21}$$

式中　$k_1$——工作气体绝热指数；

　　$\pi_{1*}$——工作气体 $\lambda = 1$ 时相对压力；

　　$\varphi_1$——工作喷嘴速度系数；

　　$\varphi_2$——喷枪内流体速度系数；

　　$\lambda$——气体折算等熵速度；

　　$\Delta p_3$——喷枪内压力降，Pa；

　　$p_1$——工作气体压力，Pa。

由式（5-21）计算出来的比值 $f_3/f_1$ 为最佳比值，在 $f_1$ 已确定时，即可确定 $f_3$，也就是说枪管直径 $d_3$ 即可求出。但喷煤枪与一般的气力输送喷射器不同，确定 $d_3$ 时还要考虑喷枪出口物料的速度。工业生产的回转窑都比较长，喷煤距离较远，要求喷煤枪出口物料的速度较高，确定 $d_3$ 时必须考虑这一因素。另外，管道输送粒块状物时还要考虑输送管道的最小管径限制，否则会造成堵料而影响喷煤枪的正常运行。

关于喷煤枪的长度，如果仅从动量交换的需要来考虑，圆柱喷枪的长度达到直径的 6~10 倍即可，但实际上喷煤枪管远远超过此长度。这是因为喷煤枪管既是混合室，也是输送管，而输送距离都比较长，一般都在 1.5~3m 之间。

C　工作喷嘴尺寸和形状

工作喷嘴的尺寸主要是出口直径，在工作流体为亚临界膨胀（$p_1/p_2 \leqslant 1/\pi_{1*}$）情况下，工作喷嘴的出口截面积一般按下式求出：

$$f_1 = \frac{G_1 a_{1*}}{k_1 \pi_{1*} p_1 q_{1*} \pi} \tag{5-22}$$

式中　$k_1$——工作气体绝热指数；

　　$G_1$——工作流体流量，kg/s；

　　$a_{1*}$——工作流体临界速度，m/s；

　　$q_{1*}$——工作流体的折算质量速度，m/s。

喷嘴的形状也是根据工作流体状况来确定。如果工作流体为亚临界膨胀，则工作喷嘴规定用圆锥收缩形。

D　混合室的尺寸和形状

混合室的尺寸要求不严，一般是在工作喷嘴和喷枪管的尺寸确定以后，可按一定比例来确定混合室的尺寸。

混合室的形状，主要是指混合室与枪管联接那一段的形状，这一段的形状也就是喷枪入口的形状，它对喷枪的效率影响较大。试验研究表明，喷枪入口做成锥形，它具有很高的速度系数。因此，在喷射器的设计中通常都采用这种形状，其锥角一般取 60°。

**E  喷煤枪的喷射角**

喷煤枪的喷射角主要是从喷嘴和喷枪的效率方面考虑，即如何在一定的喷吹速度条件下，获得最远的喷吹距离。从抛物体射程计算公式 $R = v_0^2 \sin 2\theta_0 / g$ 可以看到，在自由空间情况下，抛物体最大射程是在抛射角 $\theta_0 = 45°$ 时；但是，由于回转窑的空间是有限的，喷煤枪不能按照自由空间的 45° 角安装，只能按照回转窑的直径和喷煤距离，通过计算来确定其最大的喷射角。所谓最大喷射角，是指喷出的物料还没有碰到窑壁时的最大角度。如果喷煤枪喷射角超过这个角度，抛物体就会碰到窑壁而消耗一部分动能，从而缩短了抛物体的射程，在这种情况下，抛物角越大抛物体射程越短。因为计算结果往往由于某些参数的变化而与实际情况有出入，所以安装喷枪时最好进行窑内喷煤测试后确定最佳喷射角。

以 $\phi 2.42\text{m} \times 40\text{m}$ 回转窑为例，通过计算可获得表 5-11 和表 5-12 中的喷枪最大倾角和最大喷吹速度。表中数值均为计算值，实际应用时应通过实测后再加以调整。

**表 5-11  喷枪最大倾角**（计算值）

| 窑体尺寸/m | | 条件 | | | 最大倾角 | |
|---|---|---|---|---|---|---|
| $D_内$ | $L$ | *枪位/m | $d_{max}$/m | 速度/m·s$^{-1}$ | 弧度/rad | 角度/(°) |
| 2.42 | 40.0 | 1.27 | 20 | 40.0 | 0.1485 | 8.51 |
| | | 1.27 | 20 | 50.0 | 0.125 | 7.16 |
| | | 1.27 | 20 | 60.0 | 0.109 | 6.25 |

注：*枪位是指喷枪口中心至窑内径最低点的铅垂距离，表中的喷枪在窑轴线上方。

**表 5-12  最大喷吹速度**（计算值）

| 窑体尺寸/m | | 条件 | | | 最大速度 |
|---|---|---|---|---|---|
| $D_内$ | $L$ | *枪位/m | $d_{max}$/m | 倾角/(°) | /m·s$^{-1}$ |
| 2.42 | 40.0 | 1.27 | 20 | 7.76 | 44.92 |
| | | 1.27 | 20 | 7.16 | 50.0 |
| | | 1.27 | 20 | 5.16 | >60 |

注：*枪位是指喷枪口中心至窑内径最低点的铅垂距离，表中的喷枪在窑轴线上方。

## 5.1.10.3  喷煤量的调控设备

喷煤量的调控系统由可调闸板阀和螺旋给料机组成。喷吹粒煤经料仓进入螺旋给料前用一闸板阀粗调给料量，用螺旋给料机进行调控。螺旋给料机结构如图 5-77 所示。

螺旋给料机的给料量可按下式计算：

$$Q = 47D^2 n_0 ri \tag{5-23}$$

式中　$Q$——给料量，t/h；

　　　$D$——螺旋直径，m；

$n_0$——螺旋转速，r/min；

$r$——煤的堆密度，t/m³；

$i$——筒体容积利用系数，一般为 0.6~0.8，该系数与煤粒性质、螺旋结构有关。

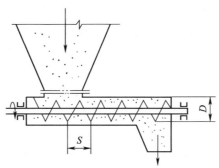

图 5-77 螺旋给料机的结构示意图

由式（5-23）可知，当调节螺旋转速时，给料量即发生变化。将螺旋给料机的驱动电机选为可调速电机，调控电机的转速即可调节给煤量。

螺旋给料机的电动机通常选用调速性较好，转速稳定的交流调速电机或直流调速电机。给料量与转速的关系在设备安装完毕后进行标定，并做出标定曲线，按标定曲线进行调控。

### 5.1.10.4 喷吹过程的调控

喷入窑内粒煤的落点，除与煤的粒度及其组成、煤的物理性能有关外，同时与喷吹气体的压力和流量有关。在喷吹的粒煤性能及设备确定的条件下，煤在窑内的落点与喷吹压力有关。因此要求喷吹压缩空气压力必须稳定，在窑头操作平台上的压缩空气储气罐的出口压力要求稳定，压力波动不得大于 2.5kPa。

喷吹压力需经常调动，要求有灵敏、可靠、调节稳定的压力调节装置，并能实现调节后可自动恒定压力和自动记录喷吹压力。

喷吹压力与煤粒在窑内的分布的关系，需在设备安装完毕后进行冷态试喷和测试，绘制冷态喷煤曲线。由于热态下窑内气流作用及高温下煤粒发生物理、化学变化，实际生产热态下煤粒分布与压力的关系和冷态下有较大差异。生产中应以冷态喷煤曲线为基准，考虑热态下的各影响因素（一次风量和二次风量的大小，窑内压力大小，窑内温度），按生产需要进行调节。通常热态下由于二次风的作用喷煤落点比冷态时要远（远离窑头）。

## 5.2 冷却筒

煤基直接还原回转窑还原产品的冷却采用回转式冷却筒。冷却筒的主要任务是将回转窑排出的高温物料（包括已还原的物料及过剩煤、煤灰、脱硫剂）冷却到还原产品不再产生大量再氧化的温度（<100℃），以便进行下一工序的处理。

### 5.2.1　冷却筒的构造

冷却筒的基本构造与回转窑相似，区别在于冷却筒筒体内除受料端很小一部分有耐火衬外，筒体内无耐火材料衬，而有为了加速冷却的旋料板。冷却筒受料端（高端）与回转窑相连，并严格密封，不得漏气。排料端（低端）有集料斗和排料密封。筒体外部用冷却水喷淋冷却，物料被冷却，冷却水部分被蒸发，大部分经冷却后循环使用。

冷却筒的旋转、驱动、支撑与回转窑基本相似。简而言之，冷却筒是一个比配套回转窑小、没有耐火材料、外部喷水冷却的回转筒体。为了保证产品不被氧化，冷却筒进出料端均有与回转窑窑头、窑尾密封相似的密封装置，排料口下设有中间料仓，以保证排料口不吸入外界空气。

本节中不再介绍冷却筒的主体结构、两端密封、传动系统等，仅仅介绍有关辅助系统。

### 5.2.2　冷却筒的排料口、料封仓及料封

为了从冷却后的物料中去除大块（+25mm），通常在冷却筒排料口下密封罩内设置倾斜格筛，使大块留在筛上并滑到一端，定期排放；也可在冷却筒最后一段 0.5 ~ 1.0m 长打孔，使这最后一段成为圆筒筛，从而达到去除物料中大块的目的。

从排料端卸出的物料进入中间料封料仓，既是集存，中间过渡，更重要的是形成一定高度料层，形成对排料端密封罩排料口的密封。这一密封对回转窑生产是极为重要的，是经过长期多方案试验总结的结果。

过去国内外曾采用多层阀门密封、用气体密封、密封罐等多种措施，实践证明料封是最可靠、最简单的密封形式，配以合适的出料设备及控制装置可满足 DRI 生产的要求，其基本结构如图 5-78 所示。

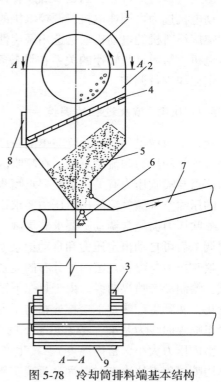

图 5-78　冷却筒排料端基本结构

1—冷却筒；2—密封罩；3—密封圈；
4—倾斜格筛；5—料封仓；6—压力传感器；
7—皮带机；8—大块料排料口；9—检修人孔

### 5.2.3　冷却筒的喷淋系统

冷却喷淋系统是保证冷却筒正常工作的重要组成部分，由水泵、沉淀循环水池、管线、水量调节设施、喷淋管组成。所用水除蒸发的部分外，全部回收经沉淀、冷却循环使用。过去喷淋管采用喷头、水管打孔喷洒、喷淋头等方式，都遇到了喷口易于堵塞、喷水量不均匀、喷水量调控困难等问题。Lurgi 公司提出了改喷淋管为溢流槽方式淋水解决了上述问题。将冷却筒分段浸入冷却水集水槽中是提高冷却速度，提高冷却筒生产能力，节约冷却水用量的有效方法，如图 5-79 所示。

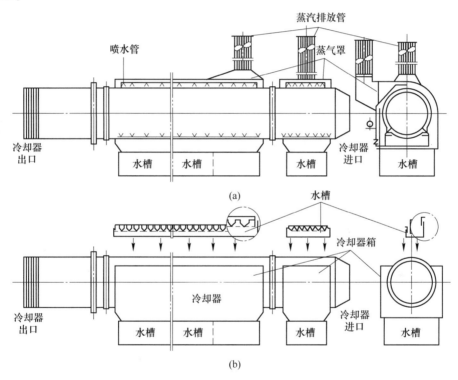

图 5-79　SL-RN 改进的冷却筒冷却系统
（a）原设计；（b）新设计

DRI 生产中除上述完全间接冷却外，Krupp 公司还曾提出直接喷水冷却，即在冷却筒中直接向物料喷入适量的水进行直接冷却，配以外部间接冷却，可提高冷却速度。直接喷水量要保证全部迅速被汽化，并不造成产品金属化率的过多下降，一般直接冷却产品金属化率可能下降 1%~2%。由于直接冷却使产品金属化率下降且调控困难，产生的大量水蒸气进入回转窑下料口，影响窑的操作，通常不推荐使用。当冷却筒生产能力不足时，这种方法不失为一条解决问题的出路。

# 参 考 文 献

[1] 崔维刚. 回转窑二次供风方式的探讨 [C]. 中国金属学会全国直接还原铁生产及应用学术交流会论文集,冶金部直接还原开发中心,1999.

[2] 赵庆杰,史占彪. 直接还原回转窑技术 [M]. 北京:机械工业出版社,1997.

[3] 宋培凯,陈源兴. 回转窑及单筒冷却机修理 [M]. 北京:中国建材工业出版社,1994.

[4] 霍慧芳,彭达顺,常耀超,等. 直接还原铁回转窑耐火材料的选配、设计与施工 [J]. 有色金属(冶炼部分),2010,(5):49-50.

# 6 原燃料准备和产品处理

## 6.1 回转窑的供配料系统

回转窑的供配料系统包括原材料的准备处理，原材料储存，原材料的计量、配料，经配料后的原料送入回转窑窑尾上料等部分。

### 6.1.1 原材料的准备处理

#### 6.1.1.1 球团矿（块矿）的准备

含铁原料球团矿或块矿的准备应由专门车间来进行，球团矿若在球团厂已筛分去除了-8mm 和+16mm 的部分，则可直接使用。

块矿进厂后依其粒度进行筛分、破碎，取粒度合格的部分（5~20mm 或 5~15mm）送入储料仓备用。一般来矿应先筛后破，一次破碎比不可过大，以免损坏设备和增加粉末量，减少了矿石的收得率。

对有氧化球团生产车间的直接还原厂，球团矿在氧化球团车间出厂前已经过筛分，故可以直接使用。

#### 6.1.1.2 脱硫剂（石灰石、白云石）准备

直接还原所用脱硫剂粒度较小，用量不多，通常可按脱硫剂从外购入合格（0.5~3.0mm）粒度的石灰石或白云石组织生产，厂内不设置脱硫剂加工系统。

如果需要本厂加工可按粗碎（颚式）→细碎（锤式或反击式）→筛分（双层筛），大粒度返回细碎的闭路破碎系统考虑，但石灰石、白云石加工成品率（0.5~3mm）都较低（约50%），消耗较多，因而应力争在外购白灰石、白云石矿的下脚细料，经筛分或部分加工获得，而避免直接使用大块矿石在厂内破碎加工。

脱硫剂的粒度对回转窑脱硫有重要的影响，过细（-0.5mm 过多）将会造成粉状脱硫剂附着于 DRI 上增加 DRI 含 S，同时增大窑黏结的可能性，粒度过粗（+3.0mm 过多）将大大降低脱硫剂的利用率，使 DRI 含 S 升高，并降低窑的利用率。因此，脱硫剂的粒度应严格保证在 0.5~3mm 之间（即-0.5mm，+3.0mm 总量不得超过 10%）。

### 6.1.1.3　还原剂的准备

还原煤入厂后应有足够的储存和混合场地，一是保证还原煤不要堆积过高，以免发热产生自燃，二是对同一批来煤进厂后进行混合，以稳定原料成分，减少入窑还原煤成分的波动。

还原煤入厂后应存在防雨棚内，经筛分后，+25mm 入颚式破碎机破碎，经破碎后筛分，+25mm 入双辊破碎机再破碎，破碎后再筛分获得三个粒级产品：20~25mm 供窑尾加煤用，5~25mm 供窑头喷煤用，-5mm 供锅炉用或外销。

当煤过湿时，应考虑煤的干燥。喷吹用煤水分应稳定在一定值（$W_{ar}-W_{ad}$）< 5%。窑尾用煤粒度较大 20~25mm 或 5~25mm，一般水分不会太高，或者说水分稍高也不会给生产带来太大的危害。

在还原剂准备系统中颚式破碎机、双辊破碎机是关键设备，其工作原理如图6-1 所示。

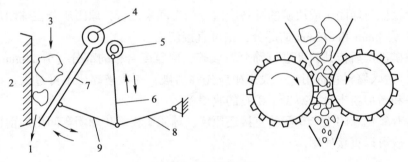

图 6-1　破碎机原理

1—排矿；2—定颚；3—给矿；4—心轴；5—偏心轴；
6—连杆；7—动颚；8—后肘板；9—前肘板

破碎机允许通过的物料必须是脆性可破碎的，如果铁器落入破碎机必造成破碎机的损坏。因此在进入颚式破碎机前应用除铁器排除铁器，以确保破碎机安全。

## 6.1.2　上配料系统

桦甸直接还原厂上料系统用 1t 翻斗车从各原料堆取料，运至日周转料仓的受料室，翻入受料室，经 1 号皮带机运到日周转料仓上，用犁式卸料器根据来料分别卸到各自料仓中，仓下由 ϕ800mm 圆盘给料机将物料按要求加入量给到 2 号皮带机上，然后经 3 号皮带转送到窑尾下料管装入窑内，如图 6-2 所示。

在该系统中配料是最重要的操作岗位。配料的准确与否将影响回转窑的生产是否稳定，生产指标的稳定与好坏。因而对配料设备的维护就显得特别重要，圆

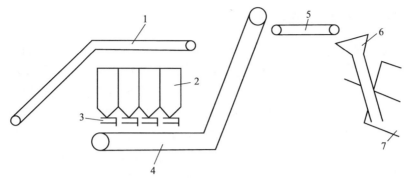

图 6-2  桦甸厂回转窑供料系统

1—上料胶带机（1 号皮带机）；2—料仓；3—圆盘给料机；
4—配料胶带机（2 号皮带机）；5—3 号皮带机；6—下料管；7—回转窑

盘给料机应注意适时注油，经常检查套筒间是否有大块料或其他杂物，以免卡住圆盘或造成给料的不稳定。

给料的数量和调节主要用圆盘给料机的刮刀位置来实施。每调整一次刮刀位置或套筒高度之后应连续检测给料量数次，待稳定后，每 30min 应检测一次给料量，并认真、真实记录，当检测发现有偏差时应重复两次，当确认有偏差后立即调整。

## 6.2  产品处理系统

由回转窑排出的物料，包括还原好的海绵铁球团矿，过剩煤、煤灰，经过焙烧的脱硫剂，经冷却筒冷却后，需进行筛分、磁选，将产品（直接还原铁，即海绵铁球团矿）与其他物料分离；同时，将其中可以回收利用的煤粒分离回收。

依据产品质量要求，其处理系统必须保证产品中不夹杂有非磁性物，并且能够尽可能回收所有还原产品，即在非磁性物中尽可能减少残留的磁性物。为了达到这一目的，产品处理系统中必须采用先筛后选（磁选），分级选别的工艺。桦甸直接还原厂产品处理系统工艺流程，如图 6-3 所示。

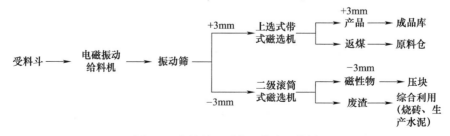

图 6-3  产品处理系统工艺流程简图

### 6.2.1　产品磁选分离的基本原理

　　直接还原回转窑的原料是铁矿石氧化球团，煤及脱硫剂白云石或石灰石。经过回转窑内还原，铁矿石氧化球团被还原成以金属铁为主要组成的还原球团矿（金属化球团矿，海绵铁球团矿），因为主要组成是金属铁，所以有较强的导磁性（可以很容易被磁铁所吸引），而过剩的还原煤（主要组成是无定形碳），煤灰（主要组成为 $SiO_2$，$Al_2O_3$）。焙烧过的脱硫剂（主要组成 MgO、CaO 和部分 MgS、CaS）不导磁，因而用磁选方法可以将产品（DRI）和其他组分分离。

　　为了保证分离的完全，应采用分级、分段用不同的磁场强度进行磁选。为了吸起较大颗粒的还原球团矿要求有较强的磁场强度，而这时如果有颗粒较小的，虽然是煤灰但仍有某些导磁性时就会因磁场强度大而被吸起，造成产品分离不清。当按粒度分级进行筛选时，对不同粒级采用不同的磁场强度进行选别则可保证分离得干净，既能保证产品质量，又能保证较高的铁的回收率。

### 6.2.2　上选式带式磁选机

　　对大颗粒产品的磁选通常采用带式磁选机。磁滑轮式磁选机由于分离干净程度以及铁的回收率问题，逐渐被人们认为是不很满意的设备。生产实践表明，通常对+3mm 的产品磁选分离应采用上选式带式磁选机，其工艺过程及基本结构示意图如图 6-4 所示。

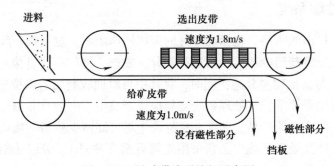

图 6-4　上选式带式磁选机示意图

　　待选的物料（经筛分+3mm）中包括还原产品和过剩的还原煤，通过给料机均匀地布在磁选供料皮带机上。供料皮带在与磁选机相重叠段应保持是水平的，不得使用槽形托辊。布料器将料均匀地铺开，保证均匀的料层厚度（−30mm）和适宜的料流宽度，以保证料流与磁极宽度相适应，并防止还原球团矿滚出料流，造成漏选。料流宽度应保证比磁极宽度窄 30~50mm。当料流进入磁选机下时，由于磁极的磁力作用还原球团矿被吸起附在磁选机皮带的下表面上。由于磁极的结构各相邻的磁块组磁极相反，造成被吸在磁选机皮带下表面的物料在向前运动过程中不断的翻转，保证不产生包裹非磁性物的现象。为了保证磁选的效果，磁极板与磁选机下皮带的距离应是可调的。当非磁性物中发现有较多磁性物时应将距离减少，即让磁极贴近磁选机下皮带，提高磁场强度；当产品中发现有非磁物时应增大间距，以减少磁场强度。在供料皮带机上待选物料中磁性物被磁选机吸起，并被带到磁极以外区域排料。而未被吸起的非磁性物则从供料皮带端部排料，完成待选物料的磁选分离。

为了保证分离效果，磁选机皮带的转速可略高于供料皮带的运行速度。为了便于调节和维修，磁选机与供料皮带的间距应是可调的。磁选机应尽可能选用较薄的皮带，并设计有适当的张紧装置，保证皮带在磁极段与磁极严格平行。

供料皮带上料层厚度是保证磁选效果的重要参数，料层过厚会造成磁选分离不净，料层过薄将延长设备运转时间。通常料层厚度应保证最大粒度的 1.5 倍左右，即 30mm 左右。

当磁选机的皮带宽度 $B=500mm$、磁极宽度为 400mm 时，布料器应保证料流的宽度不大于 300mm。分料板应使用非导磁材料（不锈钢板，胶带），以避免磁感应造成分料板上附着产品，影响分选结果。

### 6.2.3 滚筒式磁选机

对 +3mm 物料的磁选采用二级滚筒式磁选机，其结构示意图如图 6-5 所示。

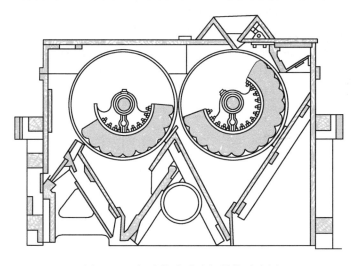

图 6-5 二级滚筒式磁选机结构示意图

滚筒内有一固定的磁极，磁极由永磁块组成，滚筒的外皮是由非导磁材料制造的，由电机带动转动，待选物料布在滚筒上后，导磁的产品（海绵铁）被筒内的磁极所吸引紧密地附着在旋转的滚筒外皮上，而非导磁物质（煤灰、焙烧了的石灰石等）则被滚筒的离心力作用抛出。为保证磁选分离结果，磁极各段也应是极性变换的结构，保证被吸在滚筒外皮的物料在筒皮上不断翻转，将包裹在磁性物中间的非磁性物不断排出。为了保证磁选效果，采用二级磁滚筒进行二级磁选。

　　滚筒通常用不锈钢材料制成，为了防止大量磨损，外部可用环氧树脂等耐磨材料加以保护，以便于修补。

　　磁极是由若干永磁块固定在一个固定轴上构成的。磁极外表面应是一圆弧面，并且与滚筒内表面距离稳定，以保证滚筒外皮磁场强度稳定。滚筒的转速影响选分效果和回收率，通常在设计制造后不再调节，但应保证有调节的可能。

### 6.2.4　产品处理系统的除尘和防护

　　由于产品处理系统是在干燥粉状物料条件下工作，是全厂最大的粉尘扬尘点，所以必须十分重视粉尘的防护和除尘。筛分，各布料点、落料点，磁选机均应设置良好的防护和除尘系统。这部分的防护和除尘将决定全厂的粉尘防护水平，也影响操作条件，最终影响生产的稳定。因此，产品处理系统设计有集中式除尘装置。

参 考 文 献

[1] 谢建华，杨连钝，Hawarth D J. 天津煤基直接还原设备 [C]. 中国金属学会全国直接还原铁生产及应用学术交流会论文集，冶金部直接还原开发中心，1999.
[2] 赵庆杰，史占彪. 直接还原回转窑技术 [M]. 北京：机械工业出版社，1997.
[3] 天津钢管公司直接还原铁厂. 煤基直接还原铁生产培训教材，1995（内部资料）.

# 7 回转窑烟气处理系统和余热利用

## 7.1 回转窑的烟气处理系统

回转窑的烟气处理系统的主要任务是将回转窑生产过程废气导出，调控，废气的除尘，降温，安全排放，以及废气的显热及化学能的回收利用。

### 7.1.1 概述

回转窑是热效率很低的热工装备，废气带走的物理热及潜热占输入总能量的30%～60%，因此，废气的处理及综合利用是回转窑生产的重要环节。废气导出及调控直接影响窑内的气流运动，窑内的压力分布，是回转窑生产调控的重要环节之一。废气的除尘、安全排放是回转窑环保最重要的内容，废气能量的回收利用对回转窑生产的经济效果、能量消耗有重要的影响。

直接还原回转窑使用的燃料千差万别，各地的生产、技术、经济条件不同，因而无法统一模式进行生产模拟，各生产性直接还原回转窑都依据当时、当地的条件，开发了自己的废气系统。

综观 SL-RN、CODIR、DRC、TDR 等各种回转窑直接还原工艺在废气处理方面的成就和开发研究结果，分析表明在已形成共识的有以下几点：

(1) 废气导出、调控是回转窑生产调控的重要组成环节之一，废气导出和调控应保证窑头的微正压操作，还要有较大的调节余地。废气从窑尾的导出速度应注意减少粉尘物料的带出量。

(2) 废气导出后应进行多级除尘，并依废气热量、潜能是否回收及回收方式进行适当方式的冷却。除尘、冷却应充分考虑废气中固体物料数量较多（可达15～100g/m³），且物料特性不同于一般燃料废气粉尘，废气中含有 $SO_2$、$H_2S$ 和大量水蒸气，露点较高（在 130℃ 以上）。废气处理必须注意保持废气温度在其露点以上，尤其是所有接触废气的金属部件的温度必须保持在露点（即酸凝结点）以上，以防止酸对金属材料的腐蚀。

(3) 直接还原窑区别于一般水泥窑、焙烧窑、难以使用废气回收热量预热回转窑所用的空气。这是由于：回转窑供风风机在旋转的窑身上，回转窑所用煤量由所需固定碳量决定，而不是由所需热量来决定；在多数情况下，从挥发分中得到的热量及预热助燃风得到的热量不会导致煤量消耗的明显减少。

(4) 直接还原窑废气中含有一定量的可燃气体和可燃的细粉尘（未燃尽的碳粒）。为保证废气处理系统的安全应首先将这些可燃物完全燃烧，即直接还原回转窑废气处理系统中，应有窑尾废气再燃烧装置，或称为后燃烧装置。

SL-RN、CODIR、DRC 法的生产窑都有废气能量回收装置或设计方案，其中 DRC 法使用废气余热锅炉，锅炉生产的蒸气用来发电。其技术特征是：1）废气温度严格控制在尘粒熔化温度下，为此在连接管道处装有喷水降温系统；2）锅炉有良好的集尘体系和加热面除尘的收扫系统，同时为防止粉尘磨损，气流经过锅炉的流速限制小于 15m/s；3）为解决酸腐蚀问题要求把 130~140℃ 的水引入锅炉节热部件，以保证锅炉内最低的金属部件的温度高于废气露点，同时设计离开锅炉的气体温度为 200~250℃，以防止酸在净化设备、风机、排气管道凝结。

DRC 公司对年产 0.2Mt DRI 工厂给出的数据：废气排放的热量为 12.6GJ（3.5MW·h/t DRI），其中 65% 在锅炉中作为蒸汽回收，其余 35% 为 200~250℃ 废气和水蒸气潜热带走。年产 0.2Mt DRI 工厂余热锅炉蒸汽的工艺数据如下：

年生产能力：0.2Mt DRI

窑作业率：85%

DRI 产量：27t/h

废气中热量：340.2GJ/h（94.5MW·h/h）

蒸汽回收的热（65% 回收）：221.1GJ/h（64.1MW·h/h）

蒸汽产量：66t/h（5MPa）

锅炉投资：470 万美元

效益（代替 33t/h 燃油锅炉）：年节约燃油费 365 万美元

同时，安装余热锅炉还可以减少气体除尘系统的规模，因为废气不需冷却降温到低于 350℃ 的设备，可节约大批资金，减少引风机动力消耗，节约操作费用等；生产 DRI 时，若用此蒸汽发电可达 680kW·h/t。

SL-RN 法研制了专门的后燃烧室，废气用两级具有同时喷水的再燃烧器除尘。利用 SL-RN 废气生产蒸汽有三种可能方法：（1）燃烧器和生产蒸汽的废热锅分开，如 ISCOR；（2）再燃烧器与蒸汽锅炉相结合；（3）在循环流化床中燃烧。其中，循环流化床是最佳方法，因为它不仅能利用废热，还利用了 SL-RN 法的固体残渣、过剩燃料和炉尘中的可燃成分，而且这个系统可以独立于 SL-RN 工厂之外生产。

### 7.1.2  后燃烧室

回转窑内产生的热烟气，由窑尾进入后燃烧室。在此，由燃烧风机送入一定量的助燃空气，在控制温度的条件下，将烟气中的 CO 与未燃尽的煤中挥发分充分燃烧。为防止燃烧温度过高，引起废气中粉尘软化、黏结，在后燃烧室和排气管道上设有气水雾化喷洒装置，将烟气温度控制在 900~1000℃。在后燃烧室顶部设有事故放散阀，一旦有潜在的危险发生，事故放散阀自动打开，将废气直接排入大气，保证系统的安全。正常生产时，关闭的事故放散阀采用水槽密封，并配有低水位报警装置。图 7-1 为废气除尘系统示意图。

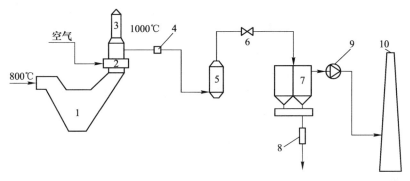

图 7-1　废气除尘系统图

1—沉降室；2—后燃烧风机；3—应急放散阀；4—截断阀；5—冷却器；
6—调节阀；7—布袋除尘；8—除尘灰；9—排风机；10—烟囱

## 7.1.3　废气布袋除尘器

来自锅炉的废气经过布袋除尘器进行净化，然后排入大气。布袋除尘器的设计可满足进口烟气温度 230℃、含尘量（标态）25g/m³、废气量（标态）为 125000m³/h 的要求，布袋除尘器的清灰借助于从废气风机入口抽取热烟气的反吹风机来完成。

布袋除尘器在降低阻力方面已经取得了很大的进步，但是它是文氏管除尘器外耗能量大的除尘器。从节能减排的大目标，以及今后布袋除尘器越来越广的应用考虑，仍需加强研究，以进一步降低布袋除尘器的阻力和能耗。标准规定反吹风布袋除尘器阻力 2000Pa，脉冲布袋除尘器阻力 1500Pa。

布袋除尘器对各种烟气和粉尘具有很好除尘效果，不受粉尘成分及比电阻等特性的影响，对入口含尘浓度不敏感，在含尘浓度很高或很低的条件下，都能实现很低的粉尘排放。近年来布袋除尘器的技术快速发展，在以下不利条件时都能成功应用和稳定运行。

（1）烟气在低于 280℃下已普遍应用。

（2）烟气高湿，如轧钢烟气除尘、水泥行业原材料烘干机和联合粉磨系统等尾气净化。

（3）高负压或高正压除尘系统，例如一些大型煤磨袋式除尘系统的负压很高。

（4）高腐蚀性，例如垃圾焚烧发电厂的烟气净化，烟气中含 HCl、HF 等腐蚀性气体；燃煤锅炉的烟气除尘。

（5）烟气含易燃、易爆粉尘或气体，如高炉煤气、炭黑生产、煤矿开采、煤磨除尘等。

（6）高含尘浓度，水泥行业已将布袋除尘器作为主机设备，直接处理含尘浓度为 $1600g/m^3$ 的气体，收集产品，并达标排放。

布袋除尘器作为细小粉尘的有效捕集手段，有力地支持了国家更加严格的环保标准。近几年，一些工业行业的大气污染物的排放标准多次修订，修订后的排放标准是 $30mg/m^3$。然而，对于现在的布袋除尘技术来说，设计良好的袋式除尘器出口的排放浓度为 $3\sim13mg/m^3$。

在事故情况下，进口烟气温度达到 230℃ 时引发报警；达到 250℃ 时，通过打开紧急事故放散阀来保护布袋除尘器，并借助进口管道上的蝶阀来切断，同时关闭提升阀，以使布袋除尘器得到完全的保护。

灰斗用回转阀进行密封，粉尘用螺旋输送机卸出，并通过斗式提升机送到储灰仓，从灰仓卸出的粉尘送到搅拌机中进行处理，以便汽车运输。

### 7.1.4 废气风机

经布袋除尘器净化后的洁净废烟气由废气风机抽出，并通过废气烟囱排至大气，净化后烟气中的最大含尘量为 $30mg/m^3$。

回转窑内的压力是通过调速型液力耦合器调节废气风机转速，调节进口阀门的开启度进行自动控制。

## 7.2 余热利用

由于窑尾废气的温度比较高，若使用水冷却方式进行降温（如水冷烟道、冷却器等），对水的使用是一个巨大的消耗，特别是在目前水资源紧张的情况下更显突出，也是对高温烟气所储热量的浪费，因此，有效利用高温烟气中的余热至关重要。并且，对烟气余热进行利用后，排烟温度低，减少了引风设备的动力消耗，可降低设备投资和运行成本。窑尾烟气常用的余热利用方式为余热锅炉和余热发电两种。

### 7.2.1 余热锅炉

余热锅炉不仅能够稳定可靠地降低烟气温度，使后部除尘器顺利工作，而且也能稳定地回收回转窑烟气余热，生产蒸汽外供。在废气风机的吸力作用下，从后燃烧室排出的烟气经烟道进入锅炉，利用废气的显热在锅炉里产生过热蒸汽，同时废气被冷却。余热锅炉主要由省煤器、蒸发器、过热器、汽包及热力管道等部件组成。废气流动方向为自上而下，换热管采用螺旋翅片管，以起到增大换热面积、减少粉尘磨损的作用。

过热器作用：将饱和蒸汽变成过热蒸汽的加热设备，通过对蒸汽的再加热，提高其过热度（温度之差），提高其单位工质的做功能力。

蒸发器作用：通过与烟气的热交换，产生饱和蒸汽。

省煤器作用：设置这样一组受热面，对锅炉给水进行预热，提高给水温度，避免给水进入汽包，冷热温差过大，产生过大热应力对汽包安全形成威胁；同时也避免汽位水位波动过大，造成自动控制困难。一方面最大限度地利用余热，降低排烟温度；另一方面，给水预热后形成高温高压水，作为闪蒸器产生饱和蒸汽的热源。

天津钢管公司还原铁厂每条窑烟气量 $9.5 \times 10^4 m^3/h$，锅炉入口含尘量为 $22.5 g/m^3$，余热锅炉为双回程、辅助循环、水管锅炉，每台锅炉由 4 组管束组成：调节锅炉入口废气的屏式蒸发管束；提高蒸汽温度的过热器管束；产生饱和蒸汽的蒸发器管束；预热锅炉给水的省煤器管束。屏式蒸发管束和过热器管束布置在第一回程，蒸发器管束和省煤器管束布置在第二回程。

窑尾烟气进入后燃烧室后，吹入一定量空气，使烟气中的一氧化碳燃尽，同时适量喷水，控制进入余热锅炉的烟气温度在 900℃ 左右。进入锅炉的高温烟气，向下流过屏式管束，这些管束内总有水，可防止锅炉过热器接触过高的烟气温度；经过隔离屏后，烟气继续向下流过过热器，在过热器出口，烟气进入一个折转室，气流在此折转 180°，垂直向上流动；在折转时，部分烟尘从烟气中分离出来，收集在折转室下方的集灰斗里，经双摆阀和湿式刮板机排灰；烟气向上流过蒸发器与省煤器，在蒸发器出口，烟气已被冷却下来。

锅炉给水系统由除氧器和给水加热系统组成，系统由给水泵将水打到省煤器，使水在进入汽包以前被加热到接近其饱和温度，然后由循环泵从汽包底部抽出，在循环泵出口，水被分流，一部分流到蒸发器，其余送往省煤器。从泵出来的水，汽通道垂直向上，这样可以保证即使在异常情况下，也可产生一定的自然循环。从蒸发器出来的汽水混合物返回汽包，在汽包内蒸汽分离出来，由管道引至过热器，蒸汽流经一个喷水型减温器，将最终蒸汽温度控制在 450℃。

余热锅炉汽水系统为强制循环系统，给水温度为 130℃。每台锅炉配有 2 台强制循环水泵，1 台运行，1 台备用。水泵对烟气参数波动的适应性强，运行稳定可靠。锅炉在回转窑启停阶段，由于采用强制循环，可以方便地将循环水分流至省煤器，提高省煤器管壁温度，以免在回转窑启停阶段因锅炉出口烟温过低而产生低温结露腐蚀。

为在锅炉运行中进行清灰，每台锅炉装有多个固定式旋转吹灰器。吹灰器采用电动并由 DCS 控制。吹灰介质采用锅炉出口蒸汽。每个锅炉灰斗的底部装有双摆阀，可在锅炉运行条件下将灰排至刮板输送机中。

锅炉设有全套阀门与配件，包括锅炉给水流量和减温水流量控制阀，在汽包和蒸汽输出管道上设有安全阀。锅炉也设有全套仪表，这些仪表和 DCS 系统连接，可提供必要的报警、联锁保护、PID 回路和顺序控制功能。锅炉相关参数见表 7-1~表 7-3。

表 7-1　锅炉进口烟气参数

| 参　　数 | 最小值 | 正常值 | 最大值 |
| --- | --- | --- | --- |
| 流量/Nm³·h⁻¹ | 106.000 | 95000 | 105000 |
| 温度/℃ | 675 | 900 | 900 |
| 含尘量/g·(Nm³)⁻¹ | 20.25 | 22.5 | 25 |

表 7-2　锅炉出口烟气参数

| 参　　数 | 正常值 | 最大值 |
| --- | --- | --- |
| 流量/Nm³·h⁻¹ | 95000 | 105000 |
| 温度/℃ | 210 | 210 |

表 7-3　锅炉出口蒸汽参数

| 参　　数 | 最小值 | 正常值 | 最大值 |
| --- | --- | --- | --- |
| 流量/t·h⁻¹ | 27.6 | 37.3 | 40.9 |
| 温度/℃ | 417 | 450 | 450 |
| 压力/100kPa | 39 | 39 | 40 |

## 7.2.2　余热发电

余热发电指通过余热锅炉（热交换器）回收热空气/烟气等介质中的热量，并进行能量转移，加热给水产生过热/饱和蒸汽，冲动汽轮发电机组做功发电。

### 7.2.2.1　汽轮机

汽轮机是用具有一定温度和压力的蒸汽来做功的回转式原动机，依据其做功原理的不同，可分为冲动式汽轮机和反动式汽轮机两种类型，两种型式轮机各具特点，各有其发展的空间。

冲动式汽轮机：指蒸汽的热能转变为动能的过程仅在喷嘴中发生，而工作叶片只是把蒸汽的动能转变成机械能的汽轮机，即蒸汽仅在喷嘴中产生压力降，而在叶片中不产生压力降。

反动式汽轮机：指蒸汽的热能转变为动能的过程不仅在喷嘴中发生，而且在叶片中也同样发生的汽轮机，即蒸汽不仅在喷嘴中进行膨胀、产生压力降，而且在叶片中也进行膨胀、产生压力降。

冲动式与反动式在构造上的主要区别在于如下。

冲动式：动叶片出、入口侧的横截面相对比较匀称，汽流通道从入口到出口其面积基本不变。

反动式：动叶片出、入口侧的横截面不对称，叶型入口较肥大，而出口侧较薄，汽流通道从入口到出口呈渐缩状。

最简单的汽轮机为单级汽轮机，其工作原理为：具有一定压力和温度的蒸汽通入喷嘴膨胀加速，此时蒸汽压力、温度降低，速度增加，蒸汽热能转变为动能；然后，具有较高速度的蒸汽由喷嘴流出，进入动叶片流道，在弯曲的动叶片流道内，改变汽流方向，给动叶片以冲动力，产生了使叶轮旋转的力矩，带动主轴旋转，输出机械功，完成动能到机械能的转换。即热能→动能→机械能，这样一个能量转换的过程，便构成了汽轮机做功的基本单元，通常称这个做功单元为汽轮机的级，它是由一列喷嘴叶栅和其后紧邻的一列动叶栅所构成。

由于单级汽轮机的功率较小，且损失大，故若使汽轮机发出更大功率，需要将许多级串联起来，制成多级汽轮机。

汽轮机按热力过程可分为以下几种：

（1）凝汽式汽轮机：进入汽轮机做功的蒸汽，除少量漏汽外，全部或大部分排入凝汽器，形成凝结水。

（2）背压式汽轮机：蒸汽在汽轮机内做功后，以高于大气压力被排入排汽室，以供热用户采暖和工业用汽。

（3）调整抽汽式汽轮机：将部分做过功的蒸汽在某种压力下抽出，供工业用或采暖用。

（4）中间再热式汽轮机：将在汽轮机高压缸做完功的蒸汽，再送回锅炉过热器加热到新蒸汽温度，回中、低压缸继续做功。

汽轮机按蒸汽的进汽压力等级可分为：

（1）低压汽轮机：新汽压力为 1.2~1.5MPa；

（2）中压汽轮机：新汽压力为 2.0~4.0MPa；

（3）次高压汽轮机：新汽压力为 5.0~6.0MPa；

（4）高压汽轮机：新汽压力为 6.0~10.0MPa。

此外还有超高压、亚临界压力、超临界压力汽轮机等。

### 7.2.2.2 发电机

余热发电所用汽轮发电机为三相交流同步发电机，型式为卧式，无刷励磁全封闭式。通风冷却，全封闭水冷热交换器型，通过安装在转子的冷却风机采用空气冷却方式。

### 7.2.2.3   闪蒸

所谓闪蒸，是指高温高压水经节流突然进入一个压力较低的空间，由于该压力低于该热水温度相对应的饱和压力，部分热水迅速汽化，因为汽化反应几乎是在瞬间完成，故形象地称为"闪蒸"。闪蒸器就是这样一个具备闪蒸功能的设备。其作用是使锅炉给水保持一定温度，并回收热水所附带的热量产生蒸汽做功；其次，还起到闪蒸除氧作用。

### 7.2.2.4   冷却水系统

冷却水系统的作用主要是为凝汽器及其他冷却设备提供冷却循环用水，其组成主要有冷却水泵、冷却风扇、集水槽、散水嘴、散水管、填料、分离器和相应的连接管道等。冷却风扇对冷却塔内进行强制通风，对冷却水进行强制换热；散水嘴与散水管是将循环冷却水呈水滴状均匀地洒向填料层；填料是将散水嘴喷射出的水滴在填料的表面形成水膜，增大冷却面积；分离器起到防止散水嘴喷射出的水滴因强制通风造成飞沫损失，从而降低循环冷却水损失的作用。

## 参 考 文 献

[1] 陶江善. 天津钢管 DRC 回转窑直接还原工艺技术的特点 [C]. 2020 年中国非高炉冶炼新工艺高峰论坛，2020：102~112.

[2] 赵庆杰，李广田. 直接还原铁生产及炼钢译文集 [M]. 沈阳：辽宁科学技术出版社，1991.

[3] 天津钢管公司直接还原铁厂. 煤基直接还原铁生产培训教材，1995（内部资料）.

# 8 回转窑直接还原工艺技术的应用

## 8.1 回转窑直接还原铁生产

### 8.1.1 "两步法"回转窑直接还原铁生产

"两步法"是将细磨铁精粉造球、经氧化焙烧成氧化球团矿后，加入回转窑生产直接还原铁（或者块矿直接入窑）的工艺，是国际上回转窑直接还原铁的主流生产工艺，印度有300余条"两步法"回转窑生产线。"两步法"直接还原法在我国应用的典型案例是天津钢管公司直接还原铁厂 $\phi 5m \times 80m$ 回转窑生产线，该项目引进英国戴维公司的 DRC 煤基回转窑生产工艺，建设规模为年产直接还原铁30万吨，设置有两条年产15万吨直接还原铁生产线，每条生产线设有一台 $\phi 5m \times 80m$ 回转窑，一台 $\phi 3.5m \times 50m$ 冷却筒，一套产品分离装置，一台产汽量为 36t/h 的余热锅炉，一台烟气袋式除尘器和一台抽风能力 $125000m^3/h$ 的排烟风机；两条生产线合用一组日用料仓（含供料皮带）、一套压块装置和一组成品仓。

天津钢管公司煤基回转窑直接还原生产工艺是以高品位铁矿石为原料，煤为燃料和还原剂，白云石或石灰石为脱硫剂，在回转窑内通过燃烧、加热、还原等反应，最终将铁矿石还原成直接还原铁，由回转窑排出的物料需先经冷却筒冷却至温度低于或等于 100℃，再送产品分离间进行筛分磁选，选出不小于 4mm 的直接还原铁，由带式输送机运往成品仓。选出 -4mm 的直接还原铁粉，先送压块间压成块，经筛分后由带式输送机运往成品仓。回转窑的高温烟气由排烟风机从加料端抽出并经后燃烧室燃烧，然后进余热锅护降温并产生蒸汽，再进入布袋除尘器除尘，最终由引风机将含尘量小于 $30mg/m^3$ 的烟气通过烟囱排入大气。

天津钢管公司煤基回转窑直接还原生产工艺在生产技术上有独有的特点：采用了回转窑二次风技术、测温技术、喷吹粒煤技术、挡坝技术、冷却筒间接冷却技术，以及余热利用系统和自动化控制系统，可实现对窑温进行调节和控制，获得合理的操作温度曲线，也可对矿石还原、煤的燃烧以及窑内气氛进行控制。防止中窑区结圈，以获得合格的产品金属化率；对高温产品的冷却等也能提供可靠的保证，并可实现余热的回收利用。

天津钢管公司煤基回转窑直接还原铁生产过程经历了"引进-消化-改造-

创新"的历程，在大量实验及不断总结生产实践的基础上，针对工艺设计中不合理的地方进行了110多项改造和革新，一些改造项目在国内外同类工厂中首次采用，使得海绵铁的生产向着工艺更优化、设备更高效、环境更美好、产品更优良的方向稳步发展。回转窑作业率从2000年时不到70%，到2004年稳定在97%以上，产量也达到并超过设计水平。其历年来的产量及物耗指标数据见表8-1。

**表 8-1 天津钢管公司煤基回转窑历年直接还原铁产量及物耗指标**

| 年份 | DRI产量 /万吨 | 矿耗 /t·t$^{-1}$ | 煤耗 /t·t$^{-1}$ | 电耗 /kW·h·t$^{-1}$ | 金属化率 /% |
|------|------|------|------|------|------|
| 1997 | 6.02 | 1.490 | 0.950 | | 91.3 |
| 1998 | 8.39 | 1.570 | 1.040 | 143.3 | 92.6 |
| 1999 | 10.6 | 1.560 | 1.026 | 155.6 | 93.8 |
| 2000 | 13.58 | 1.466 | 0.930 | 161.9 | 93.7 |
| 2001 | 11.25 | 1.440 | 0.970 | 133.6 | 92.3 |
| 2002 | 22.04 | 1.446 | 0.919 | 114 | 92.8 |
| 2003 | 28.55 | 1.480 | 0.868 | 95.86 | 93.1 |
| 2004 | 33.23 | 1.490 | 0.900 | 86.75 | 92.21 |
| 2005 | 31.42 | 1.489 | 0.900 | 90.12 | 91.87 |
| 2006 | 21.23 | 1.486 | 0.900 | 89.46 | 91.4 |
| 2007 | 21.0 | 1.570 | 0.900 | 119 | 91.32 |
| 2008 | 15.0 | 1.590 | 0.880 | 140 | 91.7 |

从表8-1中的统计数据看出，天津钢管公司煤基回转窑的生产能力已经可以达到并超过设计水平。从消耗指标看，在全球煤基直接还原铁工厂中回转窑的生产指标也是很好的。

### 8.1.2 "一步法"回转窑直接还原铁生产

"一步法"是将细磨铁精粉造球后，在链箅机或干燥机上进行干燥（或预热），再送入回转窑内进行固结和还原的方法。由于所有生产工序在一条流水线上连续完成，可以降低投资成本，因而受到行业关注。我国先后在辽宁喀左、山东莱芜、北京密云和新疆富蕴建有数条"一步法"回转窑直接还原铁生产线。

常用的"一步法"链箅机—回转窑直还铁生产工艺流程如图8-1所示。

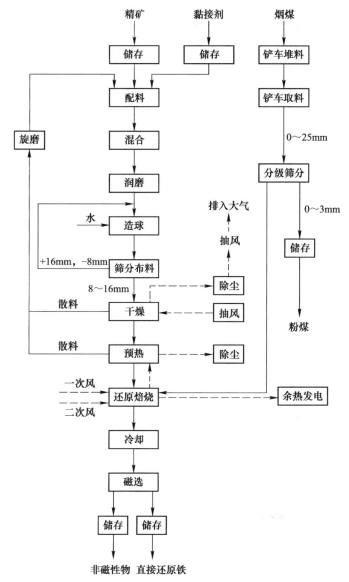

图 8-1 链箅机—回转窑直还铁生产工艺流程图

## 8.2 回转窑钒钛磁铁矿直接还原生产

　　钒钛磁铁矿是一种以铁、钛、钒元素为主，并与多种有价元素共生的复合铁矿，钒钛作为稀有金属用途十分广泛，因此钒钛磁铁矿具有非常高的综合利用价值。世界上钒钛磁铁矿丰富，其储量接近全球铁矿石原矿储量的 1/4，主要集中分布在南非、俄罗斯、中国等少数国家和地区，探明储量超过 400 亿吨。我国钒钛磁铁矿资源主要分布在四川攀枝花-西昌地区、河北承德地区、陕西汉中地区、湖北郧阳等地区，已探明储量98.3亿吨，远景储量达300亿吨以上，储量和开采量居全国铁矿的第三位。其中，攀西地区探明的保有储量为93.9亿吨，预测储量为117.75亿吨，约占全国各类铁矿总储量的1/5，占世界钒钛磁铁矿储量的1/4，钒、钛储量分别占全国已探明储量的87%和94.3%，分别居世界第三位和第一位。钒钛磁铁海砂矿属于钒钛磁铁矿中的一种，储量丰富，有数百亿吨，主要分布在日本、新西兰、印度尼西亚、菲律宾、马来西亚、澳大利亚等国家。

从20世纪50年代到现在，我国在钒钛磁铁矿资源的综合利用方面取得了显著成绩，但总体开发利用程度还很低，资源浪费严重，且部分钛资源还需进口。攀西地区钒钛磁铁矿资源在以钢铁为主导的生产工艺中，目前钛和钒的回收利用率不高，铁、钒、钛的回收利用率分别为70%、47%和15%~20%。

钒钛磁铁矿是目前世界上公认的难选和难冶炼的铁矿资源。研究和报道表明，国内外对钒钛磁铁矿利用的方法有十几种，其中具有代表性的流程有高炉-转炉流程、还原-熔分流程、钠化提钒-还原-熔分流程、还原-磨选流程等，这些流程按各自特点大致可分为高炉法和非高炉法两大类。各种钒钛磁铁矿资源处理工艺对比情况见表8-2。

**表8-2 各种钒钛磁铁矿资源处理工艺比较**

| 工艺流程 | 技术特点 | 存在难点 | 应用情况 |
| --- | --- | --- | --- |
| 高炉法 | $TFe > 52\%$，$TiO_2 < 13\%$；能回收铁、钒（47%） | 钛进入高炉渣中无法利用；提钒流程长，经济性差；钛渣中无法利用 | 中国，俄罗斯 |
| 预还原-电炉法 | 能回收铁、钒，实现短流程炼铁 | 提钒流程长，经济性差；易形成黏度渣、泡沫渣；电炉操作难度大 | 南非，新西兰 |
| 钠化提钒-预还原-电炉法 | $V_2O_5$含量>1%，能回收钒（80%）、铁 | 钛渣无法利用；提钒球团矿强度低，易粉化、结圈 | 南非，芬兰 |
| 钠化-还原-熔分耦合法 | 铁钒钛同步提取 | 无成熟装备，高温高碱对材质要求苛刻，可操作区间偏窄 | 开发阶段 |
| 还原-磨选法 | 钛渣活性高、易提取，简化提钒流程，铁钒钛综合利用 | 低温、快速还原；铁晶粒的长大；钒走向的调控；还原产物的高效分离 | 开发阶段 |

1969 年，新西兰钢铁公司用国内的褐煤和含钒钛的铁砂通过回转窑直接还原工艺（SL-RN 工艺）生产小钢坯，额定生产能力为 15 万吨小方坯。1988 年，该公司完成了将钢产量增加到 75 万吨的扩建工程，保留了直接还原工艺，同时还采用连续熔化工序生产铁水，并且对铁水中的钒进行了提取。将原来的电炉炼钢工艺改为复吹氧气转炉（KOBM）炼钢工艺生产钢水。钢水轧制成板、管、带材，销往美、日、澳大利亚、东南亚，产品质量好。该工艺效率高，生产费用低，并能生产优质钢材，有很强的竞争力。但是，该工艺存在提钒流程长、经济性差、钛渣无法利用等问题。图 8-2 为新西兰钢铁公司小钢坯生产工艺流程。

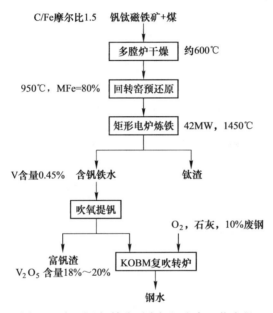

图 8-2 新西兰钢铁公司小钢坯生产工艺流程

还原-磨选法是将钒钛磁铁精矿在固态条件下进行选择性还原，使其中的铁氧化物充分还原为金属铁，并长大到一定粒度，而钒钛仍保持氧化物形态，然后将所得高金属化产品细磨、分选成铁粉精矿和富钒钛料，再对富钒钛料进行处理提取钒钛。结合钒钛磁铁矿的矿物特性，还原-磨选法可实现铁、钒和钛资源的综合回收利用，能够在较低温度下实现铁和钒钛的分离富集，特别是对钛矿的性能影响较小，可以通过进一步提取获得高附加值的钛产品，从而取得最大的经济效益，是处理钒钛磁铁矿的优选工艺方法之一。

我国和俄罗斯对还原-磨选法进行过较为详细的研究，采用该流程生产铁精粉的铁品位和回收率一般均可达到 90% 以上，富钒钛料经湿法提钒处理后，钒的总回收率在 80% 以上，所得钛精矿 $TiO_2$ 品位可达到 50% 以上，回收率在 85%

以上。其优点是，在固态条件下实现铁钛分离，避开了熔态条件下易出现泡沫渣或黏滞渣的难题，综合技术指标优于高炉法和还原-熔分法。但是，还原-磨选法要求还原过程金属化率要大于90%，并且铁晶粒要长大到一定粒度；由于钒钛磁铁矿难还原，为达到上述要求，必须在比普通矿高得多的温度下进行还原，虽然采取了添加钠盐来强化还原过程的措施，但易造成还原设备腐蚀和结瘤等事故。现有技术水平下，在生产规模上还原-磨选法与高炉法和还原-熔分法相比有些距离，这也是其工业应用难度大的原因之一。图 8-3 为还原-磨选法处理钒钛磁铁精矿的工艺流程。

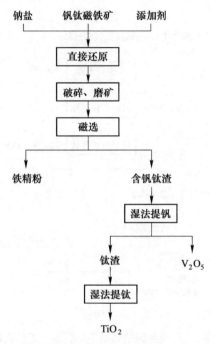

图 8-3    还原-磨选法处理钒钛磁铁精矿的工艺流程

## 8.3  回转窑钛铁矿直接还原生产

储量丰富的钛铁矿已经成为钛工业的主要生产原料。但钛铁矿的 $TiO_2$ 品位较低，为适应钛工业的发展，必须将钛铁矿富集成高品位的富钛料。

还原钛铁矿回转窑生产工艺是以钛铁矿为主要原料、无烟煤为还原剂、石灰石为脱硫剂，物料按一定配比进入窑内，以燃煤或燃气加热物料，在 1050 ~ 1200℃还原，还原料经冷却、除碳等处理后即为还原钛铁矿，具体工艺流程图如图 8-4 所示。回转窑有 2.5° ~ 3°的倾斜度，借助回转窑的旋转运动和倾角作用，使装入的炉料缓慢向排料端运动。燃烧煤及部分还原煤则从窑头排料端喷入，与定量的一次空气进行燃烧，产生高温烟气，烟气与炉料形成逆流运动。钛铁矿密度较大，料层在回转窑内运动时，钛铁矿及细还原剂颗粒处于料层下面，料层上面则被一层颗粒相对较粗的还原剂覆盖。由于窑内为弱还原性气氛，以及表层粗颗粒还原剂的保护作用，在料层下会形成质量浓度较高的、动态的、与矿粒充分接触的一氧化碳还原气氛，加之回转窑高温带一般稳定维持在 1150～1180℃ 之间，因而还原反应速度较隧道窑快。

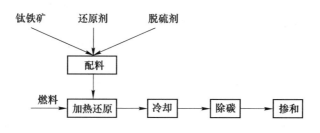

图 8-4  还原钛铁矿回转窑生产工艺流程

回转窑内钛铁矿预还原处理工艺，煅烧设备回转窑在冶金行业起着重要的作用，特别是在选铁煅烧等领域是其他设备无法取代的。经过技术的不断成熟，现已演变为低温固态还原海绵铁（直接还原铁）的重要工艺方法，最先进的当属钛精矿球团的回转窑预还原和电炉熔炼的两段法生产钛渣工艺。

所有的固体碳还原金属氧化物的反应，其矿碳的固-固相反应是微不足道的，即都是通过碳的气化反应 $CO_2+C \Longrightarrow 2CO$ 完成的。因此，钛铁矿的固体碳还原反应可表示为：$FeTiO_3+CO \Longrightarrow Fe+TiO_2+CO_2$。

热力学计算表明，在 $CO+CO_2$ 系统中，CO 分压必须很高时反应才能进行。由于该反应是可逆的，要防止产物再氧化，系统中 CO 的浓度必须高于平衡时CO 的浓度，其最小量可用下面的公式求出：$FeTiO_3+nCO \Longrightarrow Fe+TiO_2+(n-1)CO+CO_2$，在 1000～1150℃ 时，必须使 $CO+CO_2$ 系统中 CO 的体积分数大于 94%，此反应才能进行。在回转窑中，碳的气化反应（布多尔反应）理论上能够达到这样的数值，但只能达到平衡。同时，由于气体在矿粒内存在着扩散阻力，致使它们内部和外部比较，内部 CO 含量偏低，很可能达不到指定的含量，因此，要提高直接还原钛铁矿的铁金属化率，可以通过提高反应的平衡常数 $Kp$ 和系统的 CO分压来达到。升高温度能使 CO 还原 $FeTiO_3$ 反应的平衡常数 $Kp$ 增大，也有利于布多尔反应的进行，使 CO 的分压升高，即有利于提高还原产物的铁金属化率。

## 8.4  回转窑红土镍矿直接还原法生产镍铁工艺

我国红土型镍矿主要分布在云南、四川及青海地区，主要以中低品位为主。

目前我国红土镍矿主要依赖印尼、菲律宾等国家的进口。常见的红土镍矿冶炼处理工艺主要有湿法工艺和火法工艺，利用回转窑直接还原生产镍铁工艺包括回转窑粒铁法（大江山法）、回转窑-电炉法（RKEF 法）和直接还原法。

## 8.4.1 回转窑粒铁法（大江山法）

回转窑粒铁工艺处理红土镍矿生产镍铁，也称为大江山法，由日本大江山冶炼厂（Nippon Yakin Oheyama Smelter）最先使用。第二次世界大战期间，日本冶金工业公司采用克虏伯-雷恩法处理低品位红土镍矿，粗镍铁产品自销本公司用于生产低镍合金钢，此法可为不锈钢生产提供充足的镍源，还使日本冶金工业公司建起从含镍原料到成品不锈钢的一条龙生产线。

大江山法工艺流程如图 8-5 所示，原矿经干燥、破碎、筛分处理后与熔剂、还原剂按比例混合制团，团矿经干燥和高温还原焙烧，焙砂再经过水淬、破碎筛分、分选处理，得到海绵粒状镍铁产品。该工艺的最大优点是流程短、能耗少、生产成本低。表 8-3 所示为大江山法工艺主要技术指标及设备参数，能耗主要在还原工序，回转窑废气（约 900℃）可用于链箅机中干燥预热团块，大大降低了能源消耗，且回转窑焙烧过程可以使用廉价煤作为燃料，总能耗中的 85% 由煤提供，吨矿耗煤约 200kg。而回转窑-电炉熔炼工艺能耗的 80% 以上由电能提供，吨矿电耗 560~600kW·h；与之相比，大江山法的吨矿能耗降低 50% 以上。

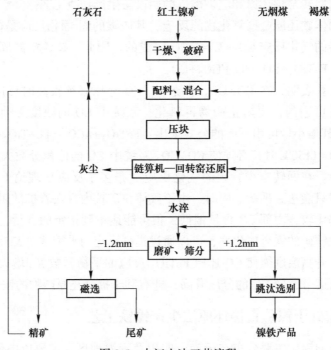

图 8-5 大江山法工艺流程

**表 8-3 大江山法工艺主要技术指标及设备参数**

| 工序 | 主要技术指标及设备参数 |
|------|----------------------|
| 原料 | 新喀里多尼亚和印尼的红土镍矿混匀矿，含 Ni 2.3%、Fe 13.6%、Fe/Ni 质量比为 5.9、$SiO_2$/MgO 质量比为 1.9 |
| 配料 | 1/3 红土镍矿经湿磨，2/3 则经干磨；磨矿至-3mm 后与石灰石及无烟煤混匀压块制团 |
| 干燥 | 5 台 $\phi$4m×17m 链箅机（各与 1 台回转窑连接）；压团含水量 17%；燃料类型为回转窑热烟气；烟尘率为 14%（回转窑+链箅机），烟尘返回参与配料 |
| 还原 | 5 台回转窑（其中 4 台 $\phi$3.6m×72m，1 台 $\phi$4.2m×72m）；给料速度为干矿 27t/h；熔砂出炉温度为 1200~1250℃；燃料类型为褐煤（80kg/t 干矿）；还原剂为无烟煤 130kg/t 干矿 |
| 产品 | 2003 年指标（Ni 23%，镍铁粒尺寸为 0.5~20mm，镍回收率为 93%）；1984 年指标：Ni+Co 21.9%，C 0.03%，P 0.019%，S 0.44%，Cr 0.19%，Si 0.01%，镍铁粒尺寸为 2~3mm |

但是，该工艺也存在工艺条件苛刻、难以操作和控制等不足，生产过程中极易形成窑内结圈，上述不足限制了该工艺的推广应用。日本大江山冶炼厂虽然对该工艺进行了多次改进，但工艺技术仍不够稳定，经过将近 30 年的发展，生产规模仍仅由 1984 年年产镍 0.961 万吨扩大到 2003 年的 1.5 万吨。稳定的窑内温度分布和团块给料速度是影响回转窑稳定操作至关重要的因素，而窑内温度分布则受团块中带入的无烟煤量以及链箅机的抽风状况影响。团块质量差、回转窑给料速度波动异常、含碳物料散乱（造成物料和窑壁的局部过冷或过热）、粉尘量增加、抽风条件波动以及含碳物料偏析分布，这些因素都可能导致回转窑异常结圈、耐火窑衬寿命缩短以及金属颗粒团聚不佳。

## 8.4.2 回转窑-电炉熔炼法（RKEF 法）

回转窑-电炉熔炼法（RKEF 法）处理红土镍矿生产镍铁开始于 20 世纪 50 年代，目前已是世界范围内冶炼生产镍铁的主流工艺。由于原矿含有大量自由水和结晶水，所以需要通过在熔炼炉料准备阶段经回转窑在 800℃进行干燥脱水和预热处理，随后热炉料送入电炉中在 1550~1600℃的高温下还原熔炼得到含镍8%~20%的镍铁。回转窑-电炉熔炼工艺的主要优点是：（1）工艺成熟，可实现大规模生产；（2）镍铁产品质量优良，可用于中高档不锈钢生产；（3）原料适应性强，各种类型红土镍矿均可处理；（4）电炉渣经过水淬处理后可用作水泥生产原料，实现废渣无害化利用。所以，近几年回转窑-电炉熔炼镍铁工艺发展较快。目前，采用该法生产镍铁合金的工厂主要有法国镍公司的新喀里多尼亚安博冶炼厂、哥伦比亚塞罗马托莎厂、日本住友公司的八户冶炼厂，产出的产品中镍品位为 20%~30%，镍回收率达到 90%以上。中国有色集团投资的缅甸达贡山镍矿项目也采用该冶炼工艺，此外还有中宝滨海镍业的年产 8 万吨镍铁项目以及中国镍资源控股公司的年产 100 万吨镍铁项目。

但是，回转窑干燥预还原-电炉还原熔炼工艺仍然具有一定的缺陷，如仅电炉熔炼的电耗就约占操作成本的 50%，再加上红土镍矿熔炼前的干燥、焙烧预处理工序的燃料消耗，操作成本中的能耗成本可能要占 65% 以上，这对节能减排是十分不利的，因此要求建厂当地需有充沛的电力及燃料供应。同时，虽然该工艺原料适应性强，由于其能耗较高，从经济可行性角度考虑，适宜处理的红土镍矿原料条件为 Ni 品位大于 1.5%、Fe/Ni 质量比小于 12、Ni/Co 质量比大于 30 以及 $SiO_2/MgO$ 质量比小于 1.9。上述指标中，对 Ni 品位大于 1.5%、Fe/Ni 质量比小于 12 的要求，是为了确保所得镍铁产品中镍品位和回收率分别超过 20% 和 90%；而要求 $SiO_2/MgO$ 质量比小于 1.9，则是为了匹配电炉冶炼中镍铁与渣相的熔化温度，使两者之差保持在一定范围内，以免造成悬料和耐火材料的严重侵蚀。

### 8.4.3　直接还原法

鉴于大江山工艺在能耗、成本和综合利用等方面具有的优点，同时存在着工艺条件苛刻、难以操作和控制等不足，对该工艺进行优化和改进已成为国内外竞相研究的热点。红土镍矿通过直接还原（1000~1100℃）、物理分选可在一定程度上实现镍、铁富集，由于镍、铁等金属元素在红土镍矿中的赋存状态复杂，因此在还原-分选过程中镍、铁富集和回收效果往往不太理想，这也是大江山法需在更高温度条件下（1250~1400℃）使物料呈半熔融状态的原因，促使镍铁颗粒充分聚集长大以利于后续的磨选作业。

研究发现：一些碱金属（或碱土金属）物质可显著强化红土镍矿的还原焙烧、改善磁选效果，提高镍铁精矿中镍、铁品位和回收率，由此开发出红土镍矿直接还原焙烧-磁选制取粗镍铁的新工艺。采用该新工艺处理含 Ni 1.58%、Fe 22.06% 的腐泥土型红土镍矿，在添加剂作用下以褐煤为还原剂，红土镍矿经 1000℃ 直接还原 60min，磁选所得磁性产品的镍品位可从无添加剂时的 2.0% 提高到 7.5%，镍的回收率也相应从 19.1% 上升到 82.7%。中南大学在 $\phi1.6m \times 16m$ 煤基回转窑上开展的半工业性试验，以含 Ni 1.52%、Fe 18.85%、$SiO_2$ 38.42% 和 MgO 18.64% 的红土镍矿为原料，配加黏结剂、还原剂和添加剂压制成团块在窑内温度 900~1050℃、停留时间 5~6h 条件下进行直接还原，还原团块经磨矿-磁选最终获得粗镍铁产品中含 Ni 8.01%、Fe 86.94% 和 Ni 回收率大于 93% 的指标。粗镍铁产品性能满足不锈钢冶炼原料要求，新工艺可成为未来红土镍矿高效、低成本处理的发展方向。

## 8.5　回转窑铬铁矿直接还原生产

　　世界铬矿资源较丰富，现已探明储量在 75 亿吨左右，可开采储量约为 48 亿吨，世界铬矿储量主要分布在南非、哈萨克斯坦、津巴布韦、印度、巴西、芬兰、俄罗斯等少数国家。此外，也有相对较少的储量分布在土耳其、阿尔巴尼亚、伊朗、阿曼、澳大利亚和越南等国。全球年开采铬矿量约为 2000 万吨，其中 90% 属冶金级铬矿，主要用于生产铬铁合金。

　　我国的铬矿资源极其匮乏。目前，我国铬矿的总保有储量约为 1078 万吨。全国铬矿产地仅有 56 处，西藏、新疆、内蒙古、甘肃四省区合计占总储量的 84.3%。我国铬矿储量少、矿石质量较差，而且地域偏远，开采成本较高，国内铬矿基本长期依赖进口。

　　铬铁矿主要用于生产铬铁和金属铬。铬铁最大的用途是作为合金添加剂生产不锈钢，不锈钢消耗的铬铁占铬铁合金总量的 80% 以上。随着不锈钢冶炼技术的发展，高碳铬铁可以代替低碳铬铁直接用于不锈钢的生产。这不仅降低了不锈钢的生产成本，而且还促使铬铁合金产品结构发生了变化，即低碳铬铁使用量显著下降，而高碳铬铁需求量大大增加。

　　铬铁矿一般在矿热炉（又称埋弧电炉）中通过熔融还原得到高碳铬铁，矿热炉有敞口、半封闭、封闭三种形式。矿热炉冶炼生产高碳铬铁的过程中，同时产生大量的高温烟气。采用封闭炉冶炼时，产生的煤气在未燃状态引出，导入煤气净化设施净化回收，二次能源得到了有效利用。随着环境保护要求的提高和余热利用技术的进步，高碳铬铁的生产趋向于采用大型的封闭炉。

　　铬矿固态还原的主流工艺采用链箅机—回转窑球团法，由日本昭和电工株式会社在 20 世纪 60 年代开发的铬矿球团固态还原工艺（SRC 工艺），据报道在日本生产比较稳定，但由于日本产业结构的调整而停产拆除。此工艺在南非也建成了几条生产线，但稳定性较差。

　　经过高温焙烧还原的球团矿，被还原的铬和铁多以 $(Fe, Cr)_7C_3$ 形态存在，还原温度高时才有少量的金属铁、铬出现。还原球团矿有较高的金属化率，其中铁的金属化率可达 40% ~ 85%，铬的金属化率达 15% ~ 60%，总的金属化率达 30% ~ 75%。采用预还原处理的铬铁球团矿来冶炼高碳铬铁，炉况稳定，电炉产量增加，冶炼电耗大大降低。采用链箅机—回转窑预还原—热送热装工艺生产高碳铬铁，电耗降低 25%，焦耗降低近 50%，产量提高超过 30%，能促进企业绿色、环保、健康的可持续发展。图 8-6 为该预还原工艺基本流程。

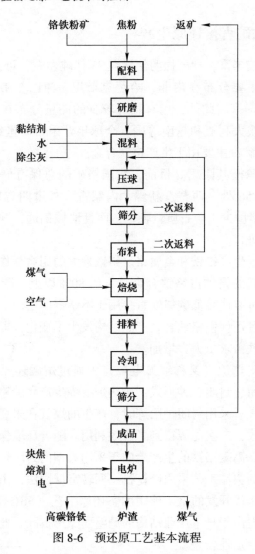

图 8-6 预还原工艺基本流程

## 8.6 回转窑含锌粉尘的处理工艺

钢铁企业在炼铁、炼钢以及轧钢等各工序会产生大量粉尘，占到总钢产量的 8%~12%，2017 年我国粗钢产量 8.317 亿吨，即每年产生的含铁尘泥量达 8000 万吨以上。近年来雾霾天气频发，环境保护意识增强，国家针对工业粉尘排放的管控趋严，钢铁企业的粉尘排放成为环保监控重点，各工序除尘设施不断增加升级，使粉尘的数量也持续增加，这些粉尘往往含有大量铁和碳而具有很高的利用价值，传统方式一般将其作为配料返回烧结，实现企业内部回收。但其中部分粉尘含有较高的锌等有害元素，直接回配将使锌不断循环富集，导致高炉锌负荷超标,对高炉生产顺行和安全长寿造成危害;而由于含锌粉尘质量远不及传统炼锌原料,提锌价值有限,通常也无法直接给炼锌企业使用,因此如何有效处置含锌粉尘一直是业界的重要课题。

钢铁生产系统中的锌初始主要来源于铁矿原料,虽然铁矿中伴生的锌含量都极低,但由于锌的循环富集特点使其在系统中会不断累积,而迫于成本压力使用低价料比例增大,入炉品位降低,也促使进入系统的锌量增加。另外,随着镀锌产品增长,炼钢中使用的含锌废钢也成为钢铁系统中锌的一大来源,含锌废钢的使用使转炉粉尘的锌含量明显提高,电炉炼钢粉尘的锌含量通常会更高。钢厂含铁尘泥来源及主要成分见表8-4。一般而言,锌含量不低于1%的中高锌含铁尘泥均需进行脱锌处理后才能返回钢铁工艺。

**表 8-4 含铁尘泥来源及主要成分**

| 尘泥种类 | 来 源 | 收集方式 | 性质 | 主要成分 |
|---|---|---|---|---|
| 原料准备尘泥 | 在原料场、烧结、球团、炼铁、炼钢和轧钢等工艺的原料准备过程中产生的尘泥 | 多管除尘器、电除尘器和布袋等 | 粉体为主,随工艺变化较大 | Fe、Ca 等,随工艺变化较大 |
| 烧结尘泥 | 在烧结原料准备、配料、烧结与成品处理等过程中,除尘器收集的粉尘,包括烧结机机头、机尾、成品整粒和冷却筛分等收集的烟粉尘 | 干法除尘:多管除尘器、电除尘器和布袋等 | 粉体,其粒度在 5~40μm 之间 | TFe 含量约50% |
| 球团尘泥 | 在球团原料准备、配料、焙烧与成品处理等过程中,除尘器收集下来的烟尘、粉尘 | 干法除尘:多管除尘器或电除尘器 | 粉体,其粒度在 5~40μm 之间 | TFe 含量50%左右 |
| 高炉瓦斯泥 | 在高炉炼铁过程中,高炉煤气洗涤污水排放于沉淀池中经沉淀处理而得到的固体废物 | 湿法除尘:文丘里洗涤等 | 呈黑色泥浆状,表面粗糙,有孔隙,粒度 −75μm 的占 50%~85% | TFe 含量25%~45%,锌含量较高 |
| 高炉瓦斯灰 | 在高炉炼铁过程中随高炉煤气一起排出,经干式除尘器收集的粉尘 | 干法除尘:多管除尘器或电除尘器等 | 呈灰色粉末状,粒度较高炉瓦斯泥粗,干燥、易流动,堆放、运输污染严重 | TFe 以 FeO 为主,锌含量较高 |
| 高炉除尘灰 | 高炉炼铁过程中,矿槽、筛分、转运、炉顶、出铁场等除尘收集到的粉尘 | 干法除尘:多管除尘器或电除尘器等 | — | — |

| 尘泥种类 | 来 源 | 收集方式 | 性质 | 主要成分 |
|---|---|---|---|---|
| 转炉尘泥 | 转炉炼钢过程中，经文丘里洗涤器或干式静电除尘器收集而得的固体废物，包括转炉污泥和转炉粉尘 | 文丘里洗涤器或干式静电除尘器 | 呈胶体状，很黏，难以浓缩脱水，粒度-40μm的颗粒占80% | Fe、Zn 成分较高，TFe 在 50%~60% |
| 电炉粉尘 | 电炉炼钢时产生的粉尘 | 干式静电除尘器等 | 粒度很细，-2μm颗粒>90% | TFe 约 30%，锌铅 10%~20% |
| 轧钢尘泥 | 在轧钢过程中回收的尘泥，不包括含油、含酸碱的尘泥 | 干式静电除尘器等 | 随工艺变化较大 | — |
| 氧化铁皮 | 在钢材轧制过程中剥落的固体物质 | 干湿法收集 | 铁含量最高的废渣 | TFe>70% |

目前得到工业生产应用及正在研发的火法处理工艺有多种，如转底炉工艺、回转窑工艺、等离子炉工艺、韦氏炉工艺、竖式炉工艺、垂直喷射火焰炉工艺、电炉还原工艺等。其中，回转窑及转底炉是目前世界上处理钢厂含锌粉尘技术相对成熟、应用较多的工艺技术，也是目前国内比较受关注的用于处理钢厂含锌铅粉尘的技术。表 8-5 为不同含锌粉尘处理工艺对比。

**表 8-5 不同含锌粉尘处理工艺对比**

| 项目 | OXICUP 竖炉 | RHF 转底炉 | 回转窑 |
|---|---|---|---|
| 原料 | 钢铁厂粉尘 | 钢铁厂粉尘 | 钢铁厂粉尘 |
| 原料处理 | 混料-压块 100~150mm | 烘干—混匀—造球 8~20mm—干燥 | 粉料/小球入窑 |
| 本体设备 | 原料：烧结矿 | 原料：球团矿；传热：辐射 | 还原温度：1000~1200℃ |
| | 燃料：焦炭+喷煤 | 还原不用焦炭 | |
| | 冶炼时间：1.5h | 冶炼时间：15~20min | 冶炼时间：30~50min |
| | 还原温度：1000~1400℃ | 还原温度：1200℃ | |
| | 回旋区温度：2200℃ | | |
| 脱锌率 | >90% | >90% | >90% |
| 产品 | 铁水 | 金属化球团矿 | 铁精粉/还原铁粉 |
| 产品金属化率 | — | 70%~80% | 可控 |
| 产品用途 | 铸造、炼钢 | 高炉、转炉、电炉 | 烧结 |
| 业绩 | 太原钢铁公司，2 座 85m³，2 用 1 备 | 日照钢铁 1×20 万吨；莱芜钢铁 1×30 万吨；马鞍山 1×20 万吨；沙钢 1×30 万吨；燕钢 2×20 万吨；宝钢 2×20 万吨 | 本钢、昆钢、酒钢多家钢厂，以及锌矿冶炼企业 |
| 投资等 | 处理 20 万吨/年；投资 2.3 亿元，制块大于 50% | 处理 30 万吨/年；投资约 2 亿元 | 较少 |

回转窑处理钢厂含锌粉尘工艺是目前应用最广泛的一种处理含锌电炉粉尘的处理工艺，技术成熟，设备简单，年处理能力可达 10 万~30 万吨。

回转窑工艺是用固体燃料作还原剂，以回转窑为反应器，能处理较广泛的原料品种，目前已发展出多种类型，有威尔兹法（Waelz）、川崎法、SL-RN 法、SDR 法等，不同工艺特点及应用见表 8-6。回转窑工艺脱锌率较高，普遍能达到 90% 以上，欧美 Horsehead Resources Development、B. U. SAG、Global Steel DustLtd 等，以及日本住友金属、中国台湾钢联等都广泛采用，处理能力从数万到数十万吨，大都用于处理含锌大于 15% 的电炉粉尘。其中，以 Waelz 回转窑工艺应用最为广泛，该工艺是 20 世纪 20 年代德国克虏伯公司为处理锌精炼渣而开发，其基本流程如图 8-7 所示。国内同类型回转窑多采用 Waelz 工艺，大都是炼锌企业用来处理浸出渣，处理钢铁粉尘的有云南红河锌联公司、昆钢、本钢等公司。

**表 8-6　回转窑工艺特点及应用**

| 工艺类型 | 产品 | 脱锌率/% | 应用工厂 | 处理能力/万吨·年$^{-1}$ |
|---|---|---|---|---|
| Walez 威尔兹 | 55%~60%氧化锌 | >90 | 德国 BUS 公司 | 10 |
| | 51%~58%还原铁 | | | |
| 川崎法 | 90%还原铁 | 94.2~97.3 | 日本水岛厂 | 18 |
| | 氧化锌烟尘 | | | |
| SL/RN | 90%~95%还原铁 | >86% | 日本福山 | 35 |
| | 氧化锌烟尘 | | | |
| SDR | 92%~95%还原铁 | >90% | 日本住友 | 15.6 |
| | 氧化锌烟尘 | | | |

将含锌粉尘和还原剂（煤、焦粉或含碳粉尘）辅以石灰等，经配料、混合造球（也可不造球）送入回转窑，在 1100~1300℃高温处理，物料中的金属氧化物与碳质还原剂发生反应，还原的锌挥发进入烟气并二次氧化，烟气经冷却（或余热锅炉换热）后集尘，其中氧化锌含量为 55%~60%，可作为锌冶炼厂粗氧化锌原料；还原后的窑渣经破碎、磁选等，金属化铁料可作为炼铁高炉或烧结原料，残留的炭粒也被回收。另外，还设置有吸附过滤装置，用吸附剂（活性炭等）过滤氯化物及二噁英等污染物，使废气达到排放标准。回转窑工艺具有工艺成熟、投资低、运行简单的显著优点，但处置低锌物料不太适宜，铁料金属化率也低，生产过程中常发生结圈现象。

某钢厂投资建设两条氧化锌回转窑生产线，年处理尘泥 10 万吨。该厂含铁尘泥化学成分表见表 8-7，选用的氧化锌回转窑技术参数见表 8-8。

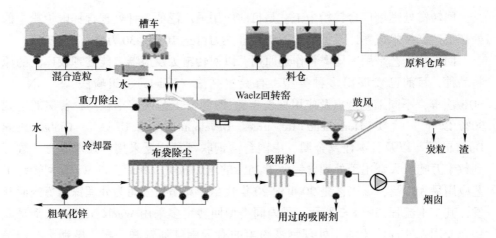

图 8-7    Waelz 回转窑工艺流程

表 8-7    某钢厂含铁尘泥原料化学成分

| 样品编号 | 化学成分（质量分数）/% | | | | | |
|---|---|---|---|---|---|---|
| | TFe | SiO$_2$ | CaO | Zn | S | C |
| 1 | 26.96 | 8.95 | 2.74 | 12.83 | 1.30 | 23.06 |
| 2 | 27.80 | 8.45 | 3.85 | 6.82 | 1.02 | 31.64 |
| 3 | 27.75 | 4.94 | 1.44 | 23.35 | 1.05 | 15.04 |
| 4 | 23.86 | 4.62 | 1.47 | 27.30 | 0.99 | 15.47 |

表 8-8    某钢厂选用的氧化锌回转窑技术参数

| 直径×长度 /m | 窑体尺寸 | | | 产量 /t·d$^{-1}$ | 转速 /r·min$^{-1}$ | 电机功率 /kW | 总质量 /t | 备注 |
|---|---|---|---|---|---|---|---|---|
| | 直径 /m | 长度 /m | 斜度 /% | | | | | |
| 2.8×44 | 2.8 | 44 | 3.5 | 300 | 0.437~2.18 | 55 | 201.58 | 窑外分解窑 |

该钢厂回转窑生产线收集的次氧化锌粉和还原铁渣成分，见表 8-9。

表 8-9    收集的氧化锌粉及锌渣化学成分

| 名称 | 化学成分（质量分数）/% | | | | | |
|---|---|---|---|---|---|---|
| | TFe | SiO$_2$ | CaO | Zn | S | C |
| 次氧化锌粉 | <4 | <1 | <1 | ≥50 | ≤2 | ≤2 |
| 脱锌回收料 | 55~58 | 11~13 | 3~5 | ≤1.0 | ≤2 | ≤2 |

由表 8-9 可见，原料中大部分的锌已经被提取，剩下的炉渣主要成分为金属

铁，完全符合烧结原料的技术要求。通过处理，将危害钢铁生产的元素（锌、碱金属等）从含铁尘泥中分离出来，可用作其他工业生产的原料；将可用于钢铁生产的元素（铁、碳、钙等）尽可能回收循环利用，真正实现变废为宝和资源高效利用。通过回转窑处理装置，每年可将该钢厂10万吨高锌废渣处理掉，并回收铁3万吨；同时，每年还可生产50%品位的氧化锌7500t，该产品可出售作生产锌的原料，为公司增效3000万元。该生产线是一个三废治理工程，变废为利，为企业创造效益。

回转窑处理钢厂含锌粉尘工艺是目前应用最广泛的一种处理含锌电炉粉尘的处理工艺。技术成熟，设备简单，单台设备的年处理能力可达10万~20万吨。回转窑工艺对高锌尘泥脱锌提取，可得到含量不小于50%（质量分数）氧化锌粉；提取氧化锌后的脱锌回收还原铁渣料含锌不大于1.0%，含铁大于50%（质量分数），变废为宝，返回钢厂使用。回转窑具备设备简单、建设费用低和动力消耗少等优点，此方法非常适合钢厂处理高锌尘泥。

## 8.7 回转窑低品位铁矿直接还原生产

我国低品位铁矿石资源丰富，其特点是：铁量低且嵌布粒度细、成分复杂、有害元素含量高、难选难冶。湖南某铁矿在20世纪60年代开始被开发利用，探明铁矿资源储量达到5.1亿吨，铁矿品位在28%~37%之间，具有铁品位低、铁氧化物晶粒微细、$SiO_2$含量高、矿石熔点低等特点。若采用选矿方法，该低品位铁矿磨矿细度需达到0.023mm以上甚至更高，将导致磨矿能耗高、磁选分离难度大、反浮选工艺负荷重、浮选药剂耗量大、铁回收率低等问题。

在低品位微细粒赤铁矿的利用方面，针对铁品位25%的微细粒赤铁矿进行煤基直接还原-磁选分离后，可得到铁品位在65%以上、金属化率95%以上、铁回收率75%的铁精矿。铁品位40%的赤铁矿经过煤基直接还原-磁选分离后，可以得到铁品位、金属化率和铁回收率分别在90%、92%和84%以上的产品，所得产品经过冷固结成型后即为电炉炼钢的优质原料。该工艺对传统的回转窑直接还原工艺进行创新改进，开发一种新的低品位铁矿内配碳小球团矿中温快速回转窑直接还原新工艺，将赤铁矿粉制成3~8mm的内配碳小球团矿，利用回转窑烟气余热进行烘干，脱除部分水分后入回转窑进行直接还原，在高温段还原温度为900~1000℃的回转窑内还原90~120min得到金属化率较高的直接还原铁，直接还原铁由于具有很高的反应活性和优良的物化性能，经过磨矿-磁选得到铁精矿，或铁精矿再磨再选得到还原铁粉。该工艺具有流程短、投资低、节能、环保、高效的特点，是低品位难选赤铁矿石利用的新途径，工艺流程图如图8-8所示。

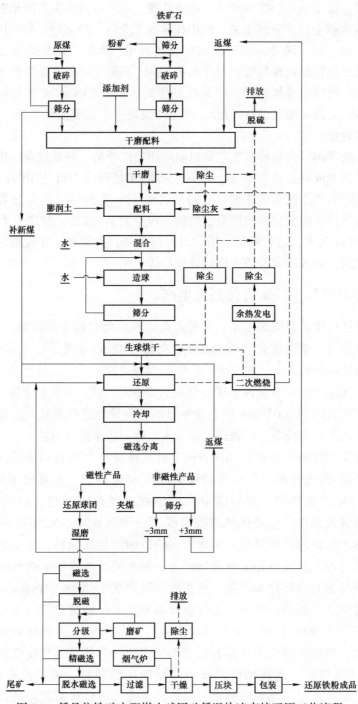

图 8-8 低品位铁矿内配煤小球团矿低温快速直接还原工艺流程

## 8.8 回转窑赤泥直接还原生产

赤泥是以铝土矿为原料生产氧化铝过程中产生的极细颗粒强碱性固体废物，因含有大量氧化铁而呈红色，故被称为赤泥。赤泥的产出量，因矿石品位、生产方法、技术水平而异。大多数生产厂每生产 1t 氧化铝同时产出 0.8~1.5t 赤泥，目前赤泥主要采取不同方式堆存，累积堆存的赤泥超过 3.5 亿吨。赤泥由于含有一定数量 $Al_2O_3$、$SiO_2$ 等铝硅酸盐杂质，在较高温度与强还原气氛的情况下产生固相反应，生成铁橄榄石及尖晶石类矿物。由于这类复杂化合物中铁氧化物的还原要先经复杂化合物的离解反应，然后才能进行还原，因而要比简单铁氧化物的还原困难一些。在赤泥直接还原过程中，由 FeO 还原到铁的阶段是关键步骤，直接还原过程中金属铁晶粒成核及晶核的成长速率受还原煤种、添加剂种类及赤泥中残钠含量的影响。用反应活性好且挥发分适量的煤还原赤泥时，铁晶粒成核及晶核长大速率均较高；添加剂石灰石和白云石均有促进铁晶粒成核及提高晶核长大速率的作用，且石灰石优于白云石；由于 $Na_2O$ 含量偏高，赤泥还原过程中铁晶粒成核及晶核长大活化能均较小，因而赤泥中残钠也有促进晶粒成核及晶核长大的作用。

回转窑直接还原焙烧—磁选的赤泥综合利用方法，以赤泥为原料、煤粉为还原剂、钛磁铁矿为添加剂，淀粉和膨润土为黏结剂进行压球；采用直接还原焙烧—磁选工艺回收铁，回收铁后的尾矿添加调理剂调节成分，在添加水泥后生产不同种类的建筑材料。该方法的优点是能使赤泥得到完全利用，把赤泥与钛磁铁矿混合后进行还原焙烧，钛磁铁矿能促进还原过程的进行，同时使用成本低的煤为还原剂，焙烧产物进行磁选分离，得到以金属铁为主的直接还原粉末铁，同时得到磁选尾矿。其工艺流程图如图 8-9 所示。

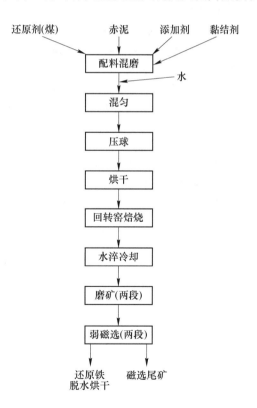

图 8-9 赤泥直接还原焙烧—磁选
工艺流程

# 参 考 文 献

[1] 天津奥沃冶金技术咨询有限公司. 2013 年中国直接还原铁（海绵铁）市场调研报告, 2013（内部资料）.

[2] 张建良, 刘征建, 杨天钧. 非高炉炼铁 [M]. 北京：冶金工业出版社, 2015.

[3] 赵庆杰. 回转窑"粒铁法"若干问题的分析与探讨 [C]. 煤基直接还原工艺技术交流会会刊, 中国废钢铁应用协会直接还原铁工作委员会, 2017：100-112.

[4] 胡兵, 谢志诚, 黄柱成, 等. 钒钛磁铁海砂矿低温快速直接还原新工艺 [J]. 烧结球团, 2020, 6（50）.

[5] 胡兵, 陆彪, 黄柱成, 等. 世界海砂矿综合利用现状及发展方向 [C]. 非高炉冶炼创新发展论坛会刊, 中国废钢铁应用协会直接还原铁工作委员会, 2018：49-54.

[6] 朱德庆, 翟勇, 潘建, 等. 煤基直接还原—磁选超微细贫赤铁矿新工艺 [J]. 中南大学学报（自然科学版）, 2008（6）：1132-1136.

[7] 薛亚洲, 王雪峰, 王海军, 等. 攀西地区钒钛磁铁矿资源综合利用的思考 [J]. 中国国土资源经济, 2017, 30（4）：9-13.

[8] 杨绍利. 钒钛磁铁矿非高炉冶炼技术 [M]. 北京：冶金工业出版社, 2012.

[9] 王帅, 郭宇峰, 姜涛, 等. 钒钛磁铁矿综合利用现状及工业化发展方向 [J]. 中国冶金, 2016, 26（10）：40-44.

[10] 高建勇, 丁跃华, 郝建璋, 等. 钠化还原焙烧–磁选法处理红土镍矿的研究 [J]. 昆明理工大学学报（自然科学版）, 2017, 42（5）：33-38.

[11] 庞建明. 工业粉料处理新技术介绍 [C]. 冶金还原创新论坛暨 2019 直接还原会会刊, 中国废钢铁应用协会直接还原铁工作委员会, 2019：177-182.

[12] 陈雯, 张立刚. 复杂难选铁矿石技术现状及发展趋势 [J]. 有色金属（选矿部分）, 2013（增刊）：19-23.

[13] 郭新颖, 季爱兵, 田新琰. 钒钛海砂矿处理新工艺 [J]. 现代冶金, 2015, 43（1）：1-5.

[14] 饶明军, 李光辉, 姜涛, 等. 红镍矿生产镍铁技术现状及展望 [C]. 回转窑直接还原工艺技术研讨会, 中国废钢铁应用协会直接还原铁工作委员会, 2015：15-25.

[15] 陶江善. 回转窑在钢厂含锌尘泥处理中的应用 [C]. 非高炉高峰论坛会刊, 中国废钢铁应用协会直接还原铁工作委员会, 2021：207-213.